应用型本科规划教材

地 基 处 理

主　编　魏新江
副主编　杨迎晓　马海龙　王文军

ZHEJIANG UNIVERSITY PRESS
浙江大学出版社

内 容 简 介

本书是为了适应土木工程应用型本科专业课程建设的需要而编写的，详细介绍了当前国内外地基处理的新技术，主要论述了在软弱土地基和特殊土地基上的各种地基处理方法。其主要内容有：复合地基理论、换填、深层密实、排水固结、化学加固、加筋、托换与纠倾等，并包含了以上各种地基处理方法的加固机理、设计、施工和质量检验等内容。各章附有各种地基处理方法的典型工程实例，还附有思考题与习题，以便复习和自学。本书内容深入浅出，图文并茂，难度适当，易于掌握。

本书可作为高等院校土木工程专业本科学生使用的教材，也可作为相关工程技术人员的参考书。

图书在版编目（CIP）数据

地基处理／魏新江主编. —杭州：浙江大学出版社，2007.1(2020.1 重印)
应用型本科规划教材
ISBN 978-7-308-05028-9

Ⅰ.地… Ⅱ.魏… Ⅲ.地基处理—高等学校—教材 Ⅳ.TU472

中国版本图书馆 CIP 数据核字（2006）第 134158 号

地基处理

魏新江 主编

丛书策划 樊晓燕
责任编辑 王 波
封面设计 刘依群
出版发行 浙江大学出版社
（杭州市天目山路 148 号 邮政编码 310007）
（网址：http://www.zjupress.com）
排 版 杭州中大图文设计有限公司
印 刷 浙江新华数码印务有限公司
开 本 787mm×1092mm 1/16
印 张 12
字 数 306 千
版 印 次 2007 年 1 月第 1 版 2020 年 1 月第 6 次印刷
书 号 ISBN 978-7-308-05028-9
定 价 32.00 元

应用型本科院校土木工程专业规划教材

编 委 会

总　　序

近年来我国高等教育事业得到了空前的发展，高等院校的招生规模有了很大的扩展，在全国范围内发展了一大批以独立学院为代表的应用型本科院校，这对我国高等教育的持续、健康发展具有重要的意义。

应用型本科院校以培养应用型人才为主要目标，目前，应用型本科院校开设的大多是一些针对性较强、应用特色明确的本科专业，但与此不相适应的是，当前，对于应用型本科院校来说作为知识传承载体的教材建设远远滞后于应用型人才培养的步伐。应用型本科院校所采用的教材大多是直接选用普通高校的那些适用研究型人才培养的教材。这些教材往往过分强调系统性和完整性，偏重基础理论知识，而对应用知识的传授却不足，难以充分体现应用类本科人才的培养特点，无法直接有效地满足应用型本科院校的实际教学需要。对于正在迅速发展的应用型本科院校来说，抓住教材建设这一重要环节，是实现其长期稳步发展的基本保证，也是体现其办学特色的基本措施。

浙江大学出版社认识到，高校教育层次化与多样化的发展趋势对出版社提出了更高的要求，即无论在选题策划，还是在出版模式上都要进一步细化，以满足不同层次的高校的教学需求。应用型本科院校是介于普通本科与高职之间的一个新兴办学群体，它有别于普通的本科教育，但又不能偏离本科生教学的基本要求，因此，教材编写必须围绕本科生所要掌握的基本知识与概念展开。但是，培养应用型与技术型人才又是应用型本科院校的教学宗旨，这就要求教材改革必须淡化学术研究成分，在章节的编排上先易后难，既要低起点，又要有坡度、上水平，更要进一步强化应用能力的培养。

为了满足当今社会对土木工程专业应用型人才的需要，许多应用型本科院校都设置了相关的专业。土木工程专业是以培养注册工程师为目标，国家土木工程专业教育评估委员会对土木工程专业教育有具体的指导意见。针对这些情况，浙江大学出版社组织了十几所应用型本科院校土木工程类专业的教师共同开展了“应用型本科土木工程专业教材建设”项目的研究，探讨如何编写既能满足注册工程师知识结构要求、又能真正做到应用型本科院校“因材施教”、适合应用型本科层次土木工程类专业人才培养的系列教材。在此基础上，组建了编委会，确定共同编写“应用型本科院校土木工程专业规划教材”系列。

本套规划教材具有以下特色：

在编写的指导思想上，以“应用型本科”学生为主要授课对象，以培养应用型人才为基本目的，以“实用、适用、够用”为基本原则。“实用”是对本课程涉及的基本原理、基本性质、基本方法要讲全、讲透，概念准确清晰。“适用”是适用于授课对象，即应用型本科层次的学生。“够用”就是以注册工程师知识结构为导向，以应用型人才为培养目的，达到理论够用，不追求理论深度和内容的广度。

在教材的编写上重在基本概念、基本方法的表述。编写内容在保证教材结构体系完整的前提下，注重基本概念，追求过程简明、清晰和准确，重在原理。做到重点突出、叙述简洁、易教易学。

在作者的遴选上强调作者应具有应用型本科教学的丰富教学经验，有较高的学术水平并具有教材编写经验。为了既实现“因材施教”的目的，又保证教材的编写质量，我们组织了两支队伍，一支是了解应用型本科层次的教学特点、就业方向的一线教师队伍，由他们通过研讨决定教材的整体框架、内容选取与案例设计，并完成编写；另一支是由本专业的资深教授组成的专家队伍，负责教材的审稿和把关，以确保教材质量。

相信这套精心策划、认真组织、精心编写和出版的系列教材会得到相关院校的认可，对于应用型本科院校土木工程类专业的教学改革和教材建设起到积极的推动作用。

系列教材编委会主任
浙江大学建筑工程学院常务副院长
教育部长江学者特聘教授
陈云敏
2007 年 1 月

前 言

地基处理是岩土工程学科的一个主要分支。当建筑物的天然地基存在强度、变形、液化、渗漏或稳定性等问题时，需要对天然地基进行地基处理。天然地基通过地基处理，形成人工地基，从而满足建筑物对地基的各种要求。

在工程建设的推动下，近些年来我国地基处理技术发展很快，地基处理水平不断提高。地基处理已成为活跃的土木工程领域中的一个热点。为了适用土木工程专业课程建设的需要，本书在内容设置和安排上紧密结合面向 21 世纪土木工程专业应用型人才培养的特点，重点突出了实用、创新和时代特色。

本书各章节安排按地基处理的作用机理进行分章列节，全书分八章，为：绪论、复合地基理论、换填、深层密实、排水固结、化学加固、加筋、托换与纠倾。教学时数可根据具体情况灵活确定，教学内容可与相关课程相配合。

本书力图体现学科发展的新水平，对目前我国使用的各种地基处理方法进行了较全面的论述。在绪论中介绍地基处理定义、目的与对象，地基处理方法分类，选用原则及发展现状等；在复合地基理论概要中简要介绍复合地基基础理论；以后几章介绍常用地基处理方法的适用范围、加固机理、设计计算、施工工艺和检验方法等。为加深理解，每章均适当收录一些工程实例供读者参考。各章编有思考题与习题供选用。

本书由魏新江担任主编，第 1 章由魏新江编写，第 2 章由张世民编写，第 3 章由杨迎晓编写，第 4 章由陈冬瑞、王文军、丁智编写，第 5 章由魏纲编写，第 6 章由魏新江、丁智编写，第 7 章由王文军编写，第 8 章由马海龙编写。全书由陈仁朋审阅。

在编写过程中编者参考和引用了许多科研、高校和工程单位的研究成果和工程实例，在此一并表示衷心的感谢。

由于编者水平有限，书中难免存在一些缺点和错误，敬请广大读者批评指正。

编 者

2006 年 12 月

目　录

第1章 绪 论

【学习要点】

掌握地基处理的定义和目的，了解地基处理的对象及分类，熟悉地基处理的程序与要求。

1.1 地基处理的定义和目的

在接触地基处理及其概念之前我们先接触两个例子。

比萨斜塔始建于1174年，位于意大利比萨市北部。全塔共8层，高度为55m，总荷载重约为145MN，塔身传递到地基的平均压力约500kPa。目前塔向南倾斜，塔顶离开垂直线的水平距离已达5.27m，塔北侧沉降量约90cm，南侧沉降量约270cm，塔倾斜约5.5°，地基不均匀沉降十分严重。比萨斜塔基础实际倾斜值已等于我国国家标准允许值的18倍。由此可见，比萨斜塔倾斜已达到极危险的状态，随时有可能倒塌，如图1-1所示。

图1-1 意大利比萨斜塔

图1-2 上海展览中心馆

上海展览中心馆位于上海市延安东路北侧，中央大厅为框架结构，采用箱形基础，两翼展览馆采用条形基础。箱基顶面至中央大厅顶部塔尖的高度为93.63m，基础埋深7.27m。地基为高压缩性淤泥质黏土。展览馆于1954年开工，当年年底实测地基平均沉降量为

60cm。1957年中央大厅四周的沉降量最大处达到146.55cm。1979年9月中央大厅的平均沉降量达到160cm。由于沉降差过大，导致中央大厅与两翼展览馆联结、室内外联结的水、暖、电管道断裂，严重影响展览馆的正常使用，如图1-2所示。

可见，建筑物发生事故，很多与地基及基础有关，并且一旦发生事故，补救并非易事。而对地基进行处理，则需要对地基处理的概念以及方法有全面的了解。下面我们从最基本的概念出发来阐述地基处理。

地基是指支承建筑物并受建筑物荷载影响的那一部分地层。建筑物向地基传递荷载的下部结构称为基础。当基础直接建造在未经加固的天然土层上时，这种地基称为天然地基。由于建筑物上部结构材料强度很高，而相应地基土的强度很低、压缩性较大，因此必须设置一定结构形式和尺寸的基础，使地基的强度和变形满足设计的要求。如果天然地基很软弱，不能满足地基强度和变形等要求时，则要对地基进行人工处理后再建造基础，这种地基加固称为地基处理。

建筑物的地基一般面临以下四个问题。

(1)强度和稳定性问题

当地基的抗剪强度不足以支承上部结构的自重及外荷载时，地基就会产生局部或整体剪切破坏。地基的稳定性或地基承载力大小，主要与地基土体的抗剪强度有关，也与基础形式、大小和埋深有关。

(2)变形问题

当地基在上部结构的自重及外荷载作用下产生过大的变形时，会影响结构物的使用功能。当出现大于建筑物所能容许的不均匀沉降时，结构可能开裂。地基变形主要与荷载大小和地基土体的变形特性有关，也与基础形式、基础尺寸大小有关。

(3)渗漏问题

地下水在运动中会产生水量的损失，潜蚀和管涌也可能导致建筑物产生事故。地基渗漏问题主要与地基中水力比降大小和土体的渗透性有关。

(4)液化问题

动力荷载的作用会使饱和松散粉、细砂或部分粉土产生液化，使土体失去抗剪强度，产生近似液体特性的现象，从而导致地基失稳和震陷。

当建筑物的天然地基存在上述问题之一或其中几个时，需要对天然地基进行地基处理。天然地基通过地基处理，形成人工地基，从而满足建筑物对地基的各种要求。

地基处理的目的是采取各种地基处理方法以改善地基条件，这些措施包括以下五个方面内容。

(1)改善强度特性

地基的剪切破坏表现在建筑物的地基承载力不够；由于偏心荷载及侧向土压力的作用，使结构物失稳；由于填土或建筑物荷载，使邻近地基产生隆起；土方开挖时边坡失稳；基坑开挖时坑底隆起。

地基的剪切破坏反映了地基土的抗剪强度不足。因此，为了防止剪切破坏，就需要采取一定措施以增加地基的抗剪强度。

(2)改善压缩特性

地基的高压缩性表现为建筑物的沉降和差异沉降大；由于填土或建筑物荷载，使地基产生固结沉降；建筑物基础的负摩擦力引起建筑物的沉降；基坑开挖引起邻近地基沉降；由于降水产生地基固结沉降。

地基的压缩性体现在地基土的压缩性指标的大小。因此，需要采取措施以提高地基土的压缩模量，借以减少地基的沉降或不均匀沉降；另外，防止侧向流动（塑性流动）产生的剪切变形，也是地基处理的加固目的。

（3）改善透水特性

地基的透水性表现在堤坝等基础产生的地基渗漏；市政工程开挖过程中，因土层内常夹有薄层粉砂或粉土而产生流砂和管涌。以上都是在地下水的运动中所出现的问题。为此，必须研究需要采取何种地基处理措施使地基土变成不透水或减少其水压力。

（4）改善动力特性

地基的动力特性表现在地震时饱和松散粉、细砂（包括部分粉土）将会产生液化；由于交通荷载或打桩等原因，使邻近地基产生振动下沉。为此，需要研究采取何种措施防止地基土液化，并改善其振动特性以提高地基的抗震性能。

（5）改善特殊土的不良地基特性

其主要是指采取措施以消除或减少黄土的湿陷性和膨胀土的胀缩性等。

1.2　地基处理的对象及其特性

地基处理的对象是软弱地基和特殊土地基。《建筑地基基础设计规范》（GB50007—2002）中规定："软弱地基系指主要由淤泥、淤泥质土、冲填土、杂填土或其他高压缩性土层构成的地基。"特殊土地基带有地区性特点，它包括软土、湿陷性黄土、膨胀土、红黏土和冻土地基。

1.2.1　软弱地基的特性

1. 软土

软土是淤泥和淤泥质土的总称。软土的特性有天然含水量高（$w>w_L$）、天然孔隙比大（$e>1.0$）、抗剪强度低（最小只达 20kPa）、压缩系数高（$\alpha_{1-2}>0.5\text{MPa}^{-1}$）、渗透系数低（$k<10^{-6}$cm/s）、灵敏度高（$S_t=4\sim10$）。在外荷载作用下地基承载力低、地基变形大，不均匀变形也大，且变形稳定历时较长，在比较深厚的软土层上，建筑物基础的沉降往往持续数年乃至数十年之久。

软土地基是在工程建设中遇到最多的需要进行地基处理的软弱地基，它广泛地分布在我国沿海以及内地河流两岸和湖泊地区。

2. 冲填土

冲填土是指整治和疏浚江河航道时，用挖泥船通过泥浆泵将泥砂夹大量水分吹到江河两岸而形成的沉积土，南方地区称吹填土。

如以黏性土为主的冲填土，因吹到两岸的土中含有大量水分且难以排出而呈流动状态，这类土是属于强度低和压缩性高的欠固结土。如以砂性土或其他粗颗粒土所组成的冲填土，其性质基本上与粉细砂相类似而不属于软弱土范畴。

冲填土是否需要处理和采用何种处理方法，取决于冲填土的工程性质中颗粒组成、土层厚度、均匀性和排水固结条件。

3. 杂填土

杂填土是指由人类活动而任意堆填的建筑垃圾、工业废料和生活垃圾而形成的土。

杂填土的成因很不规律，组成物质杂乱，分布极不均匀，结构松散。因而具有强度低、压缩性高和均匀性差，一般还具有浸水湿陷性。即使在同一建筑场地的不同位置，其地基承载力和压缩性也有较大差异。

4. 其他高压缩性土

除上述三种高压缩性土之外，还包括饱和松散的粉细砂及部分粉土。处于饱和状态的细砂土、粉砂土和砂质粉土在静载作用下虽然具有较高的强度，但在机器振动、车辆荷载、波浪或地震力的反复作用下有可能产生液化或产生大量震陷变形。地基会因地基土体液化而丧失承载能力。如需要承担动力荷载，这类地基也往往需要进行地基处理。

1.2.2　特殊土地基的特性

1. 湿陷性黄土

凡天然黄土在上覆土的自重应力作用下，或在上覆土自重应力和附加应力作用下，受水浸湿后土的结构迅速破坏而发生显著附加下沉的黄土，称为湿陷性黄土。在我国，黄土广泛分布在甘肃、陕西、山西等大部分地区，以及河南、河北、山东、宁夏、辽宁、新疆等部分地区。

由于黄土的浸水湿陷而引起建筑物的不均匀沉降是造成黄土地区事故的主要原因，设计时首先要判断是否具有湿陷性，再考虑如何进行地基处理。选择地基处理时应根据建筑物的类别、湿陷性黄土的特性、施工条件和当地材料，并经综合技术经济比较确定。

2. 膨胀土

膨胀土是指黏粒成分主要由亲水性黏土矿物组成的黏土。它是一种吸水膨胀和失水收缩、具有较大的胀缩变形性能且往复变形的高塑性黏土。利用膨胀土作为建筑物地基时，如果不进行地基处理，常会对建筑物造成危害。膨胀土在我国分布范围很广，根据现有的资料，广西、云南、湖北、河南、安徽、四川、河北、山东、陕西、江苏、内蒙古、贵州和广东等地均有不同范围的分布。

3. 红黏土

红黏土是指石灰岩和白云岩等碳酸盐类岩石在亚热带温湿气候条件下，经风化作用所形成的褐红色黏性土。通常红黏土是较好的地基土，但由于下卧岩面起伏及存在软弱土层，一般容易引起地基不均匀沉降。

4. 季节性冻土

冻土是指气候在低温条件下，其中含有冰的各种土。季节性冻土是指该冻土在冬季冻结，而夏季融化的土层，多年冻土或永冻土是指冻结状态持续三年以上的土层。季节性冻土因其周期性的冻结和融化，因而对地基的不均匀沉降和地基的稳定性影响较大。

1.3　地基处理方法的分类

地基处理方法的分类可有多种。如按时间可分为临时处理和永久处理；按处理深度可分为浅层处理和深层处理；按处理土性对象可分为砂性土处理和黏性土处理、饱和土处理和非饱和土处理；按照地基处理的作用机理可分为物理处理和化学处理。

各种常用地基处理方法的主要适用范围及加固效果见表 1-1。

表 1-1　各种常用地基处理方法的主要适用范围和加固效果

按处理深浅分类	序号	处理方法	适用情况						加固效果				最大有效处理深度(m)
			淤泥质土	人工填土	黏性土		无黏性土	湿陷性黄土	降低压缩性	提高抗剪性	形成不透水性	改善动力特性	
					饱和	非饱和							
浅层加固	1	换土垫层法	*	*	*	*		*	*	*		*	3
	2	机械碾压法		*		*	*	*	*	*			3
	3	平板振动法		*		*	*	*	*	*			1.5
	4	重锤夯实法		*		*	*	*	*	*			1.5
	5	土工聚合物法	*		*				*	*			
深层加固	6	强夯法		*		*	*	*	*	*		*	30
	7	砂桩挤密法	慎重	*	*	*	*		*	*		*	20
	8	振动水冲法	慎重	*	*	*	*		*	*		*	18
	9	灰土(土)桩挤密法		*		*		*	*	*		*	20
	10	石灰桩挤密法	*		*	*			*	*			20
	11	砂井(袋装砂井、塑料排水带)堆载预压法	*		*				*	*			15
	12	真空预压法	*		*				*	*			15
	13	降水预压法	*		*				*	*			30
	14	电渗排水法	*		*				*	*			20
	15	水泥灌浆法	*		*	*	*	*	*	*	*	*	20
	16	高压喷射注浆法	*	*	*	*	*		*	*	*		20
	17	深层搅拌法	*		*	*			*	*	*		18
	18	粉体喷射搅拌法	*		*	*			*	*	*		13

注：* 表示可以适用。

按机理划分，地基处理还可分为置换、夯实、挤密、排水、胶结、加筋和冷热等处理方法，这些方法也是千百年来至今仍然有效的方法。值得注意的是，严格地按照地基处理的作用机理进行分类也是困难的，很多地基处理的方法具有多种处理的效果。如碎石桩具有置换、挤密、排水和加筋的多重作用；石灰桩又挤密又吸水，吸水后又进一步挤密等反复作用；在各种挤密法中，同时都有置换作用。由此可见，每一种处理方法都可能具有多种处理的效果。

1.4　地基处理的程序与要求

地基处理程序建议按图 1-3 所示的程序进行。

首先，根据建筑物对地基的各种要求和天然地基条件确定地基是否需要处理。当天然地基能够满足建筑物对地基的要求时，应尽量采用天然地基。若天然地基不能满足建筑物

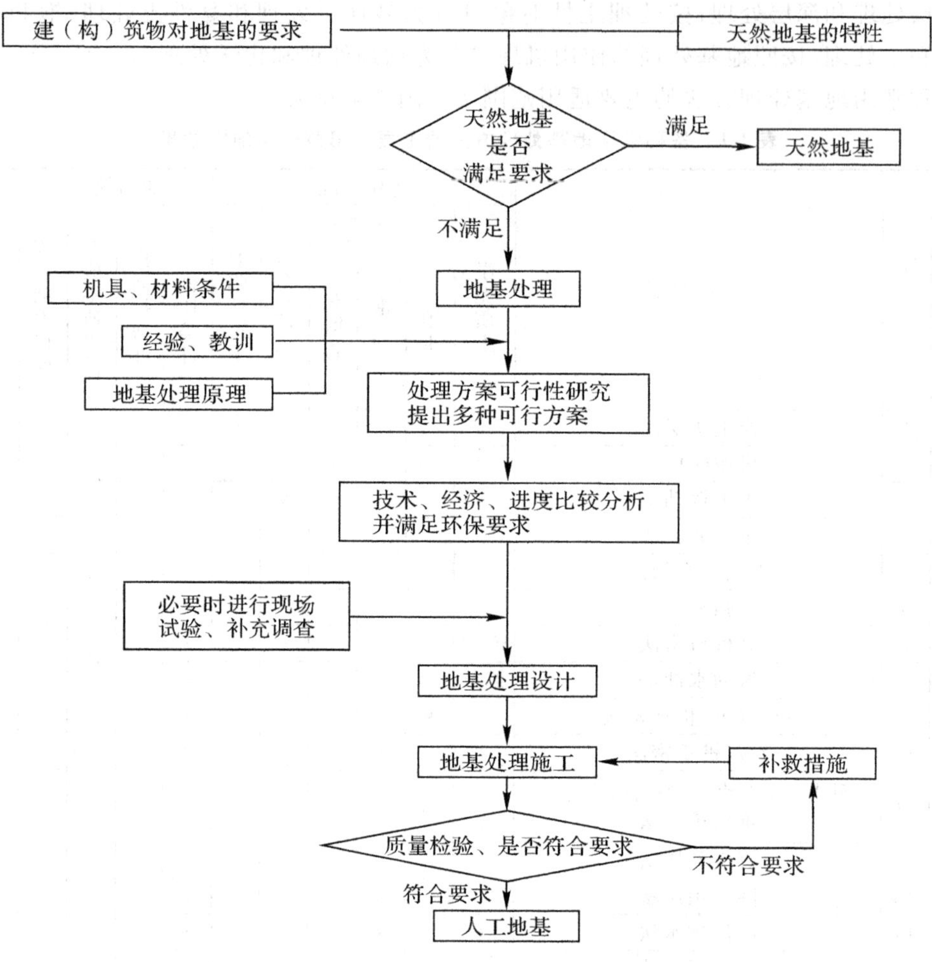

图 1-3 地基处理程序

对地基的要求，则需要确定进行地基处理的天然地基的范围以及地基处理的要求。

然后，根据天然地层的条件、地基处理方法的原理、过去应用的经验和机具设备及材料条件，进行地基处理方案的可行性研究，提出多种可行方案。同时对提出的多种方案进行技术、经济、进度等方面的比较分析，并重视考虑环境保护要求，确定采用一种或几种地基处理方法。这也是地基处理方案的优化过程。

最后，可根据初步确定的地基处理方案，根据需要决定是否进行小型现场试验或进行补充调查。然后进行施工设计，再进行地基处理施工。施工过程中要进行监测、检测，如有需要还应进行反分析，根据情况可对设计进行修改、补充。

同时，在地基处理规划程序中要重视对天然地基工程地质条件的详细了解。许多由地基问题造成的工程事故，或地基处理达不到预期目的，往往是由于对工程地质条件了解不够全面造成的。详细的工程地质勘察是判断天然地基能否满足建筑物对地基要求的重要依据之一。如果需要进行地基处理，详细的工程地质勘察资料也是确定合理的地基处理方法的主要基本资料之一。

另外，需要强调进行地基处理多方案比较。对一具体工程，技术上可行的地基处理方案往往有几个，应通过技术、经济、进度等方面综合分析以及对环境的影响，进行地基处理方案优化，以得到较好的地基处理方案。

选用地基处理方法最基本的要求是力求做到技术先进、经济合理、安全适用及确保质量。但我国地域辽阔，工程地质条件千变万化，各地施工机械条件、技术水平、经验积累以及建筑材料品种、价格差异很大，在选用地基处理方法时要因地制宜，具体工程具体分析，要充分发挥地方优势，利用地方资源。地基处理方法很多，每种处理方法都有一定的适用范围、局限性和优缺点。选择地基处理方法时要根据具体工程情况，因地制宜。在引用外地或外单位某一方法时应该克服盲目性，注意地区特点。所以，因地制宜也是选用地基处理方法的一项基本要求。

由于大部分地基处理方法的加固效果并不是施工结束后就能全部发挥出来的，而是在施工完成后经过一段时间才能逐步体现出加固地基的效果，而且每一项地基处理工程都有它的特殊性，对每一个具体工程往往都有些特殊的要求。还由于地基处理大多是隐蔽工程，很难直接检验其加固效果。因此，在地基处理施工过程中和施工完成后应注意以下几点：

(1)在地基处理施工过程中，不仅应让现场施工人员了解如何施工，而且还必须使他们很好地了解所采用的地基处理方法的原理、技术标准和质量要求，所进行的施工是否符合工程上的要求，要经常进行施工质量和处理效果的检验，以保证施工质量。

(2)在地基处理施工过程中和施工完成后要做好监测工作。尤其在处理工作结束后，应尽量采用可能的手段来检验处理的效果，这是施工工作的重要一环。

(3)对重要工程的地基处理工作，或开发、引用新的地基处理方法，在进行地基处理方案的比较时，最好在大规模施工前进行小型现场试验，以检验地基处理方案的可靠性，并可获得设计计算的参数值和施工的控制指标，以及施工经验。

(4)通过反分析可获得必要的参考数据，用于验证设计。根据实测资料的反分析而得出的参考数据要比前一阶段的设计较为接近实际，必要时可据此修改设计。

1.5　地基处理方法的发展现状与展望

地基处理的历史可追溯到古代，我国劳动人民在地基处理方面有着极其宝贵的丰富经验，许多现代的地基处理技术都可在古代找到它的雏形。据历史记载，早在两千多年前就已采用了软土中夯入碎石等压密土层的夯实法；灰土和三合土的垫层法，也是我国古代传统的建筑技术之一；我国古代在沿海地区极其软弱的地基上修建海塘时，采用每年农闲时逐年填筑而成，这就是现代堆载预压法中称为分期填筑的方法，利用前期荷载使地基逐年固结，从而提高土的抗剪强度，以适应下一期荷载的施加，它是我国劳动人民在软土地基上从实践中积累的宝贵经验。可以说，地基处理是古老而又年轻的领域。

1.5.1　发展现状

新中国成立后，特别是近20年来地基处理得到了迅猛发展。表1-2所示为部分地基处理方法在我国得到应用的最早时期。回顾50年来我国地基处理技术的发展历程大体经历了两个阶段。

第一阶段，20世纪50年代至60年代，为起步应用阶段，这一时期大量地基处理技术从苏联引进国门，最为广泛使用的是垫层等浅层处理法。其他主要有砂石垫层、砂桩挤密、石灰桩、灰土桩、化学灌浆、重锤夯实、预浸水法及井点降水等地基处理技术应用于工业民用建筑。由于是起步阶段，既有成功之经验，又有盲目照搬之教训。

表 1-2 部分地基处理方法在我国应用的最早时期

地基处理方法	时 期	地基处理方法	时 期
普通砂井法	20 世纪 50 年代	土工合成材料	20 世纪 70 年代末
真空预压法	1980 年	强夯置换法	1988 年
袋装砂井法	20 世纪 70 年代	ES 超轻质填料法	1995 年
塑料排水带法	1981 年	低强度桩复合地基法	1990 年
砂桩法	20 世纪 50 年代	刚性桩复合地基法	1981 年
土桩法	20 世纪 50 年代中	锚杆静压桩法	1982 年
灰土桩	20 世纪 60 年代中	掏土纠倾法	20 世纪 60 年代初
振冲法	1977 年	顶升纠倾法	1986 年
强夯法	1978 年	树根桩法	1981 年
高压喷射注浆法	1972 年	沉管碎石桩法	1987 年
浆液深层搅拌法	1977 年	石灰桩法	1953 年
粉体深层搅拌法	1983 年		

第二阶段，20 世纪 70 年代至今，为应用、发展、创新阶段。在这个阶段，大批国外先进技术被引进、开发，并结合我国自身特点，初步形成了具有中国特色的地基处理技术及其支护体系，许多领域达到了国际领先水平。①大直径灌注桩得到了前所未有的发展。②石灰桩、碎石桩、高喷注浆、深层搅拌、真空预压、动力固结、塑料排水带法等得到了广泛的研究和应用。同时，土工织物在建筑中得到重视和使用。③托换技术在手段和工艺上有了显著进展。④大刚度柔性桩复合地基的出现，极大地拓宽了地基处理的应用领域。⑤深基坑工程及其支护体系得到迅猛发展。⑥近年来引人注目的发展还有大桩距的较短钢筋混凝土疏桩复合地基的开发与应用，以及研制开发了将人工挖孔桩设计成空心桩和“钻孔压浆成桩法”。

可以说，地基处理技术在我国得到了广泛的普及，地基处理水平不断提高，地基处理队伍不断扩大，地基处理理论也不断的发展。地基处理技术已得到土木工程界的各个部门，如勘察、设计、施工、监理、教学、科研和管理部门的关心和重视。地基处理技术的进步带来了巨大的经济效益和社会效益。

1.5.2 展 望

我国地基处理技术的发展成绩骄人，经验是通过吸收国外开发的先进技术及其原理和方法，从而开发研制了我国独有的技术工艺，诸多方面拥有了可与国外媲美的先进技术，达到国际领先水平。但同时看到由于受我国仪表工业、机械制造业水平限制，在机械设备和处理能力方面与国外先进水平仍有相当差距。因此要完善现有地基处理技术，开发地基处理新技术、新工艺、新设备。针对适用于不同地层、不同承载力要求的各类增强体复合地基处理技术，按照效能、质量、环保要求，实现工艺、设备、检测的完善配套，形成系列化技术；

发展利用工业废料、建筑垃圾、地方材料为原料的地基加固处理技术，要加快提高地基处理的检测技术，以使地基处理逐步实行信息化施工。

展望前景，地基处理技术必将迎来更加辉煌灿烂的明天，诸多领域有待岩土工程界开发创新、研究探索。在不久的将来，我国地基处理必将在设计理论、计算方法、施工工艺、质量检测、信息反馈、临界报警、应变措施、设备创新等一系列理论与技术方面有新的突破，向更高的目标迈进。

1.6　本教材的主要内容

本教材从实际工程出发，以介绍地基处理的基本方法和基本概念为主，分别从以下的7个章节进行阐述。

(1)复合地基理论

该章主要阐述复合地基的理论及竖向复合地基承载力和变形的计算方法。

(2)换填

该章主要阐述换填法的概念和设计方法。

(3)深层密实

该章主要阐述强夯、碎石桩、水泥粉煤灰碎石桩等地基处理方法的概念、作用机理、设计及施工方法。

(4)排水固结

该章主要阐述排水固结等地基处理方法的概念、作用机理、设计及施工方法。

(5)化学加固

该章主要阐述灌浆法、深层搅拌法、高压喷射注浆法等地基处理方法的概念、作用机理、设计及施工方法。

(6)加筋

该章主要阐述土工合成材料的分类、不同的作用机理；加筋土挡墙的概念和作用机理；锚杆与土钉的概念及相互区别。

(7)托换与纠倾

该章主要阐述托换与纠倾概念以及托换技术方法和纠倾技术方法。

在以上各章的阐述中，本书着重介绍各种地基处理方法的适用范围、加固机理、设计计算、施工方法和质量检验，并列出各章的工程实例、思考题和习题，以便于学生自学和复习。

习　题

1-1　何谓地基、天然地基、软弱地基、地基处理？

1-2　一般建筑物地基所面临的有哪些问题？

1-3　简述地基处理的目的。

1-4　软土有哪些主要特点？

1-5　试列举浅层加固的处理方法。

1-6　简述地基处理程序和基本要求。

第 2 章　复合地基理论

【学习要点】

熟悉复合地基的作用机理，掌握复合地基承载力和沉降的计算。

2.1　概　述

2.1.1　复合地基与地基处理的关系

从第 1 章的地基处理方法分类可以看出，地基处理的分类有很多种。处理后形成的人工地基也可以从处理后的结果上分为两类，其中一类是天然地基土体整体的物理力学性质得到普遍的改良，类似于均质地基。如采用夯实、排水固结等方法，减少土的孔隙比，从而提高土的承载力，同时减少地基沉降。对这类人工地基，其承载力和沉降的计算方法和过程同原天然地基，不同的仅仅是地基土层的物理力学指标得到改善，计算过程中采用改善过的指标，其示意图见图 2-1。此类人工地基不是复合地基。另有一大类是在地基中添加了与天然土体不一样的材料，通过加入材料与天然土体的协同作用，来共同承担上部荷载。这种处理后形成的人工地基就是复合地基。如采用水泥搅拌桩进行地基处理，就是在土中加入了水泥。还有用其他方法进行地基处理形成复合地基的，如采用砂石桩法、高压喷射注浆法等，其示意图见图 2-2。通过地基处理形成复合地基的占有很大的比例。

图 2-1　地基处理后没有形成复合地基

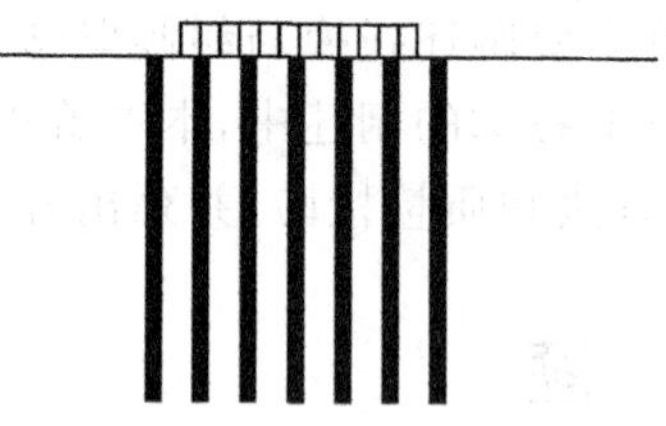

图 2-2　地基处理后形成复合地基

2.1.2　复合地基的定义与分类

1. 复合地基的定义

复合地基通常是指天然地基在地基处理过程中，添加了其他非天然地基的材料，形成了增强体。加固区是由天然地基土体和增强体两部分组成，它们共同承担上部荷载，达到减少沉降的目的，这种人工地基，就是复合地基。

2. 复合地基的分类

复合地基的加固区整体看是非均质的和各向异性的，根据地基中增强体方向的不同，可以分为水平向增强体复合地基与竖向增强体复合地基，如图 2-2 和图 2-3 所示。

水平向增强体复合地基主要是指加筋土地基，例如在天然地基水平方向加入土工织物、土工格栅等形成的复合地基。水平向增强体复合地基一般常用于路堤和油罐等的地基加固，效果良好。竖向增强体复合地基广泛应用于土木工程的各个方面，是本书讲授的重点。

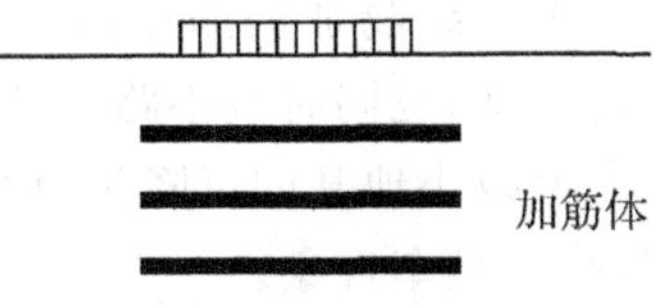

图 2-3　水平向增强复合地基

竖向增强体复合地基也称为桩式复合地基，通常简称为复合地基(一般不做说明时，复合地基都是指竖向增强体桩式复合地基)。根据竖向增强体材料的黏结性质，桩式复合地基可分为散体材料桩复合地基与非散体材料桩复合地基；根据竖向增强材料的刚度情况，桩式复合地基又可分为柔性桩复合地基、半刚性桩复合地基。散体材料桩复合地基如碎石桩复合地基，砂桩复合地基等，其桩体是由散体材料组成的，没有内聚力，单独不能成桩，只有依靠周围土体的围箍作用才能形成桩体；柔性桩复合地基如深层搅拌桩复合地基，旋喷桩复合地基等，柔性桩桩体有较强的黏聚力，但模量和刚度远比混凝土小，在大荷载作用下会变形过量甚至断桩，故称柔性桩；如水泥粉煤灰碎石桩复合地基，也叫 CFG 桩，就是散体材料(碎石)与黏结材料(水泥粉煤灰)相结合的复合地基形式，刚度较一般柔性桩大，但明显小于一般混凝土桩，称为半刚性桩复合地基。

2.1.3　工程实例

鄞县大桥位于浙江省宁波市鄞州区境内，是鄞县大道上一座跨奉化江的大桥，桥长为 330m，采用预应力箱梁结构。路幅宽度为24.5m，桥头填土高度达 4.0m。该实例采用粉喷桩加土工织物进行桥头地基处理，既是竖向增强体复合地基，又是水平向增强体复合地基。因在软土地基地区，为了解决桥头路堤沉降和稳定问题，采用粉喷桩加土工织物的地基处理方案。大桥桥址地貌类型属滨海淤积平原，地势平坦开阔，其土层分布均匀。如图 2-4、2-5 所示。

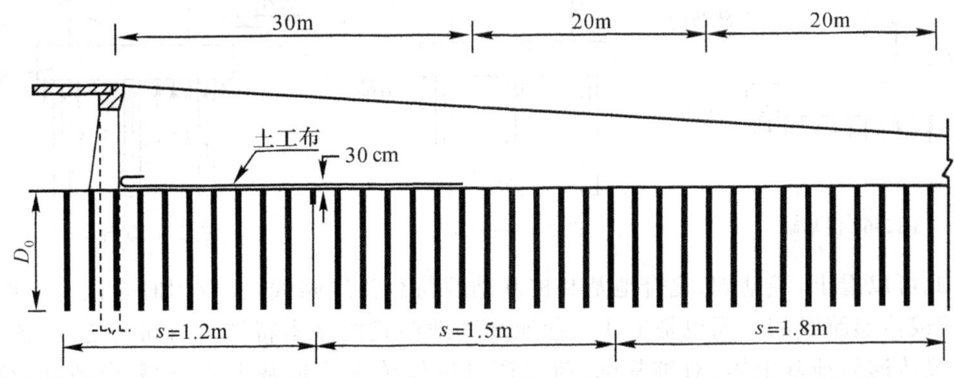

图 2-4　复合地基纵断面布置

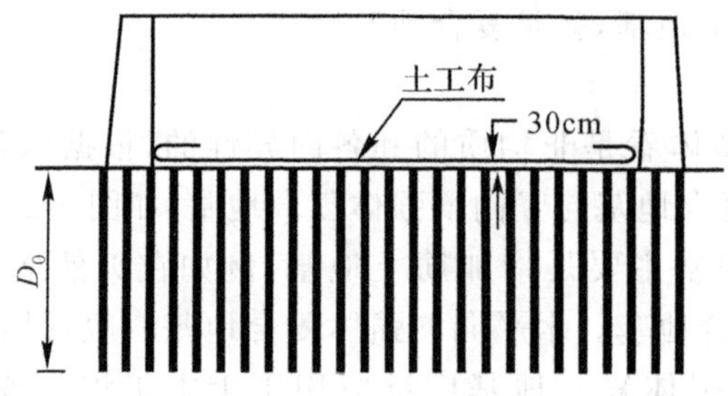

图 2-5 横断面布置

土工织物加筋的作用，一是提高路堤本身的稳定性，二是改善了粉喷桩与桩间土力的均匀程度，也同时减小路堤的不均匀沉降。粉喷桩的主要作用，一是提高地基的承载力，二是大大减小地基的沉降量，使其工后沉降在控制范围之内，达到桥台与路堤的纵向变形协调，减少跳车现象。

2.2 复合地基的作用机理

2.2.1 复合地基与桩基础及浅基础的区别

目前在土木工程中，浅基础、复合地基和桩基础是常见的三种地基基础形式。图 2-6、2-7、2-8 分别为浅基础、桩基础和复合地基的示意图。在图 2-6 所示的浅基础中，上部结构荷载通过基础底板直接传递给底板下的地基土体，若经过地基处理形成均质地基，其荷载传递也如此。图 2-7 表示是桩基础。实际工程设计中，一般假定其荷载传递路径为：上部结构荷载通过基础底板传递给桩体，再通过桩侧摩阻力和桩端端承力传递给地基土体，上部结构荷载全部由桩承当。图 2-8 表示复合地基。其荷载传递路径为：上部结构通过基础底板和褥垫层把一部分荷载直接传递给基础底板下的地基土体，同时也通过基础底板和褥垫层把另外一部分荷载直接传递给桩体。对散体材料桩，由桩体承担的荷载通过桩体鼓胀传递给桩侧土体，也通过桩体竖向传递给深层土体；对黏结材料桩由桩体承担的荷载则通过桩侧摩阻力和桩端端承力传递给地基土体。

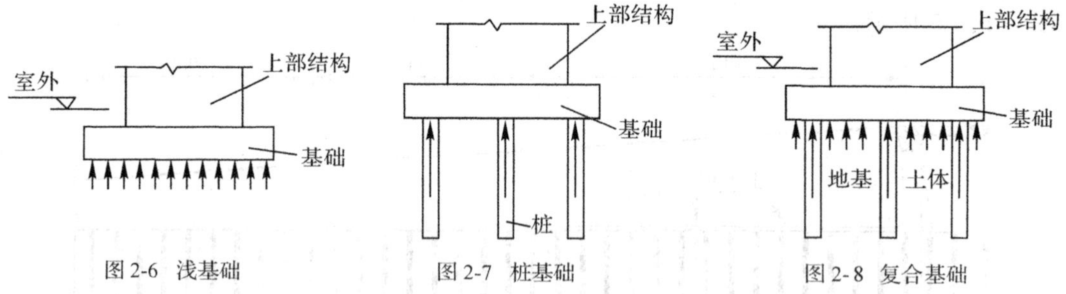

图 2-6 浅基础　图 2-7 桩基础　图 2-8 复合基础

由此可以看出，浅基础、复合地基和桩基础的荷载传递路线，在应用时是认为有明显区别的，荷载传递路线的不同也是上述三种地基基础形式的基本特征。简而言之，对浅基础，荷载直接传递给地基土体，对桩基础，荷载通过桩体传递给地基土体，对复合地基，荷载一部分通过桩传递给地基土体，一部分直接传递给地基土体。

2.2.2　复合地基中的重要参数

为了深刻理解复合地基，在分析复合地基作用机理之前，先介绍几个重要参数。

1. 置换率

在复合地基理论中，置换率是一个最基本的概念，在任何一个复合地基的应用中都要用到。若某建筑结构的基础总面积为 A，采用复合地基进行设计，其竖向受力体为桩体和桩间土体，单桩的桩体横断面面积为 A_p，总桩数为 N_p，则可以从总体角度来定义，复合地基置换率 m 在整个基础范围内的定义为

$$m=\frac{A_p}{A}N_p \tag{2-1}$$

设每根桩分担的处理地基面积为 A_e，单桩桩身横断面面积为 A_p，则可以定义复合地基的置换率 m，其表达式为

$$m=A_p/A_e \tag{2-2}$$

桩位平面布置最常见的有两种形式：一种是正方形布置，一种是等边三角形布置，如图 2-9、2-10 所示。

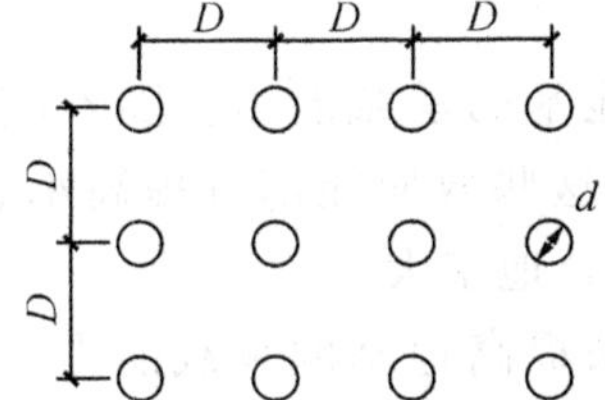

图 2-9　桩位平面正方形布置

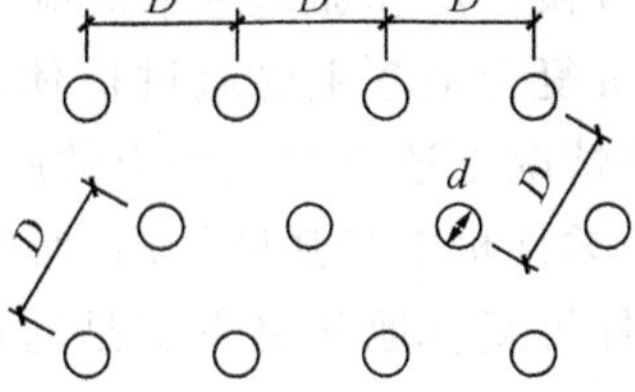

图 2-10　桩位平面等边三角形布置

①圆形桩按正方形布置时，如果桩直径为 d，桩间距为 D，如图 2-9 所示，则复合地基置换率为

$$m=\frac{\pi d^2}{4D^2} \tag{2-3}$$

②圆形桩按等边三角形（也叫梅花形）布置时，如果桩直径为 d，桩间距为 D，如图 2-10 所示，则复合地基置换率为

$$m=\frac{\pi d^2}{2\sqrt{3}D^2} \tag{2-4}$$

2. 复合模量

复合地基置换率概念应用于桩式复合地基，而复合模量的概念既适用于桩式复合地基，又适用于水平向增强体复合地基。

复合地基加固区是由增强体和天然土体两部分组成的，是非均匀质的。在复合地基计算时，为了简化计算，将加固区视作一均质的复合土体，用等价的假想均质复合土体代替真实的非均质复合土体。这种等价的假想均质复合土体的模量称为复合地基土体的复合模量。

复合模量的计算公式可以用材料力学方法，由桩土变形协调条件推演得

$$E_{sp}=mE_p+(1-m)E_s \tag{2-5}$$

式中：E_p 为桩体压缩模量；E_s 为土体压缩模量；E_{sp} 为复合地基的复合模量。

3. 桩土应力比

桩土应力比是指在复合地基加固区的上表面，桩体的竖向应力和桩间土的竖向应力之比。在上部结构荷载作用下，桩体部分的竖向应力记为 σ_p，桩间土所受的竖向应力记为 σ_s，则桩土应力比 n 为

$$n=\frac{\sigma_p}{\sigma_s} \tag{2-6}$$

桩土应力比 n 值的大小可以用来定性地反映复合地基的工作状况。影响桩土应力比 n 值的因素很多，如荷载水平、荷载作用时间、桩间土性质、桩长、桩体刚度、复合地基置换率等。

2.2.3 桩式复合地基的作用机理

1. 加固机理

散体桩复合地基承载能力的提高主要来自以下三种作用：一是挤密效应；二是置换效应；三是加速排水效应。砂土地基中，挤密效应较为显著。在软黏土中，成桩时对土的挤振效果很小，反而会因土的原始结构受到扰动而破坏，丧失原来的结构强度。因此，软黏土中桩主要起置换作用和加速排水效应。

柔性桩复合地基主要通过桩体的置换作用来提高地基的承载能力。随着施工工艺的不同，有些情况下还有对桩周土的胶结作用、挤密作用。这些效应能部分提高承载力，起置换作用时，柔性桩本身强度较高，所以承载力比散体桩复合地基大。

半刚性桩复合地基也主要是通过桩体的置换作用来提高地基的承载能力。随着地质条件的不同，有些情况下还有对桩周土的挤密作用等其他效应。起置换作用时，半刚性桩本身强度很高、模量也很大，所以承载力比柔性桩复合地基大。

2. 破坏形式

复合地基的破坏形式可分为以下四种：刺入破坏、鼓胀破坏、桩体剪切破坏和整体滑动破坏，如图 2-11 所示。

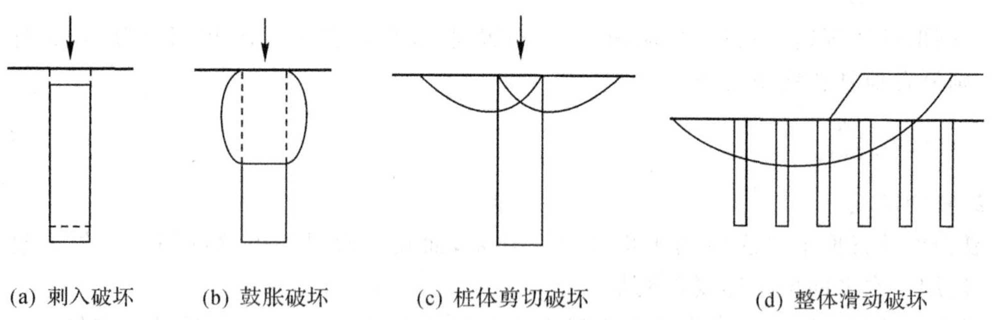

图 2-11 复合地基破坏形式

复合地基发生哪种破坏形式，与复合地基的桩身材料、桩体强度、桩型、地质条件、荷载形式、加载过程以及上部结构的形式等均有密切关系，是各种因素综合影响的结果。

通常散体桩复合地基中单桩的破坏形式可以有三种，即鼓胀破坏、桩体剪切破坏和整体滑动破坏，其中鼓胀破坏是最主要的破坏形式。散体材料桩身无黏聚力，在压力的作用下极易发生侧移，当较大荷载作用时，桩间土不能提供足够的围压来阻止桩体发生过大的

侧向变形，从而产生桩体鼓胀破坏，进而引起复合地基全面破坏。在荷载作用下，散体桩复合地基也可能出现如图 2-11(c)所示的桩体剪切破坏，在滑动面上桩体与土体均发生剪切破坏。散体桩复合地基还可能出现多桩与桩间土同时发生剪切破坏，剪切破坏面形成连续的大范围滑动面，即为整体滑动破坏。散体桩复合地基中桩体的刺入破坏形式不易发生。

柔性桩复合地基中桩体的破坏形式有刺入破坏、桩体剪切破坏和整体滑动破坏。刺入破坏是桩体刚度较大、地基土强度较低的情况下最容易发生的一种破坏形式，是桩尖向下卧层的刺入使变形加大导致破坏。

半刚性桩复合地基中桩体的破坏可为刺入破坏，桩的刚度较大，故桩、土相对位移明显，以刺入破坏为主。

3. 荷载传递

散体桩复合地基的主要特点是桩体材料无凝聚力或有很少的凝聚力，在垂直应力作用下，土中单体在受压的同时，发生侧向挤胀。在桩单元长度的侧壁上，既作用有侧壁摩阻力，又受到土对桩的挤压反力的作用。桩体沿桩向下传递的力逐渐衰减，衰减的大小与摩阻力有关。桩身应力向下衰减得很快，桩端阻力很小。较典型的力分布如图 2-12 所示。

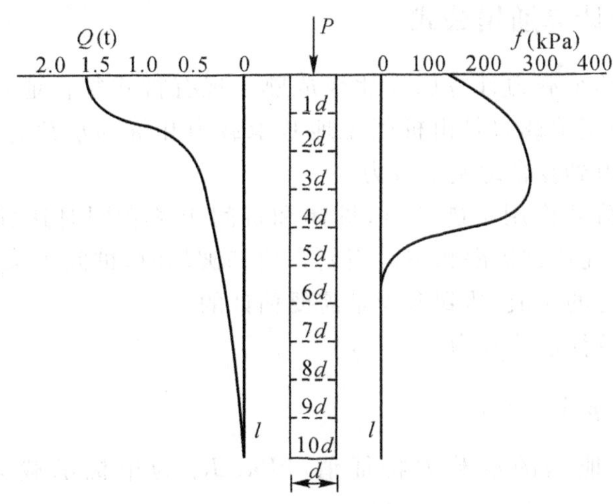

图 2-12　散体桩复合地基的桩侧摩阻力 f 与桩身压力 Q 随深度的变化

柔性桩复合地基的特点是：桩身有一定的强度，在垂直荷载作用下，桩身不致因侧向约束不足而破坏，但桩身的刚度仍然不是太大，在外荷下，桩身仍可能发生较大的压缩变形。其荷载传递见图 2-13，其应力分布与散体材料桩类似。

桩身应力传递：柔性桩在更多的情况下不可能像刚性桩那样将荷载传递到桩尖，而是存在一个临界深度，这个临界深度就是所谓的有效桩长，桩身应力主要集中在有效桩长范围内。

桩侧摩阻力传递：从图 2-13 可以看出，桩侧摩阻力也主要集中在有效桩长范围内，有效桩长以下，桩土同步压缩，桩侧摩阻力难以发挥，上部荷载不再通过桩体向更深的土层传递。

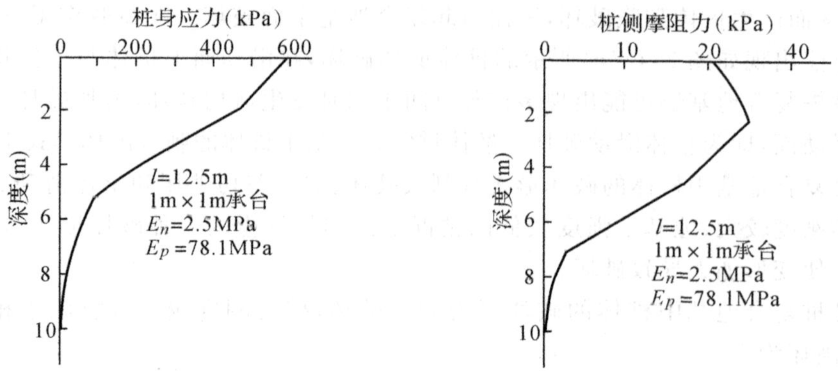

图 2-13 柔性桩复合地基桩侧摩阻力与桩身压力随深度的变化

2.3 复合地基的承载力

2.3.1 承载力计算通用公式

浅基础和桩基础的承载力计算已经比较成熟。现有桩式复合地基承载力计算一般采用复合求和法:复合地基承载力是由桩间土地基承载力和桩的承载力两部分组成,依据一定的原则将两者叠加得到复合地基承载力。

通常复合地基在荷载作用下破坏时,桩体和桩间土两者同时达到极限状态的概率很小,一般情况下是桩体先达到极限状态。当复合地基破坏时,桩间土承载力发挥度(已经发挥的承载力与总承载力的比值)达到多少是需要估计的。

复合地基承载力特征值公式为

$$f_{spk}=m\frac{R_a}{A_p}+\beta(1-m)f_{sk} \tag{2-7}$$

式中:f_{spk} 为桩式复合地基的承载力特征值,kPa;R_a 为单桩承载力特征值,kN,$R_a=\min[(u_p\sum_{i=1}^{n}q_{si}L_i+\alpha q_pA_p),\eta f_{cu}A_p]$;$f_{sk}$ 为天然地基承载力特征值,kPa。对水泥搅拌桩,β 取 0.1～0.9,α 取 0.4～0.6,η 取 0.2～0.33;对水泥粉煤灰碎石桩,β 取 0.75～0.95,α 取 1,η 不小于 3;对砂石桩,β 取 1,$\frac{R_a}{A_p}$ 取 2～4 倍 f_{sk}。

2.3.2 复合地基加固区下卧层承载力验算

当在地基受力范围内复合地基加固区下有软弱下卧层时,尚需对复合地基下卧层承载力进行验算。作用在地基顶面的附加应力,经过复合地基加固区按一定角度扩散后,作用在下卧层顶面处附加应力 p_z 与自重应力 p_{cz} 之和要求不超过下卧土层的承载力特征值,即

$$p_z+p_{cz}\leqslant f_{az} \tag{2-8}$$

式中:p_z 为相应于荷载效应标准组合时,软弱下卧层顶面处的附加压应力值,kPa;p_{cz} 为软弱下卧层顶面处土的自重压应力值,kPa;f_{az} 为软弱下卧层顶面处经深度修正后的地基承载力特征值,kPa。

对条形基础和矩形基础，其扩散如图 2-14 所示，式(2-8)中各值可按下列公式计算：

①条形基础

$$p_z=\frac{b(p_k-p_c)}{b+2z\tan\theta} \tag{2-9}$$

②矩形基础

$$p_z=\frac{lb(p_k-p_c)}{(b+2z\tan\theta)(l+2z\tan\theta)} \tag{2-10}$$

式中：b 为条形基础或矩形基础底边的宽度，m；l 为矩形基础底边的长度，m；p_c 为基础底面处土的自重压应力值，kPa；p_k 为基础底面处的平均压应力值，kPa；θ 为地基压应力扩散线与垂直线的夹角，按表 2-1 采用。

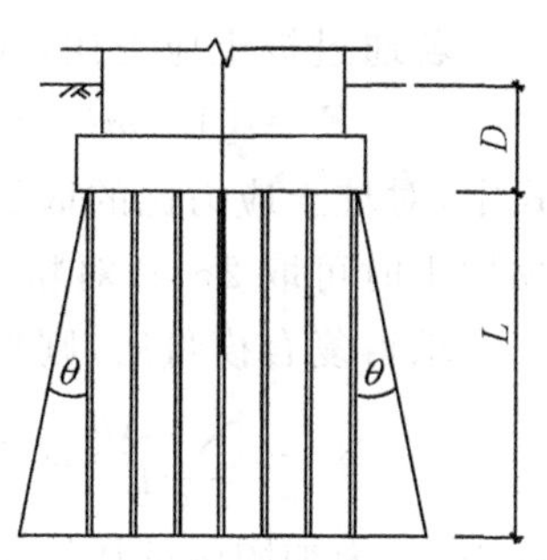

图 2-14　条形基础和矩形基础荷载扩散

表 2-1　地基压力扩散角

E_{s1}/E_{s2}	z/b	
	0.25	0.50
3	6°	23°
5	10°	25°
10	20°	30°

注：①E_{s1} 为上层土加固区复合模量；E_{s2} 为下层土压缩模量。

②$z/b<0.25$ 时，取 $\theta=0°$，必要时宜由实验确定；$z/b>0.5$ 时，θ 值不变。

2.4　复合地基沉降

2.4.1　复合地基沉降计算方法

人们采用复合地基处理技术，其中一个主要目的是为了减小建筑物的沉降，因此复合地基沉降计算在复合地基设计中具有很重要的地位，特别是当按沉降控制进行设计时，沉降计算在设计中的地位就更为重要。总的思路是分别计算复合地基加固区和下卧层压缩量，再把两者相加。即有式

$$s=s_1+s_2 \tag{2-11}$$

式中：s 为复合地基总的沉降量，mm；s_1 为加固区的沉降量，mm；s_2 为桩端以下土体沉降量，mm。

1. 加固区沉降量 s_1 的计算(复合模量法)

若将复合地基加固区中增强体和地基土体两部分视为一个统一的复合整体，则可采用复合模量法来综合评价复合体的压缩性，并用分层总和法计算加固区的沉降量。复合模量的计算公式为

$$E_{sp}=mE_p+(1-m)E_s \tag{2-12}$$

式中：E_{sp} 为加固区增强体和基土视为统一复合体时的压缩模量，简称复合模量；E_p 为桩体的压缩模量；E_s 为加固区土体的压缩模量。

若通过桩土应力比，式(2-12)可以改写为

$$E_{sp}=[1+m(n-1)]E_s \tag{2-13}$$

式中，对桩土应力比的取值规定如下：对强夯置换桩、柱锤冲扩桩和振冲桩，基础底板下为黏性土时可取2～4，对粉土和砂土可取1.5～3，原土强度低取大值，原土强度高取小值。

求得复合模量后，则加固区土层的压缩量为

$$s_1=\sum_{i=1}^{n}\frac{\Delta p_i}{E_{spi}}\Delta H_i \tag{2-14}$$

式中：s_1 为加固区的压缩量 mm；E_{spi} 为第 i 层土的复合模量，MPa；Δp_i 为第 i 层土的平均附加应力，kPa；ΔH_i 为第 i 层土的厚度，m。

该方法具有如下优点：①概念清楚，计算方便；②特别对柔性桩和散体材料桩加固区沉降计算比较实用；③在工程上应用面积加权之和计算复合地基加固区沉降是安全的。

该方法具有如下缺点：该复合模量公式的前提是桩土压缩量相等，这对桩土相对刚度较大的复合地基不实用。简而言之，该计算方法不适用于刚性桩复合地基部分，但可进行柔性桩段的计算。

2. 桩端以下压缩区沉降量 s_2 的计算

桩端以下压缩区沉降量 s_2 一般采用等效实体深基础法计算，用于桩端以下压缩区沉降量的计算。

《建筑地基基础设计规范》(GB50007—2002)规定，桩基的最终沉降量，宜按单向压缩分层总和法计算，地基内的应力分布宜采用各向同性均质线性变形体理论，对于桩的中心距不大于6倍桩径的桩基，可按实体深基础法计算，以桩端平面为作用面，以承台投影为作用面积，以作用面处的附加应力为作用荷载，按 Boussinesq 解或 Mindlin 解(下称明氏解)计算土中竖向应力，从而计算总沉降量。其计算式为

$$s=\psi_p\sum_{j=1}^{m}\sum_{i=1}^{n_j}\frac{\sigma_{j,i}\Delta h_{j,i}}{E_{sj,i}} \tag{2-15}$$

式中：s 为桩基最终计算沉降量，mm；m 为桩端平面以下压缩层范围内土层总数；$E_{sj,i}$ 为桩端平面下第 j 层土第 i 个分层在自重应力至自重应力加附加应力作用段的压缩模量，MPa；n_j 为桩端平面下第 j 层土的计算分层数；$\Delta h_{j,i}$ 为桩端平面下第 j 层土的第 i 个分层厚度；$\sigma_{j,i}$ 为桩端平面下第 j 层土第 i 分层的竖向附加应力；ψ_p 为桩基沉降计算经验系数。

应根据当地的工程实测资料统计对比确定，不具备条件时，可按表2-2确定。

表 2-2 实体深基础法计算桩基沉降经验系数 ψ_p

$\overline{E_s}$(MPa)	$\overline{E_s}<15$	$15\leqslant\overline{E_s}<30$	$30\leqslant\overline{E_s}<40$
ψ_p	0.5	0.4	0.3

承台投影作用面积和作用面处的附加应力有两种计算方法，即压力扩散法和等效实体法，如图2-15、2-16所示，分叙如下。

(1)压力扩散法

若承台底面附加应力为 p_0，桩长范围内土体平均内摩擦角为 θ，则作用在桩端平面上的附加应力为

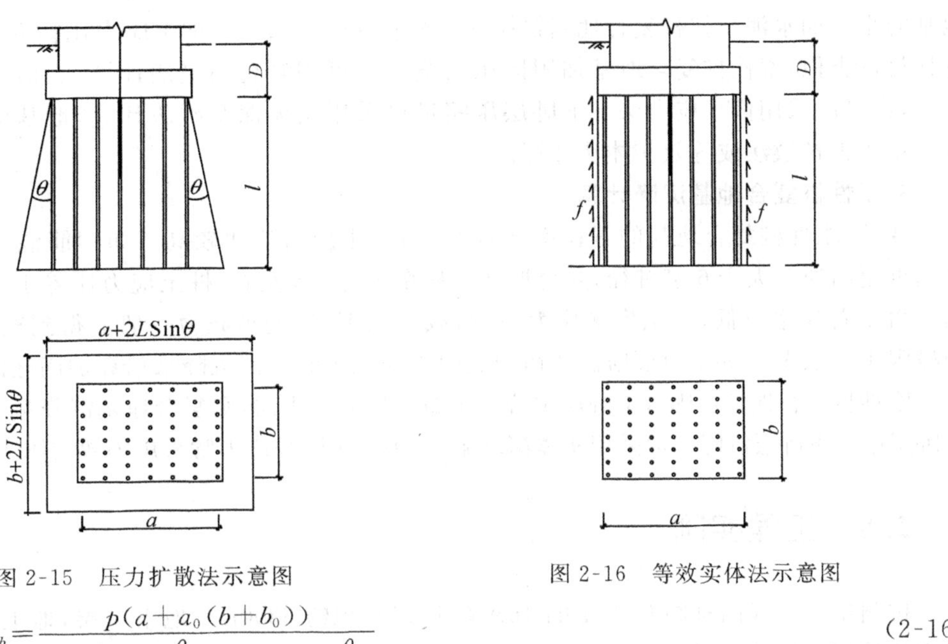

图 2-15　压力扩散法示意图　　　　图 2-16　等效实体法示意图

$$p_b=\frac{p(a+a_0(b+b_0))}{(a+2l\tan\dfrac{\theta}{4})(b+2l\tan\dfrac{\theta}{4})} \tag{2-16}$$

式中：a、b 为承台底面桩外围所围矩形的长、宽；a_0、b_0 为承台底面外围长、宽方向桩到承台外边沿的距离；l 为桩长。

(2)等效实体法

将承台及桩体视为一等效实体，桩端平面上附加应力作用面积与承台面积相等。在等效实体四周，作用有侧摩阻力，设其密度为 f，则桩端平面处的附加应力为

$$p_b=\frac{abp-2(a+b)lf}{ab} \tag{2-17}$$

公式中符号表示的意义见式(2-16)。

实体深基础法为规范方法，具有权威性和可操作性。其缺点也很明显：①准确度难以把握，非常依赖于经验系数的地方经验化程度。②与桩数、桩径、桩距都无直接关系，只与桩长有关。③把桩长范围内土体和桩体当成刚性体是不符合实际的，忽略了桩的压缩、桩端刺入持力层土体的情况以及桩长范围内土体的压缩量。

2.4.2　复合地基沉降计算方法选择

计算沉降的方法有很多种，基本上每种方法都有一定的适用条件，到目前为止，没有一个适用于所有复合地基沉降计算的方法，只有根据复合地基桩体材料及地质条件等的不同，分别选择最适合的计算方法。

1. 散体材料桩复合地基沉降计算方法选择

散体材料桩复合地基加固区压缩量常采用复合模量法计算，能估计桩土应力比时，也可以采用修正应力法。下卧层压缩量可采用实体深基础法计算，地基中附加应力计算常采用压力扩散法。

2. 柔性桩复合地基沉降计算方法选择

柔性桩复合地基置换率一般比刚性桩复合地基置换率高，而桩土应力比比刚性桩复合

地基的小。如水泥搅拌桩复合地基置换率一般在18%～25%，桩土应力比在5～10。与散体材料桩类似，柔性桩复合地基加固区压缩量一般可用复合模量法计算，能估计桩土应力比时，也可以采用修正应力法。下卧层压缩量可采用实体深基础法计算，地基中附加应力可采用压力扩散法或等效实体法计算。

3. 刚性桩复合地基沉降计算

通常，刚性桩复合地基的置换率比较小，而桩土应力比比较高。如钢筋混凝土桩复合地基桩距离通常大于6倍桩径，复合地基置换率约为2%左右，桩土应力比界于20～100之间。由于置换率较低，桩土模量比大，在荷载作用下，桩的承载力一般能得到充分发挥，达到极限工作状态。按经验根据桩体达到极限工作状态时所需沉降来估算加固区沉降。

刚性桩复合地基加固区下卧层中若有压缩性较大的土层，则复合地基沉降量主要发生在下卧层中。下卧层沉降一般采用实体深基础法，地基中附加应力常采用等效实体法计算。

2.5 工程实例

杭州市某小区儒雅阁C组团的15A幢建筑面积约6300m²，地下一层，地上12层。该楼主体采用框架结构，仅电梯间为剪力墙，基础为筏板基础，板厚1m，筏板埋深4.4m，相当于黄海标高0.1m。基础平面图见图2-17。

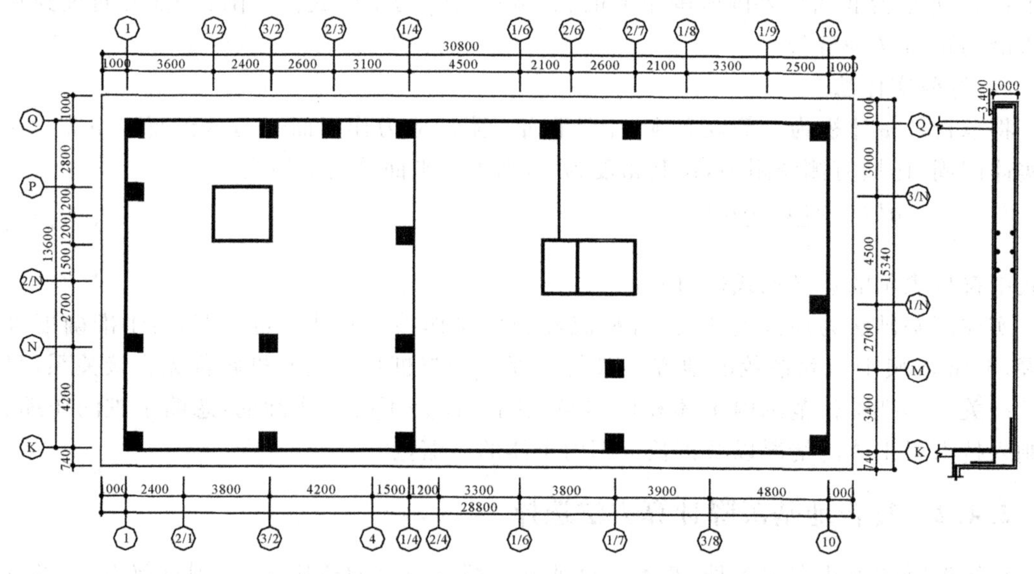

图2-17 15A幢基础平面图与剖面图

基础尺寸为30.80m×15.34m，基础底板以下土体为淤泥质土，厚30m左右，基础设计方案经过反复比较，决定采用复合地基技术进行地基处理。采用了三种桩型，第一种是直径为600mm的湿法深层水泥搅拌桩，第二种是直径为500mm的钻孔灌注桩，第三种是直径为600mm的钻孔灌注桩。共布桩104根，其中直径为600mm的钻孔灌注桩有15根，直径为500mm的钻孔灌注桩有45根，直径600mm的水泥搅拌桩44根。桩位布置见图2-18。

请计算如下参数：

(1)求此复合地基的置换率 m；

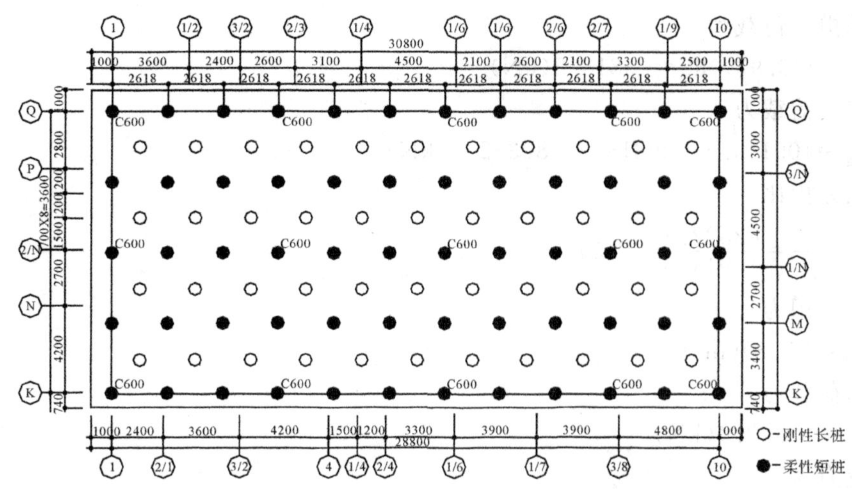

图 2-18 15A 幢桩位平面图

(2)若工程竣工后实测得基础底板下的平均应力为 231kPa，土体压应力为 60kPa，求荷载分担比 N 与桩土应力比 n；

(3)若已知基础底板下天然土体压缩模量 $E_s=3.1$MPa，湿法深层水泥搅拌桩压缩模量 $E_{p1}=70.0$MPa，钻孔灌注桩压缩模量 $E_{p2}=3000$MPa，求其复合模量 E_{sp}。

解 (1)求置换率 m

①基础总面积为

$$A=30.80\times15.34=472.47(\mathrm{m}^2)$$

②直径为 500mm 的单桩面积为

$$A_{p1}=\frac{\pi D_1^2}{4}=\frac{3.14}{4}\times(0.5)^2=0.196(\mathrm{m}^2)$$

总桩数

$$N_{p1}=45\text{ 根}$$

直径为 600mm 的单桩面积为

$$A_{p2}=\frac{\pi D_2^2}{4}=\frac{3.14}{4}\times(0.6)^2=0.283(\mathrm{m}^2)$$

总桩数

$$N_{p2}=15+44=59(\text{根})$$

(3)置换率

$$m=\frac{A_p}{A}N_p=\frac{45\times0.196+59\times0.283}{472.47}=0.054=5.4\%$$

(2)求荷载分担比 N 与桩土应力比 n

①基础面积 $A=472.47\mathrm{m}^2$，其中桩体面积为

$$A_p=45\times0.196+59\times0.283=25.50(\mathrm{m}^2)$$

则天然土体面积为

$$A_s=472.47-25.50=446.97(\mathrm{m}^2)$$

②总荷载为

$$p=472.47\times231=109140.6(\mathrm{kN})$$

天然土体承担的荷载为

$$f_s=446.97\times 60=26818.2(\text{kN})$$

则桩体承担的荷载为

$$f_p=109140.6-26818.2=82322.4(\text{kN})$$

③荷载分担比

$$N=\frac{p_p}{p_s}=\frac{82322.4}{10914.6}=7.54$$

④桩体面积为

$$A_p=25.50(\text{m}^2)$$

桩体承担的荷载为

$$p_p=82322.4(\text{kN})$$

桩顶平均应力为

$$\sigma_p=\frac{p_p}{A_p}=\frac{82322.4}{25.5}=3228(\text{kPa})$$

桩土应力比

$$n=\frac{\sigma_p}{\sigma_s}\frac{3228}{60}=53.8$$

(3)求复合模量

①湿法深层水泥搅拌桩的桩体总面积为

$$A_1=44\times 0.2826=12.43(\text{m}^2)$$

其面积置换率 m 为

$$m_1=\frac{A_1}{A}=\frac{12.43}{472.47}=0.0263=2.63\%$$

②钻孔灌注桩桩体总面积为

$$A_2=45\times 0.1963+15\times 0.2826=13.07(\text{m}^2)$$

其面积置换率 m 为

$$m_2=\frac{A_2}{A}=\frac{13.07}{472.47}=0.0277=2.77\%$$

③参照公式(2-13)知,复合模量

$$\begin{aligned}E_{sp}&=m_1E_{p1}+m_2E_{p2}+(1-m_1-m_2)E_s\\&=70\times 2.63\%+3000\times 2.77\%+(1-2.63\%-2.77\%)\times 3.1\\&=1.841+83.100+2.933\\&=87.874(\text{MPa})\end{aligned}$$

习 题

2-1 什么是复合地基,其与浅基础及桩基础有什么差别?

2-2 复合地基中的桩和普通桩基础中的桩相比较,其受力与其极限承载力的比值有何不同?

2-3 复合地基承载力计算公式成立的前提是什么?

2-4 请对复合地基沉降计算方法进行比较。

第3章 换 填

【学习要点】

熟悉换填法及其作用，熟悉垫层的分类及适用范围，掌握换填垫层的设计方法，了解垫层的施工方法及质量检验。

3.1 概 述

地基处理从处理深度上可分为浅层处理和深层处理，浅层处理一般认为处理深度大致在地面以下 5m 深度以内。浅层处理与深层处理相比，工艺技术和施工设备比较简便，材料耗费较少，如本章所述换填法就是量大面广、简单、快速和经济的处理方法。

本章介绍应用于地基浅层处理的换填法，下面我们先看一个工程实例。

某厂综合楼为一幢四层的现浇钢筋砼框架结构建筑，局部五层，檐口标高 14.8m，局部屋面檐口标高 19m，房屋长度 29.94m，宽度 17.68m。根据建筑设计，底层主要布置仓库，大仓库框架单跨跨度达 12m，其余框架跨度为二跨（6＋6）m。上部结构计算结果单柱最大荷载设计值为 193.80kN。从工程地质勘察报告提供的情况，以及实际基坑开挖情况可知建筑场地范围分布有一暗塘，建筑长度的 2/3 位于暗塘内，1/3 位于暗塘以外的粉土、粉细砂土层上，见图 3-1。暗塘深度在天然地坪下 3.8m，基底以下 2.8m，暗塘内土质为 I′层淤层质土，其承载力标准值仅 70kPa，压缩模量仅 2.5MPa，因此，必须对暗塘进行处理。各土层土质情况见图 3-2。

处理暗塘地基的方案大致有钢筋砼灌注桩、加深房屋基础埋深及砂垫层换土等三种。采用钢筋砼灌注桩基的优点是传力直接，桩可以穿过暗塘将上部结构荷载传至暗塘下部的好土层上，安全可靠。缺点是造价高，工期长。采用加深房屋基础埋深方案是将基础放置在Ⅲ-1层粉细砂上，以Ⅲ-1 层为持力层，基础埋深加深了 2.8m，基础底面积增加。采用砂垫层换土是将暗塘内淤泥质土全部挖除，换成中砂垫层，见图 3-3。整个房屋基础 1/3 落在Ⅱ层土上，2/3 落在砂垫层上，因此，取砂垫层设计承载力特征值与Ⅱ层土相同为 140kPa。砂垫层换土方案造价约 11.57 万元，工期约 70 天。经分析比较，采用砂垫层换土方案合理。

砂垫层的宽度，考虑到各条形基础相距不远，受力扩散后相互影响，故设计要求暗塘区大面积换土，砂垫层凸出房屋周边基础外缘 2.4m。砂垫层底面，若有高差，要求基坑底地基土面挖成台阶状，台阶宽高比取 2∶1。对于砂垫层与不换土基础下部Ⅱ层土相接处作同样处理。

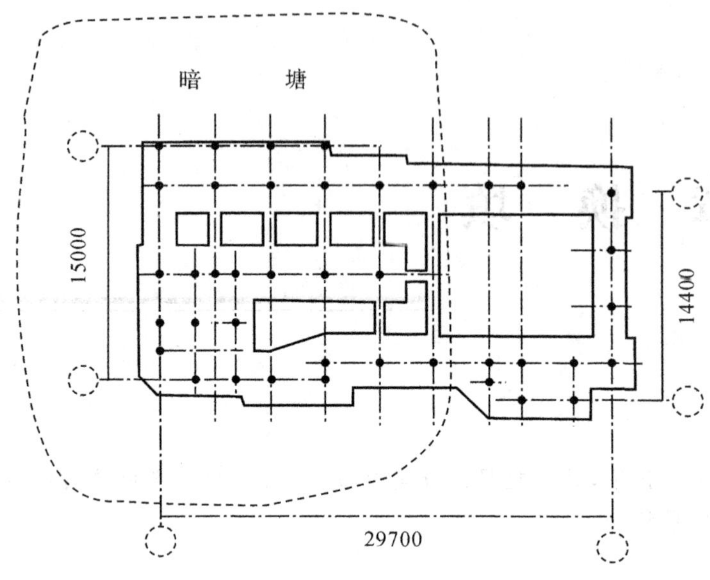

图 3-1 基础、暗塘平面图

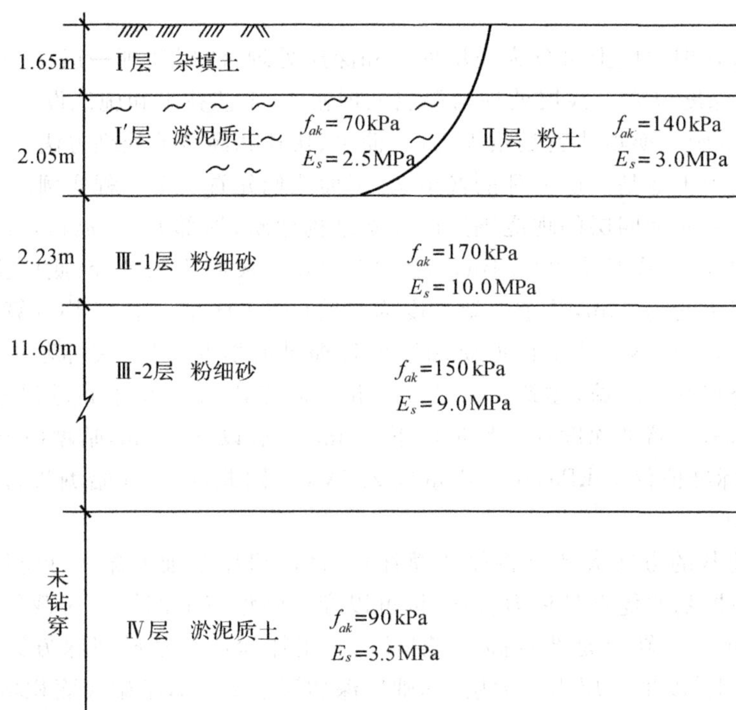

图 3-2 工程地质情况

工程使用十多年来情况良好，无异常现象。沉降观测结果最大沉降量为 17mm，最小沉降量为 10mm，最大沉降差为 7mm，最大相对沉降为 0.6‰，均满足规范的允许变形值。表明采用砂垫层处理暗塘地基是成功的。

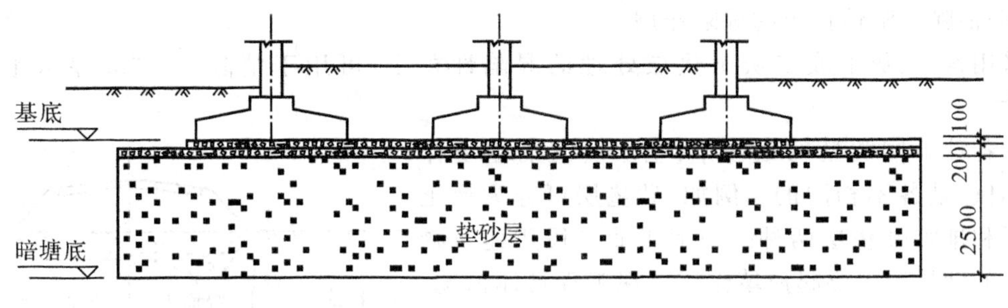

图 3-3 砂垫层剖面图

3.2 换填法及其作用

当软弱土地基的承载力和变形满足不了建筑物需要的工程技术要求，而软弱土层的厚度又不很大时，将基础底面下处理范围内的软弱土层部分或全部挖去，然后分层换填强度较大的砂、砂石、素土、灰土、高炉干渣、粉煤灰等其他性能稳定、无侵蚀性的材料，并压(夯、振)实至要求的密实度的地基处理方法称为换土填层法。

换填法适用于浅层地基处理，包括淤泥、淤泥质土、松散素填土、杂填土和吹填土等地基以及暗塘、暗浜、暗沟等，还有低洼区域的填筑。换填法还适用于一些地域性特殊土的处理，如膨胀土、湿陷性黄土、季节性冻土的处理。

换填法具有如下作用。

(1)提高地基承载力

浅基础地基承载力与基础下土层的抗剪强度有关，如果以抗剪强度较高的砂或其他填筑材料代替较软弱的土，可提高地基的承载力，减少地基破坏。

(2)减少沉降量

一般地基浅层部分的沉降量在总沉降量中所占的比例是比较大的，以条形基础为例，在相当于基础宽度的深度范围内的沉降量约占总沉降量的 50%。如以密实砂或其他填筑材料代替上部软弱土层，就可以减少这部分的沉降量。由于砂垫层或其他垫层对应力的扩散作用，使作用在下卧层上的压力减小，这样也会减小下卧层土的沉降量。

(3)加速软弱土层的排水固结

建筑物的不透水基础直接与软弱土层相接触时，在荷载作用下，软弱土地基中的水被迫绕基础两侧排出，因而使基底下的软弱土不易固结，形成较大的孔隙水压力，还可能导致由于地基强度降低而产生塑性破坏的危险。砂和砂石等材料组成的垫层透水性大，软弱土层受压后，垫层可作为良好的排水面，可以使基础下面的孔隙水压力迅速消散，加速垫层下软弱土层的固结和提高其强度。

(4)防止冻胀

因为粗颗粒的垫层材料孔隙大，不易产生毛细管现象，因此可以防止寒冷地区土中结冰所造成的冻胀。这时，砂垫层的底面应满足当地冻结深度的要求。

(5)消除膨胀土的胀缩作用

在膨胀土地基中采用换填法，将基础底面与两侧的膨胀土挖除一定的范围，换填非膨胀性材料，可消除胀缩作用。

(6)消除湿陷性黄土的湿陷作用

采用素土、灰土或二灰土垫层处理的湿陷性黄土，可用于消除1～3m厚黄土层的湿陷性。

在各种不同类型的工程中，垫层所起的主要作用，有时也是各不相同的。例如，砂垫层可分为换土砂垫层和排水砂垫层两种。一般工业与民用建筑物基础下的砂垫层主要起换填作用。视工程具体情况，可部分换土，也可全部换土。当软弱土层较薄时，如图3-4(a)所示，可采用全部换垫，在短期内便可达到设计效果。当软弱土层很厚时(如图3-4(b)所示)，可对靠近地表附近的进行部分置换，并容许有一定程度的沉降和变形。采用垫层法的前提条件是挖除的软弱土能搬迁堆置，同时又能获得大量便宜的良质土。对路堤和土坝等工程的砂垫层，主要利用垫层的排水固结作用，提高固结速率，促使地基土的强度增长。

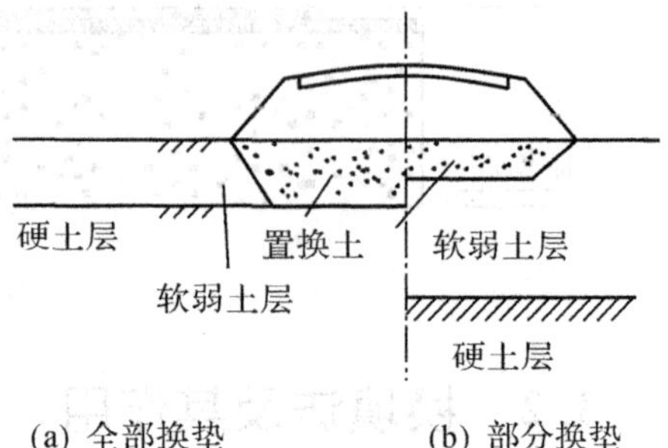

图3-4 换土垫层法示意图(道路工程)

3.3 垫层的分类及适用范围

按回填不同材料形成的垫层，命名为该种材料的垫层，如砂垫层、砂石垫层、灰土和素土垫层、碎石和矿渣垫层等。

虽然对于不同材料的垫层来说，其应力分布稍有差异，但从试验结果分析其极限承载力还是比较接近的。通过沉降观测资料发现，不同材料垫层的特点基本相似，故可将各处材料的垫层设计都近似地按砂垫层的计算方法进行计算。但对湿陷性黄土、膨胀土、季节性冻土等某些特殊土采用换土垫层法处理时，因其主要处理目的是为了消除或部分消除地基上的湿陷性、胀缩性和冻胀性，所以在设计时所需考虑解决问题的关键也应有所不同。

垫层分类及其适用范围见表3-1。

表3-1 垫层分类及其适用范围

垫层分类	适用范围
砂(砂石、碎石)垫层	多用于中小型建筑工程的浜、塘、沟等的局部处理，适用于一般饱和、非饱和的软弱土和水下黄土地基处理。不适宜用于湿陷性黄土地基，也不适宜于大面积堆载、密集基础和动力基础的软土地基处理，砂垫层不适宜用于有地下水流速快、流量大的地基处理
素土垫层	适用于中小型工程及大面积回填、湿陷性黄土地基的处理
灰土垫层	适用于中小型工程，尤其适用于湿陷性黄土地基的处理
粉煤灰垫层	适用于厂房、机场、港区陆域和堆场等大、中、小型工程的大面积填筑
矿渣垫层	适用于中小型建筑工程，尤其适用于地坪、堆场等工程大面积的地基处理和场地平整。但对于受酸性或碱性废水影响的地基不得采用矿渣垫层

3.4 垫层设计

3.4.1 砂和砂石垫层设计

砂和砂石垫层法加固地基设计包括垫层材料的选用，厚度的确定，垫层铺设范围以及地基沉降计算，等等。

1. 垫层材料选用

垫层材料可因地制宜地根据工程的具体条件合理选用，一般为级配良好的中粗砂，含泥量不超过3%，并应除去树皮、草皮等杂质。若用细砂，应掺入30%～50%的碎石，碎石最大粒径不宜大于50mm，并应通过试验确定虚铺厚度、振捣遍数、振捣器功率等技术参数。

2. 确定砂和砂石垫层厚度

垫层铺设厚度根据需要置换软弱土层的厚度确定，要求垫层底面处土的自重应力与荷载作用下产生的附加应力之和不大于同一标高处的地基承载力特征值，如图3-5所示。其表达式为

$$p_z + p_{cz} \leqslant f_{az} \tag{3-1}$$

式中：p_z 为荷载作用下垫层底面处的附加应力，kPa；p_{cz} 为垫层底面处土的自重压力，kPa；f_{az} 为垫层底面处经深度修正后的地基承载力特征值，kPa。

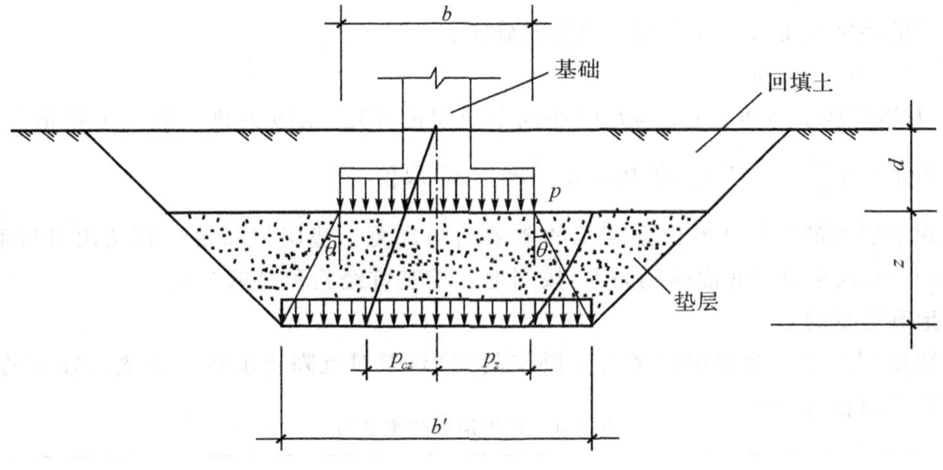

图3-5 砂垫层尺寸设计

设计计算时，先根据垫层的地基承载力特征值(通过现场试验或按表3-3选用)确定出基础宽度，再根据下卧层的承载力特征值确定垫层的厚度。一般情况下，垫层厚度不宜小于0.5m，也不宜大于3m。垫层太厚成本高而且施工比较困难，垫层效用并不随厚度线性增大。

垫层底面处的附加压力，对条形基础和矩形基础分别按式(3-2)和式(3-3)计算。

条形基础

$$p_z = \frac{b(p_k - p_c)}{b + 2z\tan\theta} \tag{3-2}$$

矩形基础

$$p_z=\frac{bl(p_k-p_c)}{(b+2z\tan\theta)(l+2z\tan\theta)} \tag{3-3}$$

式中：p_k 为荷载作用下，基础底面处的平均压力，kPa；p_c 为基础底面处土的自重压力，kPa；l，b 为基础底面的长度和宽度，m；z 为垫层的厚度，m；θ 为垫层的压力扩散角，可按表3-2取值。

垫层地基的承载力宜通过试验确定。

表 3-2 压力扩散角(°)

换填材料 / z/b	中砂、粗砂、砾砂圆砾、角砾、卵石、碎石、石屑、矿渣	粉质黏土、粉煤灰	灰土
0.25	20	6	28
≥0.50	30	23	

注：①当 $z/b<0.25$ 时，除灰土取 $\theta=28°$外；其余材料均取 $\theta=0°$，必要时，宜由试验确定。
②当 $0.25<z/b<0.5$ 时，值可内插求得。

3. 确定垫层铺设范围

砂和砂石垫层铺设范围应满足基底应力扩散的要求。对条形基础，垫层铺设宽度如下。

(1)垫层的顶宽

垫层顶面每边宜超出基础底边不小于 300mm，或从垫层底面两侧向上，按当地开挖基坑经验和要求放坡。

(2)垫层的底宽

垫层的底宽按下式计算或据当地经验确定：

$$b'\geqslant b+2z\tan\theta \tag{3-4}$$

式中：b' 为垫层底面宽度，m；z 为基础底面下垫层的厚度，m；θ 为垫层的压力扩散角，可按表 3-2 取值；当$\frac{z}{b}<0.25$ 时，仍按表中$\frac{z}{b}=0.25$ 取值。

整片垫层的铺设宽度可根据施工的要求适当加宽。垫层顶面每边宜超出基础底边不小于 300mm，或从垫层底面两侧向上，按当地开挖基坑经验和要求放坡。

4. 地基变形验算

一般垫层地基的变形中仅考虑下卧层的变形，但对沉降要求较严或垫层较厚的情况，还应计算垫层自身的变形。

表 3-3 各种垫层的承载力

换填材料	承载力特征值 f_{ak}(kPa)
碎石、卵石	200～300
砂夹石(其中碎石、卵石占全重的 30%～50%)	200～250
土夹石(其中碎石、卵石占全重的 30%～50%)	150～200
中砂、粗砂、砾砂、圆砾、角砾	150～200
粉质黏土	130～180
石屑	120～150
灰土	200～250
粉煤土	120～150
矿渣	200～300

注：①压实系数小的垫层，承载力特征值取低值，反之取高值；
②原状矿渣垫层取低值，分级矿渣或混合矿渣垫层取高值。

3.4.2 砂垫层设计实例

某四层砖混结构的住宅建筑，承重墙下为条形基础，上部建筑物作用于基础的荷载为120kN/m，基础的平均重度为20kN/m³。地基土表层为粉质黏土，厚度为1m，重度为17.5kN/m³；第二层为淤泥，厚15m，重度为17.8kN/m³，地基承载力特征值 $f_{ak}=50\text{kPa}$，承载力修正系数 $\eta_0=0$，$\eta_d=1.0$；第三层为密实的砂砾石。地下水距地表为1m。因为地基土软弱，不能承受建筑物的荷载，试设计砂垫层。

解 (1)砂垫层材料采用粗砂，要求压实系数 $\lambda_c=0.95$，则承载力特征值 f_{ak} 取150kPa。

(2)考虑淤泥质土软弱，基础宜浅埋，基础埋深定为

$$d=1.0\text{m}$$

(3)计算墙基的宽度

$$b\geqslant\frac{F_k}{f_{ak}-20d}=\frac{120}{150-20\times1.0}=0.92(\text{m})\text{，取 }b=1.2\text{m。}$$

(4)设计粗砂垫层厚度为

$$z=1.5\text{m。}$$

(5)垫层底面土的自重应力

$$p_{cz}=\gamma_1h_1+\gamma_2(d+z-h_1)=17.5\times1.0+(17.8-10)\times1.5=29.2\ (\text{kPa})$$

(6)垫层底面的附加应力

采用简化计算法，按公式(3-2)计算。附加应力扩散角 θ 采用30°。

砂垫层底面的附加应力为

$$p_z=\frac{b(p_k-p_c)}{b+2z\tan\theta}$$

$$=\frac{1.2\times102.5}{1.2+2\times1.5\times\tan30^\circ}=42.0\ (\text{kPa})$$

$$p_0=p_k-p_c=\frac{F_k+G_k}{b}-\gamma_1d=\frac{120+20\times1\times1.2}{1.2}-17.5\times1.0$$

$$=120-17.5=102.5\ (\text{kPa})$$

式中：p_0 为基础底面附加压力，kPa；θ 为附加应力扩散角，粗砂 $\theta=30^\circ$，$\tan\theta=\tan30^\circ=0.577$；$b$ 为基础宽度，$b=1.2\text{m}$；z 为粗砂垫层厚度，$z=1.5\text{m}$。

(7)下卧层淤泥修正后的地基承载力特征值

$$f_{az}=f_{ak}+\eta_b\gamma_m(D-0.5)$$

$$=50+1.0\times11.7\times(2.5-0.5)=73.4\ (\text{kPa})$$

式中：f_{ak} 为地基承载力特征值，取50kPa；γ_m 为软弱下卧层顶面以上土的加权平均重度，$\gamma_m=\frac{1.0\times17.5+1.5\times(17.8-10)}{2.5}=11.7\ (\text{kN/m}^3)$；$D$ 为垫层底面埋深，$D=d+z=1.0+1.5=2.5(\text{m})$。

(8)验算垫层下卧层的强度

$$p_z+p_{cz}=42.0+29.2=71.2(\text{kPa})<f_{az}=73.4\text{kPa}$$

满足要求。

(9)确定砂垫层的底宽 b'

按扩散角计算：

$b'=b+2z\tan\theta=1.2+2\times1.5\times\tan30^\circ=2.93(\text{m})$，取 $b'=3\text{m}$。

绘制砂垫层剖面图，如图 3.6 所示。

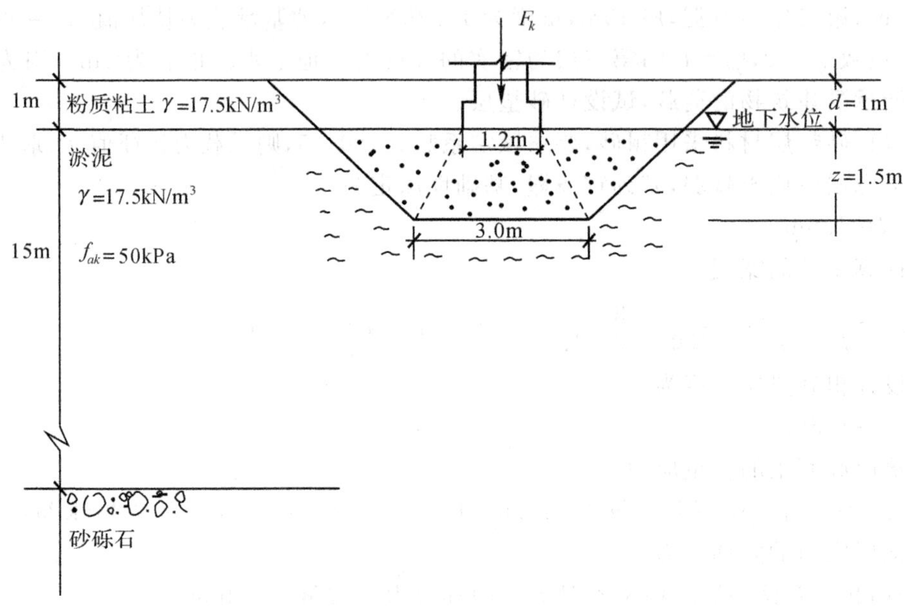

图 3.6 砂垫层剖面图

3.5 施工及质量检验

3.5.1 垫层的施工方法

换填垫层的施工方法一般有碾压法、振动压实法、重锤夯实法，对于砂石垫层还可以用插振法、水撼法等，见表 3-4。

1. 碾压法

碾压法是用压路机、推土机、平碾、羊足碾或其他碾压机械在地基表面来回开动，利用机械自重把松散土地基压实加固。这种方法常用于地下水位以上大面积填土的压实以及一般非饱和黏性土和杂填土地基的浅层处理。

碾压法对表层地基加固的深度一般可达 2～3m。一般黏性土经表层压实处理，其地基承载力可达 80～100kPa。

2. 振动压实法

振动压实法是用振动压实机械在地基表面施加振动力以振实浅层松散地基的处理方法。使地基土的颗粒受振动，移动至稳固位置，减小土的孔隙而压实。实践证明：用振动压实法处理砂土地基以及碎石、矿渣等渗透性较好无黏土为主的松散填土地基效果良好。振密后的地基有较强的抗震能力。

表 3-4 垫层的施工方法与铺土厚度

种类	项次	夯(压、振)实方法	每层铺筑厚度(mm)	施工时最优含水率(%)	施工说明	备注
砂和砂石垫层	1	平振法	200～250	15～20	用平板式振捣器往复振捣	不宜使用于细砂或含泥量较大的砂所铺筑的砂垫层
	2	插振法	振捣器的插入深度	饱和	①用插入式振捣器 ②插入间距可由机械振幅大小决定 ③不应插至下卧黏性土层 ④插入振捣器完毕后所留的孔洞,应用砂填实	
	3	水撼法	250	饱和	①注水高度应超过每次铺筑面层 ②用钢叉摇撼捣实插入点间距为 100mm ③摇撼十几下,感觉砂子已沉实时,便将钢叉拔出	湿陷性黄土及膨胀土地区不得使用
	4	夯实法	150～200	8～12	①用木夯或机械夯 ②木夯重 400N 落距 400～500mm ③一夯压半夯,全面夯实	
	5	碾压法	250～350	8～12	60～100kN 压路机往复碾压	①适用于大面积砂垫层 ②不宜用于地下水位以下的砂垫层
灰土垫层	1	石夯、木夯	200～250		夯具重 0.04～0.08t 人力送夯,落高 40～50cm,一夯压半夯	
	2	轻型夯实机械	200～250		蛙式或柴打夯机	
	3	压路机	200～300		夯具重 6～10t,双轮压路机	

振动机自重约为 20kN,振动力为 50～100kN,振动机的频率为 1160～1180r/min,振幅 3.5mm,见图 3-7。对主要由炉渣、碎砖、瓦块组成的建筑垃圾,振实时间大于 1min。对含炉灰等细颗粒的填土,振实时间约为 3～5min,有效振实深度 1.2～1.5m。

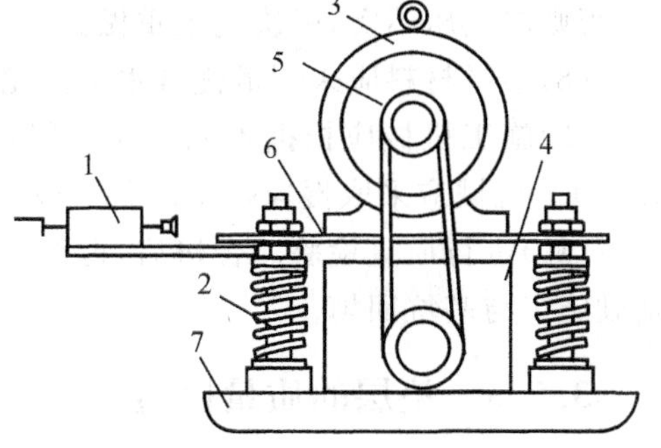

图 3-7 振动压实机示意图

1—操纵机械;2—弹簧减振器;3—电动机;4—振动器;5—振动机槽轮;6—减振架;7—振动板

振实范围应从基础边缘放出 0.6m 左右,先振基槽两边,再振中间,振实标准是以振动机原地振实不再继续下沉为合格。一般杂填土地基经过振实处理后,地基承载力可达 100～150kPa。

地下水位过高会影响振实效果,当地下水位距振实面小于 60cm 时,应降低地下水位。另外,施振前应对工程场地周围环境进行调查。一般情况下,振源与邻近建筑物、地下管线或其他设施的距离应大于 3m。如有危房和重要地下管线,应事先进行加固处理。

3. 重锤夯实法

重锤夯实法是利用起重机械将重锤提到一定高度,自由落下,以重锤自由下落的冲击能来夯实浅层地基。经过多次重复提起、落下,使地基表面形成一层较为均匀密实的硬壳层,从而提高了地基强度。

夯锤的自重不宜小于 15kN,见图 3-8。

重锤夯实法一般适用于地下水位距地表 0.8m 以上稍湿的黏性土、砂土、湿陷性黄土、杂填土和分层填土。

经过重锤夯实的地基承载力可通过静荷载试验确定,一般可达 100～150kPa。

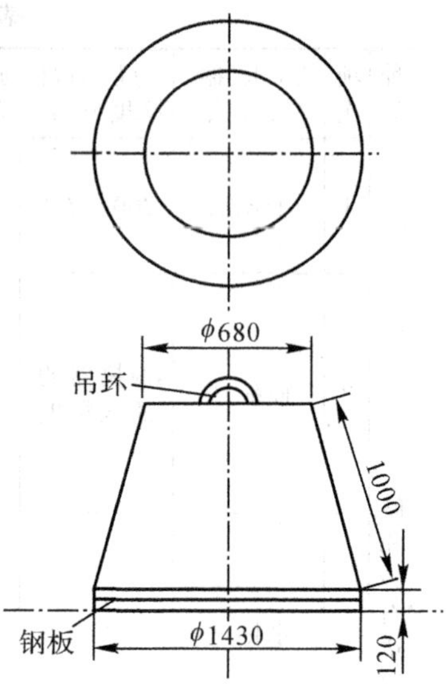

图 3-8 夯锤

3.5.2 垫层施工注意事项

垫层施工时应注意下列事项,以保证工程质量。

(1)基坑保持无积水。若地下水位高于基坑底面时,应采取排水或降水措施。

(2)铺筑垫层材料之前,应先验槽。清除浮土,边坡应稳定。基坑两侧附近若存在低于地基的洞穴,应先填实。

(3)施工中必须避免扰动软弱下卧层的结构,防止降低土的强度、增加沉降。基坑挖好立即回填,不可长期暴露、浸水或任意践踏坑底。

(4)如采用碎石或卵石垫层,宜先铺一层 15～20cm 的砂垫层作底面,用木夯夯实,以免坑底软弱土发生局部破坏。

(5)垫层底面应等高。若深度不同,基土面应挖成踏步或斜坡搭接。分段施工接头处应做成斜坡,每层错开 0.5～1.0m。搭接处应注意捣实,施工顺序先深后浅。

(6)人工级配砂石垫层,应先拌和均匀,再铺填捣实。

(7)垫层每层虚铺 200～300mm,均匀、平整,严格掌握。禁止为抢工期而一次铺土太厚,否则层底压不实,坚决返工重做。

(8)垫层材料应采用最优含水率。尤其对素土和灰土垫层应严格控制。

(9)施工机械应根据不同垫层材料进行选择,如素填土宜用平碾或羊足碾;其余参见表 3-4。机械应采取慢速碾压。若平板振捣器宜在各点留振 1～2min。

(10)进行质量检验。合格后,再上铺一层材料再压实,直至设计厚度为止,并及时进行基础施工与基坑回填。

3.5.3 垫层的质量检验

1. 垫层的质量控制标准

根据设计承载力的要求,通常采用下列两种方法。

(1)干密度 ρ_d

①环刀法。素土、灰土和密砂用容积 $V \geqslant 200\text{cm}^3$ 的环刀,在垫层中取代表性试样,测定

其干密度 ρ_d。一般中砂，$\rho_d \geq 1.60\text{g/cm}^3$ 为合格；灰土，$\rho_d \geq 1.55\text{g/cm}^3$ 为合格。

②灌水法。若为卵石或碎石垫层无法用环刀取样时，可采用灌水法。选代表性部位挖试坑，一般为直径 250mm、深度 300mm。挖出的卵石全部装入小桶，可得卵石的质量。用塑料薄袋平铺试坑内，注水入袋至试坑口齐平，注入水量为试坑体积。级配良好的卵石，要求 $\rho_d \geq 1.90\text{g/cm}^3$。

(2)压实系数 λ_c

压实系数 λ_c 按下式计算：

$$\lambda_c = \frac{\rho_d}{\rho_{d\max}} \tag{3-5}$$

式中：λ_c 为压实系数，一般要求 $=0.93 \sim 0.97$；ρ_d 为垫层材料施工要求达到的干密度，g/cm^3；$\rho_{d\max}$ 为垫层材料能够压密的最大干密度，由击实试验测定，g/cm^3。

2. 垫层质量检验

检验包括分层施工质量检查和工程质量验收。

分层施工的质量和质量标准应使垫层达到设计要求的密实度。

换填结束后，可按工程的要求进行垫层的工程质量验收，验收方式可通过荷载试验进行。在有充分试验依据时，也可采用标准贯入试验或静力触探试验。

3.6 其他垫层

3.6.1 灰土和素土垫层

灰土垫层(石灰与土的体积配合比一般为 2∶8 或 3∶7)，素土垫层(简称土垫层)，在湿陷性黄土地区使用较为广泛，这是一种以土治土的处理湿陷性黄土地基的传统方法，处理厚度一般为 1～4m。通过处理基底下的部分湿陷性土层，可达到减小地基的总湿陷量，并控制未处理土层湿陷量的处理效果。

素土垫层或灰土垫层可分为局部垫层和整片垫层。当仅要求消除基底下处理土层的湿陷性时，宜采用素土垫层。除上述要求外，并要求提高土的承载力或水稳性时，宜采用灰土垫层。

局部垫层一般设置在矩形(或方形)基础或条形基础底面下，主要用于消除地基的部分湿陷量，并可提高地基的承载力。根据工程实践经验，局部垫层的平面处理范围，每边超出基础底边的宽度不应小于其厚度的一半，即使地基处理后，地面水仍可从垫层侧向渗入下部未经处理的湿陷性土层而引起湿陷，故对有防水要求的建筑物不得采用。

整片垫层一般设置在整个建(构)筑物(跨度大的工业厂房除外)的平面范围内，每边超出建筑物外墙基础外缘的宽度不应小于垫层的厚度，并不得小于 2m。整片垫层的作用是消除被处理土层的湿陷量，以及防止生产和生活用水从垫层上部或侧向渗入下部未经处理的湿陷性土层。

3.6.2 碎石和矿渣垫层

采用碎石或矿渣作垫层来处理软弱地基是目前国内常用的一种地基加固方法。实践证明,碎石和矿渣有足够的强度,变形模量大,稳定性好;而且垫层本身还可以起排水层的作用,并加速下部软弱土层的固结。

碎石垫层一般用粒径为5~40mm的自然级配碎石,含泥量不大于5%。矿渣垫层在大面积铺填时,多采用高炉混合渣(即破碎后不经筛分的不分级废渣),粒径最大不超过200mm;小面积垫层用粒径为20~60mm的分级渣。在碎石和矿渣垫层的底部,为防止基坑表层软弱土发生局部破坏,而导致建筑物基础产生附加沉降,一般在垫层底部和四周设置一层15~30mm厚的砂框,砂料应采用中粗砂,然后再铺筑碎石或矿渣垫层,当软弱土层厚度不同时,垫层应做成阶梯形,但两层垫层的高差不得大于1m,同时阶梯需符合$b>2h$的要求。

3.6.3 粉煤灰垫层

粉煤灰是燃煤电厂的工业废料,松散重度在6~7kN/m^{3}间,自重比土轻得多,将其作为软弱土换填材料应用,可降低下卧层土的压力,减小沉降。道路路堤的填筑高度也可提高至8m。粉煤灰作为一种良好的地基处理材料资源,经多项重点建设工程实例证明,具有良好的物理、力学性能,能满足工程设计要求。废料利用,经济效果显著。

粉煤灰的颗粒组成特点,使它击实性能好,最优含水量变动幅度±4%,大于土的±2%的变动幅度。在回填施工中达到设计密实度要求的含水量容易控制。

粉煤灰最大干密度$\rho_{d\max}$和最优含水量ω_{op},在设计、施工前应按《土工试验方法标准》(GB/T50123—1999)击实试验法测定。

粉煤灰类似于砂质粉土,其垫层厚度的计算方法可参照砂垫层厚度计算,粉煤灰垫层的压力扩散角$\theta=22°$。粉煤灰的内摩擦角φ、黏聚力c,压缩模量E_s、渗透系数k随粉煤灰的材质和压实密度而变化,应通过室内土工试验确定。当无试验资料时,可参考下列数值:$\lambda_c=0.90\sim0.95$时,$\varphi=23°\sim30°$,$c=5\sim30$kPa,$E_s=8\sim20$MPa,$E_s=2\times10^{-4}\sim9\times10^{-5}$cm/s。

粉煤灰压实垫层具有遇水后强度降低的特性,对压实系数$\lambda_c=0.90\sim0.95$的浸水垫层,其承载力特征值可采用120~200kPa,但仍应满足软弱下卧层的强度与地基变形要求。当$\lambda_c>0.90$时,可抗7度地震液化,其抗液化能力比砂质粉土强得多。

粉煤灰垫层不应采用水沉法或浸水饱和施工。施工时须一板压$\frac{1}{3}\sim\frac{1}{2}$板往复压实。粉煤灰垫层经验收合格后,应及时铺筑上层或采用封层,以防干燥松散起尘,污染环境。

习 题

3-1 什么是换填法?换填的作用是什么?

3-2 垫层的分类和适用范围是什么?

3-3 何谓最大干密度、最优含水量和压实系数?

3-4 砂垫层施工的关键问题是什么?如何检验施工质量?

3-5 垫层的密实方法主要有哪几种?各有何特点?

3-6　某砖混结构办公楼，承重墙下为条形基础，宽1.2m，埋深1m，承重墙传至基础荷载$F=180\text{kN/m}$，地表为1.5m厚的杂填土，$\gamma=16\text{kN/m}^3$，$\gamma_{sat}=17\text{kN/m}^3$；下层为淤泥层，$\gamma_{sat}=19\text{kN/m}^3$，$f_{ak}=70\text{kPa}$，地下水距地表深1m，试设计基础垫层。（砂垫层$f=190\text{kPa}$）

3-7　某中学一幢教学楼，采用砖混结构条形基础。作用在基础顶面竖向荷载为$F_k=130\text{kN/m}$。地基土层情况：表层为素填土，$\gamma_1=17.5\text{kN/m}^3$，层厚$h_1=1.30\text{m}$；第二层为淤泥质土，$f_{ak}=75\text{kPa}$，$w=47.5\%$，$\gamma_2=17.8\text{kN/m}^3$，层厚$h_2=6.50\text{m}$，承载力修正系数$\eta_b=0$，$\eta_d=1.0$。地下水位深1.30m。设计此教学楼的砂垫层。

第 4 章　深层密实

【学习要点】

熟悉深层密实的作用机理和适用范围，掌握强夯、挤密碎（砂）石桩、水泥粉煤灰碎石桩（CFG 桩）、石灰桩与土桩的设计方法，了解深层密实的施工方法及质量检验。

深层密实是指采用爆破、夯击、挤压和振动等方法，对松软地基土进行振密和挤密。它与浅层加固（如机械碾压和重锤夯实等）方法的不同点，不但在于其所用的施工机具不同，更为重要的是它可使地基土在较大深度范围内得以密实。深层密实法也是当代地基处理工程的重大发展之一。

4.1 强　夯

4.1.1 概　述

强夯技术是在重锤夯实法的基础上发展起来的，国际上称为动力固结法或动力压实。这种方法是反复将很重的锤提到一定高度使其自由落下，给地基以冲击和振动能量，进行强力夯实，从而提高地基的强度并降低其压缩性，达到改善地基性能的目的（见图 4-1）。目前使用的夯锤重一般为 10～30t，最大可达 200t，落距大约在 8～30m，最大可达 40m。

图 4-1　强夯法地基处理

强夯法处理地基是 20 世纪 60 年代末 70 年代初由法国 Menard(梅纳)技术公司首创，其第一个工程用于处理滨海填土地基，取得了较好的社会经济效益。随后强夯法逐渐被用来作为处理填土、饱和砂土、冲积土以及大面积软土地基，且相继在英国、美国、日本、德国、加拿大、荷兰等 20 几个国家 300 多项工程中获得了广泛应用。

我国于 1975 年左右引进强夯技术，1978 年 11 月至 1979 年首次由交通部一航局科研所及其协作单位在天津新港三号公路进行了强夯法试验研究。1979 年 8 月至 9 月在河北秦皇岛码头堆煤场细砂地基进行了强夯试验，效果显著，此后该码头正式采用强夯法加固，节省资金 150 万元。自此，作为一种适用性广、经济有效的地基处理方法，全国各地相继开展工程应用。

由于强夯法具有施工机具简便、施工快捷、经济性好等优点，尤其是大面积的地基处理强夯法被广泛应用。例如，杭州萧山国际机场飞行区一期工程拟建长 3600m、宽 60m 的跑道以及滑行道、站坪、中航浙江公司基地停机坪等，地基处理面积约 100 万平方米。该工程场地属钱塘江河口冲海积平原，飞行区内道路、河网密集，池塘众多，地基很不均匀。地基土主要为砂质粉土、粉砂及淤泥质粉质黏土，其中浅部砂质粉土为轻微至中等液化。为了确定地基处理方案，进行了地基处理试验，对比了降水强夯、填石强夯和振密碎石桩三种方法，最终决定采用填石强夯法，设计参数如表 4-1 所示。经过 6 年多运行，飞行区地基稳定，沉降符合规范要求，强夯在该工程中取得了较好的效果，经济效益明显。

表 4-1　强夯法设计参数

垫层材料	摊铺垫层	夯型	单击夯能(kN·m)	夯点间距(m)	夯点布置	夯击遍数	单点击数
混山石粒径≤40cm	摊铺 70cm，两遍点夯 摊铺 50cm，一遍满夯	点夯	2000	3.5	正方形	第一遍 第二遍	8～10 6～8
		满夯	1000～2000	搭接 1/4 锤径	搭接型	1	4

强夯法最早应用于粗粒土，随后在低饱和度的细粒土中得到了一定应用。迄今为止，强夯法已成功而广泛地用于处理各类碎石土、砂性土、湿陷性黄土、人工填土、低饱和度的粉土与一般黏性土，特别是还能处理一般方法难以加固的大块碎石类土及建筑、生活垃圾或工业废料组成的杂填土。工程实践表明，对于以上述土类为主体的大面积的地基处理，强夯法往往被作为优先、有时甚至是唯一的处理方法予以考虑，且具有良好的技术经济效果。而对于饱和度较高的黏性土，尤其是对淤泥和淤泥质土地基，由于透水性差，强夯法加固效果较差，故使用时要慎重对待。但近年来，通过联合使用塑料排水板等，强夯法在高饱和度的软土地基中也有成功应用的实例。此外，采用在夯坑内回填块石、碎石或其他粗颗粒材料，强行夯入并排开软土，最终形成砂石桩与软土的复合地基，此类方法称为强夯置换法，也称动力置换、强夯排淤法。

作为一种常用的地基处理方法，强夯法具有以下特点。

(1)适用各类土层

强夯法适用于处理碎石土、砂土、低饱和度的粉土和黏性土、湿陷性黄土、素填土和杂填土等地基。

(2)应用范围广泛

可应用于工业厂房、民用建筑、设备基础、油罐、堆场、公路、铁道、桥梁、机场跑道、港口码头等工程的地基加固。

(3)处理效果明显

经强夯处理后,可明显提高地基承载力、压缩模量,增加干重度,减小孔隙比,降低压缩系数,增加场地均匀性,消除湿陷性、膨胀性,防止振动液化。

(4)有效加固深度大

一般能量强夯处理深度为6~8m,但单层8000kN·m高能级强夯处理深度可达12m,多层强夯处理深度可达24~54m。

(5)施工机具简单,且施工快捷

强夯机具主要为履带式起重机。当起吊能力有限时可辅以龙门式起落架或其他设施,加上自动脱钩装置。当机械设备困难时,还可以因地制宜地采用打桩机、龙门吊、桅杆等简易设备。强夯施工,只要工序安排合理,周期很短,特别是对粗颗粒非饱和土的强夯,周期更短。

(6)工程造价低

由于强夯工艺无需建筑材料,节省了材料费,仅需消耗少量油料,且施工快捷,因此成本低。例如,北京乙烯工程采用挤密碎石方案造价200元/m^2以上,而采用强夯仅25元/m^2。

4.1.2 加固机理

强夯加固的机理非常复杂,关于强夯法加固地基的机理,国内外的不同研究者从不同角度进行了大量的研究,但目前看法还不一致,也还没有形成一套完整的理论和设计体系。在第十届国际土力学和基础工程会议上,美国Mitchell教授在“地基处理的科技发展水平”报告中指出:“当强夯法应用于非饱和土时,压实过程基本上同实验室中的击实法,在饱和无黏性土的情况下,可能会产生液化,压密过程同爆破和振动压密的过程相似。”他认为:强夯对饱和细颗粒土的效果尚不明确,成功和失败的例子均有报道,对于饱和细粒土,需要破坏土体的结构,产生超孔隙水压力以及通过裂隙形成排水通道,孔隙水压消散,土体才会压密。

目前,强夯法加固地基的加固机理主要有动力密实、动力固结和动力置换,具体取决于地基土的类别和施工工艺。

1.动力密实

采用强夯加固多孔隙、粗颗粒、非饱和土是基于动力密实的概念,即用冲击型动力荷载使土体中的孔隙体积减小、土体变得密实,从而提高地基土的强度。

非饱和土的夯实过程,就是土中空气被挤出的过程,夯实变形主要由土颗粒的相对位移引起。在夯锤夯实时,地面立即出现沉降,一般夯击一遍后,夯坑的深度可达0.6~1.0m,夯坑底部形成一层超压密的硬壳层,承载力比夯前提高2~3倍。非饱和土在中等夯击能量1000~2000kN·m的作用下,主要产生冲切变形,在加固深度范围内气相体积大大减少,最大可减少60%,加固土体的范围呈长犁状。

2. 动力固结

用强夯法处理细颗粒饱和土时，是借助于动力固结的理论，即在巨大的冲击能量下，土体中产生很大的应力波，破坏了土体原有结构，使土体局部液化并产生许多裂隙，增大了排水通道，使水快速顺利排除，孔隙水压力消散，土体产生固结，土体强度得以提高。

强夯法加固地基创始人 Menard(1974)根据饱和黏土经强夯后瞬时产生数十厘米沉降这一事实，认为饱和土是可以压缩的，并提出了一个新的不同于传统固结理论模型的动力固结模型，如图 4-2 和表 4-2 所示。强夯时的动力固结主要表现为以下四点。

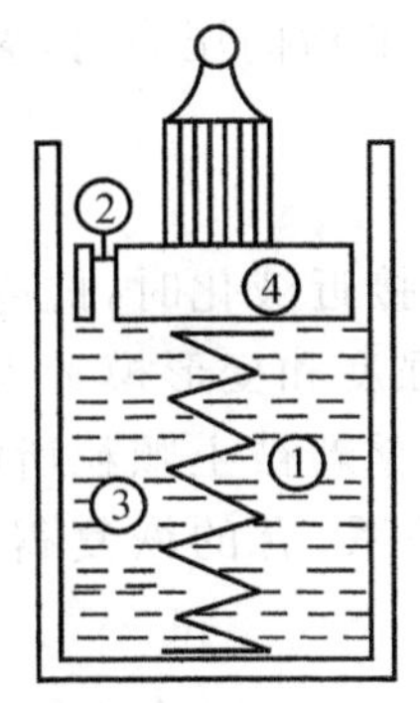

(a) 静力固结模型（旧）

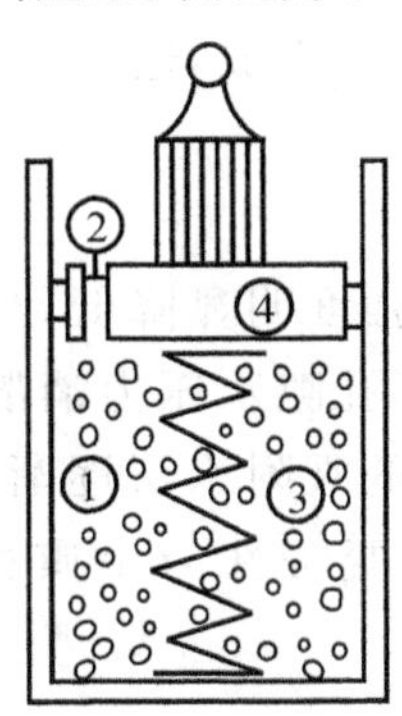

(b) 动力固结模型（新）

图 4-2　新、旧固结理论

表 4-2　静力固结和动力固结理论对比表

静力固结理论	动力固结理论
①可压缩的液体	①含有少量气体的可压缩的液体
②固结时液体排出，所通过的小孔孔径不变	②固结时液体排出，所通过的小孔孔径变化
③弹簧刚度是常数	③弹簧刚度为变数
④活塞无摩阻力	④活塞有摩阻力

(1)饱和土体的压缩性

一般土都是由三相组成的，土中总存在一些微小气泡，土颗粒之间的孔隙水也有孔隙可压缩，其体积占整个体积的 1%～3%，最多可达 4%。

强夯时，气体体积压缩，孔隙水压力增大(产生超孔隙水压力)。随后气体有所膨胀，孔隙水排出，孔隙水压力减少，固相体积始终不变。这样，每夯击一遍，液相体积就有所减少，气相体积也有所减少。但在冲击力作用下，含有空气的孔隙水不能立即排出而具有滞后现象，同时土颗粒周围的吸着水，由于振动或温度上升而变作自由水，其结果使土颗粒间的内聚力削弱，土体强度降低。

(2)土体液化

在重复夯击作用下，施加在土体的夯击能量使气体逐渐受到压缩，因此，土体沉降与夯击能成正比。当夯击能达到一定程度，即当气体的体积百分比接近于零时，土体具有不可压缩性，此夯击能界限值称为“饱和能”。夯击能达到饱和能量时，土体产生液化，吸着水变成自由水，土的强度下降到最小值。

须注意的是，一旦达到饱和能量，就不能再多夯，否则对土体固结不利，因为夯击能过大，土体固结条件遭到破坏，孔隙水反而不易排出，土体强度降低后难以恢复。

(3)渗透性变化

当夯击能增大到饱和能时，孔隙水压力上升到与竖向应力相等，夯击停止后，孔隙水压力迅速消散。如果仍使用夯击前土的渗透系数，就无法解释孔隙水压力的迅速消散。所以Menard认为，在强大夯击能作用下，土中出现很大的应力和冲击波，致使地基内部出现裂隙，形成树枝状排水网路，从而增加土体渗透性。强夯时土体局部液化，即这一瞬间的孔隙水压等于总压力所产生的超孔隙水压力，使土颗粒之间出现裂隙，形成排水通道，土的渗透系数陡增。当孔隙水压力消散，达到小于土颗粒之间的横向压力时，裂隙闭合，土中水的运动又恢复常态。

(4)触变恢复

夯实时，土的抗剪强度明显降低，当土体液化或接近液化时，抗剪强度降为零或最小，吸附水变成自由水。当孔隙水压力消散，土的抗剪强度和变形模量大幅度增长，土体颗粒间的接触更加紧密，新的吸附水层逐渐固定，自由水重新被土颗粒所吸附变成吸着水。这就是土的触变特性，触变特性与土质种类有很大关系，有的恢复得快，有的恢复得非常缓慢。

3. 动力置换

动力置换可分为整式置换和桩式置换。整式置换是采用强夯将碎石整体挤入淤泥中，其作用机理类似于换土垫层。桩式置换是通过强夯将碎石填筑土体中，部分碎石桩(或墩)间隔地夯入软土中，形成桩式(或墩式)的碎石桩(或墩)。其作用机理类似于振冲法等形成的碎石桩，它主要是靠内摩擦角和桩间土的侧限来维持桩体的平衡，并与桩间土起复合地基的作用。

4.1.3 设计计算

强夯法虽然已在工程中得到广泛的应用，但有关强夯机理的研究，特别是饱和土强夯加固机理国内外至今尚未取得满意的结果，因此，到目前为止对于强夯设计也没有公认和成熟的设计计算方法。常规的做法大多是根据土质情况按经验进行设计，再根据试夯结果加以调整，具体分以下几步：

①首先查明场地地质情况和周围环境，以及工程规模的大小及重要性。

②根据已查明的资料、加固用途及承载力与变形要求，初步计算夯击能量，确定加固深度，然后选择施工参数如锤重、落距、夯间距、夯击数等。

③根据已确定的施工参数，制订施工计划，进行强夯布点设计及施工要求说明。

④施工前进行试夯，并进行加固效果的检验测试，通过对加固效果测试资料的分析，确定是否需要修改原强夯设计方案。

1. 有效加固深度

有效加固深度既是选择地基处理方法的重要依据，又是反映处理效果的重要参数。强夯法创始人Menard曾提出用下式来估算有效加固深度 H：

$$H \approx \sqrt{M \cdot h} \tag{4-1}$$

式中：M 为夯锤重量，t；h 为落距，m。

从公式(4-1)中可以看出，有效加固深度仅与夯锤重和落距有关，而实际上影响有效加固深度的因素很多，除了锤重和落距以外，夯击次数、锤底单位压力、地基土性质、不同土层的厚度、地下水位等都与加固深度有着密切的关系。对强夯法大量的试验研究和工程实测表明，有效加固深度实测值均比式(4-1)估算值小。故自 1980 年开始，国内外相继发表了一些文章，建议对 Menard 公式进行修正如下：

$$H \approx \alpha \sqrt{M \cdot h} \tag{4-2}$$

式中：α 为小于 1 的修正系数，范围为 0.35～0.7。对黏性土 α 可取 0.5，对砂性土 α 取 0.7，对黄土 α 可取 0.35～0.5。

我国《建筑地基处理技术规范》(JGJ 79—2002)中规定：强夯法的有效加固深度应根据现场试夯或当地经验确定。在缺少试验资料或经验时可按表 4-3 确定。

表 4-3　强夯法的有效加固深度(m)

单击夯能(kN·m)	碎石土、砂土等粗颗粒土	粉土、黏性土、湿陷性黄土等细颗粒土
1000	5.0～6.0	4.0～5.0
2000	6.0～7.0	5.0～6.0
3000	7.0～8.0	6.0～7.0
4000	8.0～9.0	7.0～8.0
5000	9.0～9.5	8.0～8.5
6000	9.5～10.0	8.5～9.0
8000	10.0～10.5	9.0～9.5

注：强夯法的有效加固深度从最初起夯面算起。

2. 夯击能量的确定

采用强夯法加固地基时，合理地选择夯击设备及夯击能量对提高夯击效率很重要，若选择的夯击能量过小，则难以达到预期的加固效果；若夯击能量过大，不仅浪费能源，对饱和黏性土来说，有可能反而会降低强度。

(1)单击夯击能

单击夯击能为夯锤重 M 与落距 h 的乘积。即

$$E = Mgh$$

式中：E 为单击夯击能，kN·m；M 为锤重，t；g 为重力加速度；h 为落距，m。

一般来说，夯击时锤重和落距大，则单击能量大，加固效果好。整个加固场地的总夯击能量(锤重×落距×总夯击数)除以加固面积称为单位夯击能。一般情况下，粗颗粒土可取 1000～3000kN·m/m^2，对细颗粒土可取 1500～4000kN·m/m^2。

单击夯击能应依据场地的地质条件和工程使用要求，以及根据工程要求的加固深度和加固后需要的地基土承载力来确定。我国初期采用的单击夯击能大多为 1000kN·m。随着起重机械工业的发展，目前采用的最大单击能为 8000kN·m，国际上曾经采用过的最大单击夯击能为 50000kN·m，设计加固深度达 40m。

基于上述已确定的夯击能，再根据设备来选定锤重、落距与相应的夯击设备。国内夯锤一般为 10～25t，最大达 40t；选用履带式吊机施工时，落距一般为 8～25m，采用专门三脚架和门式起重架施工时，落距可达 25～40m。

锤重应根据有效加固深度选用：有效加固深度在 4～10m 时，可以选择 10～18t 重锤施工；若地基加固深度大于 l0m 时，应选择大于 18t 的重锤施工较为适宜。国内外一些实践经

验表明，根据土质种类和加固深度不同，一般填土和非饱和土地基加固，采用锤底面积为 3.0～4.0m^2 较为合适，而对于饱和的软土地基加固时，宜采用 4.0～6.0m^2 的锤底面积较为适宜。

(2)最佳夯击能

强夯时，使地基中出现的孔隙水压力达到土的上覆压力时的夯击能称为最佳夯击能。

对于砂性土地基，由于孔隙水压力的消散和增加很快，因此，孔隙水压力不能随夯击次数(夯击能)的增加而叠加，为此可绘制孔隙水压力增量与夯击能的关系曲线来确定最佳夯击能。当孔隙水压力增量随着夯击能的增加而趋于稳定时，可认为砂土能够接受的能量已达到饱和状态，此时的夯击能即为最佳夯击能。

对于黏性土地基，由于孔隙水压力消散慢，随着夯击次数(夯击能)的增加，孔隙水压力可以叠加，因而可根据孔隙水压力的叠加值来确定最佳夯击能。

3. 夯击点布置及间距

夯击点平面位置布置应综合建筑物(或构筑物)平面形状、基础类型、场地土质情况及含水量大小和工程要求等因素来选择布点，并应考虑施工时吊机的行走通道。

夯击点位置根据建筑结构类型一般可采用等边三角形、等腰三角形或正方形布置。对于某些基础面积较大的建筑物或构筑物(如油罐、筒仓等)，为便于施工，可按等边三角形或正方形布置夯点；对于办公楼和住宅建筑，则根据承重墙的位置布置夯击点更合适；对单层工业厂房来说，可按柱网来设置夯击点，这样既保证了重点，又可减少夯击面积。

强夯处理范围应大于建筑物基础范围，具体的放大范围可根据建筑物类型和重要性等因素来确定。对一般建筑物，每边超过基础外缘的宽度宜为设计处理深度的 1/2～1/3，并不宜小于 3m。

夯击点间距的确定，一般根据地基土性质和要求加固深度而定。对于细颗粒土，为便于超静孔隙水压力的消散，夯击点间距不宜过小。当要求加固深度较大时，第一遍的夯击点间距更不宜过小，以免夯击时在浅层形成密实层而影响夯击能往深层传递。一般第一遍夯击点间距可取夯锤直径的 2.5～3.5 倍，第二遍夯击点位于第一遍夯击点之间，以后各遍夯击点间距可适当减少。

我国目前工程中常用夯距为 3～12m。实践证明，间隔夯比连夯好。间隔夯对深层加固有利。

4. 夯击击数和遍数

夯击击数与地基加固要求有关。国内外一般每夯击点夯 5～20 击，根据土的性质和土层的厚薄不同，夯击击数也不同。目前夯击次数一般通过现场试夯确定，常以夯坑的压缩量最大、夯坑周围隆起量最小为确定的原则。目前常通过现场试夯得到的夯击次数与夯沉量的关系曲线确定，且应同时满足下列条件。

(1)最后两击的平均夯沉量不宜大于下列数值：当单击夯击能量小于 4000kN·m 时为 50mm；当单击夯击能为 4000～6000kN·m 时为 100mm；当单击夯击能大于 6000kN·m 时为 200mm。

(2)夯坑周围地面不应发生过大隆起。

(3)不因夯坑过深而发生起锤困难。

对于碎石土、砂土、低饱和度的湿陷性黄土和填土等地基，夯击时夯坑周围往往没有隆起或虽有隆起但其量很小，在这种情况下，应尽量增多夯击次数，以减少夯击遍数。但对于饱和度较高的黏性土地基，随着夯击次数的增加，土的孔隙体积因压缩而逐渐减小，但因为此类土的渗透性较差，故孔隙水压力将逐渐增长，并促使夯坑下的地基土产生较大的侧向挤出，而引起夯坑周围地面的明显隆起，此时若继续夯击，并不能使地基土得到有效的夯实，反而造成浪费。因此，夯击遍数应根据地基土的性质确定。一般来说，由粗颗粒土组成的渗透性强的地基，夯击遍数可少些。反之，由细颗粒土组成的渗透性弱的地基，夯击遍数要求多。

根据我国工程实践，大多数工程可采用夯击遍数 2～3 遍，最后再以低能量满夯一遍，一般均能取得较好的夯击效果。对于渗透性弱的细颗粒土地基，必要时夯击遍数可适当增加。

5. 两遍夯击间歇时间

两遍夯击之间应有一定的间歇时间，以利于土中超静孔隙水压力的消散，所以间歇时间取决于超静孔隙水压力的消散时间。但土中超静孔隙水压力的消散速率与土的类别、夯点间距等因素有关。

对于渗透性好的砂土地基等，一般在数分钟至数小时内即可消散完。但对渗透性差的黏性土地基，一般需要数周才能消散完。夯点间距对孔压消散速率也有很大的影响，夯点间距小，孔压消散慢，反之孔压消散快。

当缺少实测孔压资料时，可根据地基土的渗透性确定间隔时间，对于渗透性较差的黏性土地基的间歇时间，一般应不少于 3～4 周；对于渗透性好的地基，则可连续夯击。

目前，国内有的工程在黏性土地基中埋设了袋装砂井或者塑料排水板，以便加速孔隙水压力的消散，缩短时间间隔，起到了较好加固效果。

6. 垫层铺设

强夯施工前，要求场地铺设垫层形成一层稍硬的表层，以便能支承起重设备，并便于夯击产生的夯击能的扩散，同时也可加大地下水位与地表的距离。此外，垫层可形成一覆盖压力，减少坑侧土隆起，并在夯击后充当坑底土孔隙水压力的消散通道，防止夯坑底涌土。由此可见，垫层铺设在强夯中具有重要作用。

垫层的铺设厚度由场地的土质条件、夯锤重量及形状等条件而定。对场地地下水位在 2.0m 以下的砂砾石地基，可直接强夯，无需铺设垫层；对地下水位较高的饱和黏性土和易液化流动的饱和砂土，需铺设垫层才能进行强夯，否则土体会发生流动。

一般垫层厚度为 50～150cm。垫层材料宜采用粗颗粒的碎石、矿渣、砂砾石，粗颗粒粒径宜小于 10cm；处理饱和砂土和软土时，坑底易涌土涌砂，故垫层材料不宜用砂。

4.1.4　施工及质量检验

1. 施工机具和设备

强夯施工的施工机具和设备主要有夯锤、起重设备和脱钩装置等。

(1)夯锤

夯锤(示意见图 4-3)的选用需要考虑锤的质量、材料和形状等因素。

国内夯锤的质量有 8、10、12、16、20、25、30、40t 等，国外大多使用大吨位起重机，夯锤质量一般大于 15t，最大的达到 200t。

夯锤的材料最好用铸钢(铁),也可以钢板为外壳内灌混凝土。铸钢(铁)锤稳定性好,但夯坑较深时,塌土覆盖锤顶易造成起锤困难。而混凝土锤重心高,冲击后晃动大,夯坑开口较大,易损坏,但具有就地制作、成本低等优点。

夯锤形状可做成圆形、方形,其中有气孔式和封闭式两种。工程实践表明,圆形和带气孔的锤较好,可克服方形锤由于前后两后夯击着地并不完全重合,而造成夯击能量损失和着地时倾斜的缺点。夯锤上设置若干个上下贯通的气孔,孔径可取 250~300mm,它可以减少起吊夯锤时的吸力,又可减少夯锤着地前的顺时气垫的上托力,减少能量损失。

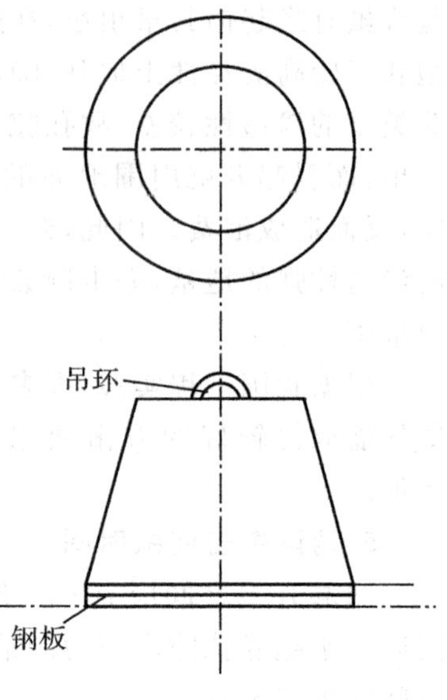

图 4-3 夯锤示意图

(2)起重设备

国外常用的起重设备大多数是自行式、全回转履带式起重机,此外还有三足架和轮胎式强夯机,用于起吊 40t 夯锤,落距可达 40m。国外常用的都是大吨位吊车,通常在 100t 以上。

国内绝大多数强夯工程只具备小吨位起重机的施工条件,一般采用滑轮组和脱钩装置来起落夯锤。

(3)脱钩装置

考虑到大吨位起重机用于强夯会大大增加施工费用等原因,我国强夯施工中常用小吨位起重机,通过动滑轮组以脱钩装置来起落夯锤。

脱钩装置如图 4-4 所示,施工时将夯锤挂在脱钩装置上,为便于夯锤脱钩,将系在脱钩装置手柄上的钢丝绳的另一端直接固定在起重机臂杆根部的横轴上,当夯锤起吊到预定高度时,钢丝绳随即拉紧而使脱钩装置开启。

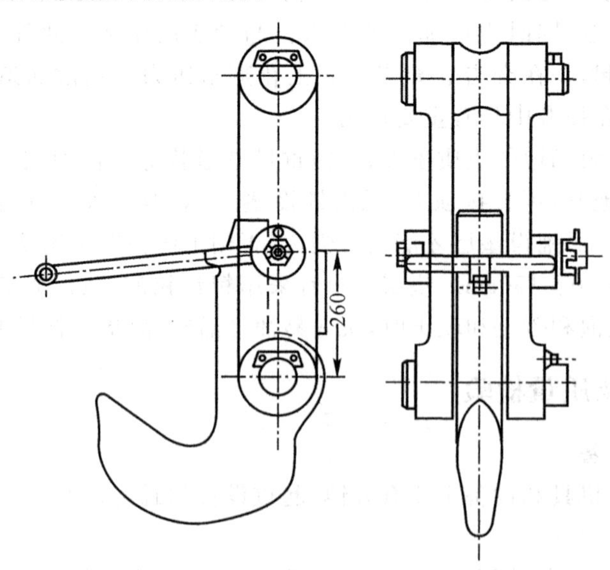

图 4-4 强夯脱钩装置

2. 施工步骤

强夯施工可按下列步骤进行：

①清理并平整施工场地。

②铺设垫层。

③标出第一遍夯击点位置并测量场地高程。

④起重机就位，使夯锤对准夯击点位置，测量夯前锤顶标高。

⑤将夯锤起吊到预定高度，待夯锤脱钩自由下落后放下吊钩，测量锤顶高程。

⑥重复步骤⑤，按设计规定的夯击次数和控制标准完成一个点的夯击。

⑦重复步骤②～⑥，完成第一遍全部夯击点的夯击。

⑧用推土机填平夯坑，测量场地高程，停歇规定的间歇时间。

⑨按上述步骤逐遍完成夯击遍数，再用低能量满夯一遍，将场地表层土夯实，测量夯后场地高程。

3. 施工要点

强夯施工中，应注意以下几点：

①由于强夯法的许多设计参数还具有经验性，影响因素又较多，因而在正式施工前应进行试夯，以校正各设计、施工参数，编制正式施工方案并指导施工。

②强夯前应查明场地范围内地下构筑物、管线和其他设施的位置及标高等参数，并采取必要的措施，以免因施工而引起破坏。

③当强夯施工所产生的振动对邻近建筑物或设备会产生有害影响时，应设监测点，并采取挖隔振沟等隔振或者防振措施。

④当地下水位高或者夯坑内积水影响施工时，宜采用人工降低地下水位或者铺设一定厚度的松散材料，使地下水位低于坑底面以下 2m。

⑤强夯施工中经常对夯锤、脱钩装置、吊车臂杆等关键部件进行检查，发现问题及时处理。

⑥强夯的施工顺序是先深后浅，即先加固深层土，后加固浅层土。

⑦夯锤起落过程中，除起重司机外，其余人员均退到安全线意外，以防夯击时飞石伤人。

4. 施工监测

为了保证强夯效果，施工过程中的监测尤为重要。因此强夯施工除了严格遵照施工步骤进行外，还应有专人负责施工过程中的监测工作，具体内容包括：

①开夯前应检查夯锤和落距，以确保单次夯击能量符合设计要求，因为若夯锤使用过久，往往因底面磨损而使重量减轻。落距未达设计要求的情况，在施工中也常发生，这些都将影响单击夯击能。

②校核夯点放线，因强夯施工中夯点放线错误情况常有发生，故每遍夯击前，应对夯点放线进行复核，夯完后检查夯坑位置，发现偏差或漏夯应及时纠正。

③施工过程中应按设计要求检查每个夯点的夯击次数和每击的夯沉量。

④由于强夯施工的特殊性，施工中所采用的各项参数和施工步骤是否符合设计要求，在施工结束后往往很难进行检查，所以要求在施工过程中对各项参数和施工情况进行详细记录。

⑤为了分析地基加固的效果，确保施工安全，有必要时增加深层沉降、水平位移、孔隙水压力和振动加速度的观测。

5. 质量检验

强夯施工完成后，必须对施工效果检验和评价，了解强夯后的地基土是否达到上部结构设计所需的地基承载力和压缩模量等性能指标。

在强夯施工结束，进行质量检验的间隔时间可根据土的性质而定。对于碎石土和砂土地基，其间隔时间可取 1～2 周，对于低饱和度的粉土和黏性土地基可取 2～4 周，对于其他高饱和度的土，测试间隔时间应适当延长。

强夯地基质量检验的数量，主要根据场地复杂程度和建筑的重要性确定。考虑到场地土的不均匀和测试方法可能出现的误差，对于简单场地上的一般建筑，每个建筑物的检验点不应少于 3 处；对于复杂场地或重要建筑地基，应增加检验点数，且检验深度应不小于设计处理深度。

用于强夯质量检验的方法有两类：一类是原位测试法，另一类是室内土工试验法。原位测试方法有标贯试验、平板载荷试验、动力触探试验、旁压试验、十字板剪切试验、波速试验等。室内土工试验主要测试强夯后土的物理力学性质指标，以便与强夯前的参数进行比较。

4.2 碎(砂)石桩

4.2.1 概 述

碎石桩、砂桩和砂石桩总称为碎(砂)石桩，又称粗颗粒土桩。碎(砂)石桩法是指利用振动、冲击或水冲等方式使地基中成孔后，再填入砂、砾石、卵石、碎石等材料并将其挤压入已成的孔中，形成砂石所构成的密实桩体，并和原桩周土组成复合地基的地基处理方法。

碎(砂)石桩最早在 1835 年由法国在 Bayonne 建造兵工厂车间时曾使用。此后，在很长时间内由于缺乏先进的施工工艺和施工设备，没有较实用的设计计算方法而发展缓慢。直至 1937 年由德国人发明了振动水冲法用来挤密砂土地基，直接形成挤密的砂土地基。20 世纪 50 年代末，振冲法开始用来加固黏性土地基，并形成碎(砂)石桩。目前形成密实碎(砂)石桩的施工工艺很多，如沉管法、振动气冲法、袋装碎(砂)石桩法、强夯置换法等。我国从 1977 年开始引进振冲桩法技术后即获得迅速的推广，目前已大量运用于土建、水利、冶金和交通等工程的地基与土构筑的加固处理，几乎对各种松软土的处理都可采用这一技术，处理深度达 20m，处理后地基承载力最高可达 400kPa，并广泛应用于可液化地基处理中，成为一种重要的抗液化措施。

1. 碎(砂)石桩

(1)碎(砂)石桩的施工方法

目前国外碎(砂)石桩的施工方法多种多样，按其成桩过程和作用可分为四类，如表 4-4 所示。

表 4-4 碎(砂)石桩施工方法分类表

分类	施工打法	成 桩 工 艺	适用土类
挤密法	振冲挤密法	用振冲器振动水冲成孔,再振动密实填料成桩,并挤密桩间土	砂性土、非饱和黏性土、杂填土和松散的素填土
	沉管法	用沉管成孔,振动或垂击密实填料成桩,并挤密桩间土	
	干振法	用振孔器成孔,再用振孔器振动密实填料成桩,并挤密桩间土	
置换法	振冲置换法	用振冲器振动水冲成孔,振动密实填料成桩	饱和黏性土
	钻孔锤击法	用沉管且钻孔取土方法成孔,锤击填料成桩	
排土法	振动气冲法	用压缩气体成孔,振动密实填料成桩	饱和黏性土
	沉管法	用沉管成孔,振动或锤击填料成桩	
	强夯置换法	用重锤夯击成孔和重锤夯击填料成桩	
其他方法	水泥碎石法	在碎石内加水泥和膨润土制成桩体	饱和黏性土
	裙围碎石法	在群桩周围设置刚性的(混凝土)裙围来约束桩体的侧向鼓胀	
	袋装碎石法	碎石装入土工膜袋制成桩体,土工膜袋可约束桩体的侧向鼓胀	

(2)适用范围

碎(砂)石桩适用于处理砂土、粉土、粉质黏土、素填土和杂填土等地基。对于处理不排水抗剪强度不小于 20kPa 的饱和黏性土和饱和黄土地基,应在施工前通过现场试验确定其适用性。另外,振冲法处理设计及理论目前还不够成熟,某些设计参数也只能凭工程经验选定。因此,对大型、重要的或现场地层复杂的工程,在施工前应必须通过现场试验确定其适用性。

2. 砂桩

砂桩和碎(砂)石桩作用原理大致相近,常用的成桩方法有振动成桩法和冲击成桩法。砂桩振动成桩法是使用振动打桩机将桩管沉入土层中,并振动挤密砂料。冲击打入土层中,并用内管夯击密实砂填料,实际上这也就是碎(砂)石桩的沉管法。同样可加砂、粉土、粉质黏土和填土。在液化砂、粉土中用得很多,主要起挤密作用。在加固黏性土时,以置换作用为主。

4.2.2 作用机理

1. 对松散砂土地基中的加固原理

碎石桩和砂桩挤密法加固砂性土和粉土地基的主要目的是提高地基土承载力、减少变形和增强抗液化性,其加固机理主要有以下三方面的作用。

(1)挤密作用

砂土属于单粒结构,其组成单元为散粒状体。当单粒结构在松散状态时,颗粒的排列不稳定,在动力和静力作用下会重新进行排列而趋于较稳定的状态。当颗粒的结构排列接近较稳定的密实状态,在动力和静力作用下也将发生位移而改变其原来的排列位置。松散砂土在振动力作用下,其体积缩小可达 20%。

对挤密砂桩和碎石桩的沉管法或干振法,由于在成桩过程中桩管对周围砂土产生很大的横向挤压力,桩管中的砂或碎石挤向桩管周围的砂土中,使桩管周围的砂土孔隙比减小,密实度增大,这就是挤密作用。有效挤密范围可达 3～4 倍桩直径。

对振冲挤密法,在施工过程中由于水冲击使松散砂土处于饱和状态,利用松砂在振动荷载的作用下产生液化并重新排列致密,且在桩孔中填入的大量粗骨料后,被水平振动力挤入周围土中。这种强制挤密使砂土的密实度增加,孔隙比降低,干密度和内摩擦角增大。土的物理力学性能改善,使地基承载力大幅度提高,一般可提高 2～5 倍。由于地基密度显著增加,密实度也相应提高,因此抗液化的性能得到改善。

(2)排水减压作用

在挤压和振动作用下,土的结构逐渐破坏,孔隙水压力逐渐增大。由于土结构的破坏,土颗粒重新进行排列,使土由较松散状态变为密实状态。但随着砂土体积的收缩和趋于密实时孔隙水压力也进一步增大,当砂土中有效应力降低为零时便形成了完全液化,流体状态的土变密实的可能性较小,碎石桩在地基中形成渗透性能良好的人工竖向排水减压通道,可有效将孔隙水排出土体的孔隙比降低,密实度得到提高,加快了地基的排水固结。

(3)抗液化作用砂基预振效应

碎石桩和砂桩挤密法形成的复合地基,其抗液化作用主要有两个方面:①桩间可液化土层受到挤密和振密作用。土层的密实度增加,结构强度提高,表现在土层标贯击数的增加,从而提高土层本身的抗液化能力。②碎石桩和砂石桩的排水通道作用。良好的排水通道,可以加速挤压和振动作用产生的超孔隙水压力的消散,降低孔隙水压力上升的幅度,因而提高桩间土的抗液化能力。实验证明砂土液化特性除了与砂土的相对密实度和排水有关外,还与其振动应变历史有关。预先受过适度的循环应力预振的砂土,将具有较大的抗液化强度,由于振动成桩过程中,桩间土受到强烈的预振作用,因此使地基土的抗液化能力得到提高。

2. 对黏性土加固机理

黏性土结构为蜂窝状或絮状结构,颗粒之间的分子吸引力较强,渗透系数小,特别是对于饱和黏性土地基,碎(砂)石桩的主要作用有以下两个。

(1)置换作用

碎(砂)石桩置换法是一种换土置换,即以性能良好的碎石来替换不良地基土;排土法则是一种强制置换,它是通过成桩机械将不良地基土强制排开并置换,而对桩间土的挤密效果并不明显,在地基中形成具有密实度高和直径大的桩体,它与原黏性土构成复合地基而共同工作。

复合地基的承载力和模量比原来天然地基的承载力和模量均大。从而提高了地基的整体稳定性,减小了地基的沉降量。复合地基承载力增大率与沉降量减小率均与置换率成正比关系。

(2)排水固结作用

在饱和黏性土地基中,如果在选用碎(砂)石桩材料时考虑级配,则所制成的碎(砂)石桩是黏土地基中一个良好的排水通道,砂石桩体的排水通道作用是砂石桩法处理饱和软弱黏性土地基的主要作用之一,由于砂石桩缩短了土体的横向排水距离,从而加快地基的固结速度。

总之,碎(砂)石桩作为复合地基的加固作用,除了提高地基承载力、减少地基的沉降量外,还用来提高土体的抗剪强度,增大土坡的抗滑稳定性等。

不论是对疏松砂性土或软弱黏性土，碎(砂)石桩的加固都具有挤密、置换、排水、垫层和加筋等作用。

4.2.3　设计计算

1. 一般设计原则

(1)加固范围

加固范围应根据建筑物的重要性和场地条件及基础形式而定，通常都大于基底面积。当用于多层建筑和高层建筑时，宜在基础外缘应扩大 1～3 排桩；当要求消除地基液化时，在基础外缘扩大宽度不应小于可液化土层厚度的 1/2，并不应小于 5m。

(2)桩位布置

对大面积满堂处理，桩位宜用等边三角形布置；对独立或条形基础，桩位宜用正方形、矩形或等腰三角形布置；对圆形或环形基础(如油罐基础)宜用放射形布置。如图 4-5 所示。

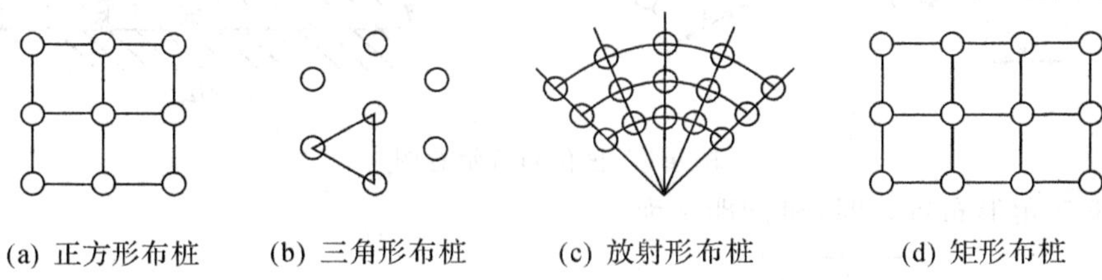

图 4-5　桩位布置

(3)处理深度(桩长)的确定

加固深度应根据软弱土层的性能、厚度或工程要求按下列原则确定：

①当相对硬层的埋藏深度不大时，应按相对硬层埋藏深度确定。

②当相对硬层的埋藏深度较大时，复合地基变形不超过建筑物地基容许变形值。

③对按稳定性控制的工程，加固深度应不小于最危险滑动面以下 2m 的深度。

④在可液化地基中，加固深度应按要求的抗震处理深度确定。

⑤桩长不宜小于 4m。

(4)桩身直径选择

碎(砂)石桩的直径应根据地基土质情况和成桩设备等因素确定。

①采用 30kW 振冲器成桩时，碎石桩的桩径一般为 700～1000mm。

②采用沉管法成桩时，碎(砂)石桩的桩径一般为 300～800mm。

③处理饱和黏性土地基宜选用较大的桩径。

(5)桩体填料选择

桩体材料可以就地取材，一般使用中粗混合砂、碎石、卵石、砂砾石等硬质材料，含泥量不大于 5%。碎石桩桩体材料的容许最大粒径取决于与桩管直径和桩尖构造，以能顺利出料为宜，一般不大于 80mm；对碎石，常用的粒径为 5～50mm。

(6)垫层设置

桩顶部约 1.0m 范围内，由于所承受地基土的上覆压力小，该处的约束力也就小，制桩时桩体的密实程度很难达到要求。故碎(砂)石桩施工完毕后，桩顶 1.0m 左右长度的部分应挖除，或者采取碾压或夯实等方法使之密实，然后再铺设垫层，垫层厚度为 200～500mm，垫层应分层压实。另外在不能保证施工机械正常行驶和操作的软弱土层上,应铺设施工用临时性垫层。

2. 用于砂性土的设计计算

对于砂性土地基,是从挤密的角度来考虑地基加固中的设计问题。一般先根据工程对地基加固的要求(如提高地基承载力、减少变形或抗地震液化等),确定需达到的密实度和孔隙比;并考虑桩位布置形式和桩径大小来计算确定桩的间距。

桩间距一般应通过现场试验确定,初步设计按以下方法估算。

考虑振密和挤密两种作用,平面布置为正三角形和正方形。如图 4-6 所示。

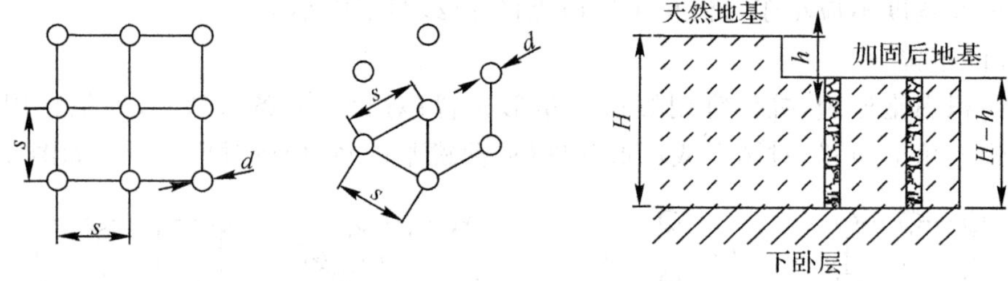

图 4-6 桩位布置示意图

①对正三角形布置桩时,桩间距 s 为

$$s=0.95d\cdot\sqrt{\frac{H-h}{\frac{e_0-e_1}{1+e_0}H-h}}$$

②对正方形布置桩时,桩间距 s 为

$$s=0.89d\cdot\sqrt{\frac{H-h}{\frac{e_0-e_1}{1+e_0}H-h}}$$

③地基挤密后要求达到的孔隙比 e_1 为

$$e_1=e_{\max}-D_r(e_{\max}-e_{\min})$$

式中:s 为碎(砂)石桩间距,m;d 为碎(砂)石桩直径,m;H 为要处理的天然土层,m;h 为竖向变形(下沉时取正值,隆起时取负值,不考虑振密作用时 $h=0$),m;e_0 为地基处理前砂土的孔隙比,可按原状土样确定,也可根据动力静力触探等对比试验确定;e_1 为地基挤密后要求达到的孔隙比;$e_{\max}$、$e_{\min}$ 为分别为砂土的最大和最小孔隙比,可按国家标准《土工试验方法标准》(GB/T 50123—1999)的有关规定确定;D_{r1} 为地基挤密后要求砂土达到的相对密实度,可取 0.70～0.85。

3. 用于黏性土的设计计算

(1)计算用的参数

①不排水抗剪强度

不排水抗剪强度 c_u 不仅可判断加固方法的适用性,还可以初步选定桩的间距,预估加固后的承载力和施工的难易程度。宜用现场十字板剪切试验测定。

②桩的直径

桩的直径与土类及其强度、桩材粒径、施工机具类型、施工质量等因素有关。一般在强度较弱的土层中桩体直径较大,在强度较高的土层中桩体直径较小。一般为 0.8～1.2m。

③桩体内摩擦角

根据统计，对碎石桩，φ_p 可取 35°～45°，多数采用 38°；对砂桩，可参考以下经验公式：

对级配良好的棱角砂

$$\varphi_p=\sqrt{12N}+25$$

对级配良好的圆粒砂和均匀棱角砂

$$\varphi_p=\sqrt{12N}+20$$

对均匀圆粒砂

$$\varphi_p=\sqrt{12N}+13$$

④面积置换率

面积置换率 m 为桩的截面积 A_p 与影响面积 A 之比，$m=A_p/A$。一般 $m=0.25$～0.40。

(2)承载力计算

由黏性土和碎(砂)石桩所构成的复合地基承载力的特征值应通过现场复合地基载荷试验确定，初步设计时也可用单桩和处理后桩间土承载力特征值按式(2-7)估算。

(3)沉降计算

碎(砂)石桩的沉降计算主要包括复合地基加固区的沉降和加固区下卧层的沉降。加固区下卧层的沉降可按国家标准《建筑地基基础设计规范》(GB 50007—2002)计算。见(2-11)～(2-15)式。

4.2.4 施工及质量检验

目前使用碎(砂)石桩加固地基的施工方法多种多样，这里介绍两种最常用的施工方法，即振冲法和沉管法。

1. 振冲法

振冲法是碎(砂)石桩的主要施工方法之一，所谓“振冲”就是边振动边水冲的意思。它是以起重机吊起振冲器，启动潜水电机后，带动偏心块，使振冲器产生高频振动，同时开动水泵，使高压水通过喷嘴喷射高压水流，在边振边冲的联合作用下，将振冲器沉到土中的设计深度。经过清孔后，就可从地面向孔中逐段填入碎石，每段填料均在振动作用下被振挤密实，达到所要求的密实度后提升振冲器。如此重复填料和振密，直至地面，从而在地基中形成一根大直径的和很密实的桩体。

(1)施工机具与设备

振冲器是振冲法施工的主要机具与设备为振冲器、起吊机械、排污系统、填料机械、电控系统和维修机具等。

①振冲器

利用自激振动配合高压水冲击进行作业的工具，是振冲施工的核心设备。其构造见图 4-7。其型号可根据地质条件和设计要求进行选用。

②电控系统

电控系统为振冲施工的主要设备体系之一，担负着整个场地的施工供电。还具有控制施工质量的功能，主要由电控柜、起动柜和保护装置三部分组成。

③给水设备

由于振冲作业需用大量水冲，而且水压较高，故振冲施工中一般采用二级供水系统，一级为水源至施工用水箱，二级为由水箱至振冲器。一级供水采用潜水泵，二级供水采用多段清水泵。

施工中要求供水泵供水量为 15～25m³/h，潜水泵的扬程根据水源距离远近选择，清水泵的出口水压要求 400～1000kPa。供水压力的调节采用人工控制回水大小来实现。

④振冲作业产生大量起吊设备

起吊设备可用汽车吊、履带吊或自行井架式专用吊机、抗扭胶管式专用吊机。汽车吊操作灵活，移动方便，起升高度范围大，可适应不同桩长的需要，采用的较多。通常 30kW 振冲器采用 16t 吊，75kW 振冲器采用 20t 吊。

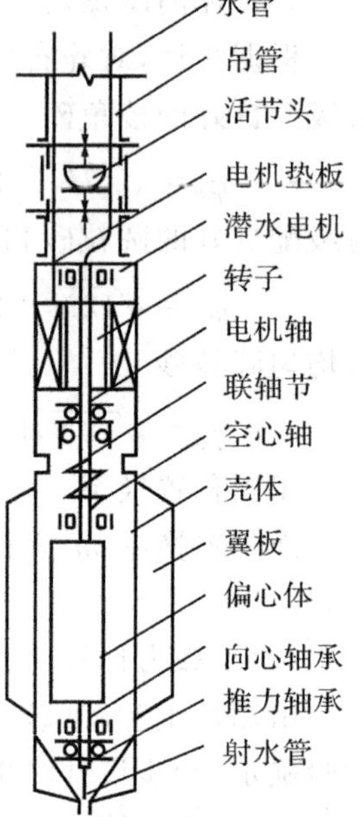

图 4-7 振冲器构造图

⑤装载机

装载机主要用于制桩填料，一般斗容量为 1.0～2.0m³。30kW 振冲器可配 0.5m³ 以上的装载机，75kW 振冲器可配 1.0m³ 以上的装载机。孔口填料除装载机外宜辅以上人工下料。

⑥排污系统

污水会影响周围环境和施工场地。为满足环保要求与文明施工，必须在施工设计中安排好排污系统，满足环保要求。根据现场情况挖掘排污沟渠、集污池、储放污泥坑或运送的指定地点等。

(2)施工前的准备工作

①首先对施工现场进行勘察，了解其地形、地物等情况。尤其注意地下有无障碍物，能否清除或处理，以便顺利地进行"三通一平"。施工现场的"三通一平"是指通水、通电、通路和平整场地，以保证正式施工顺利进行。

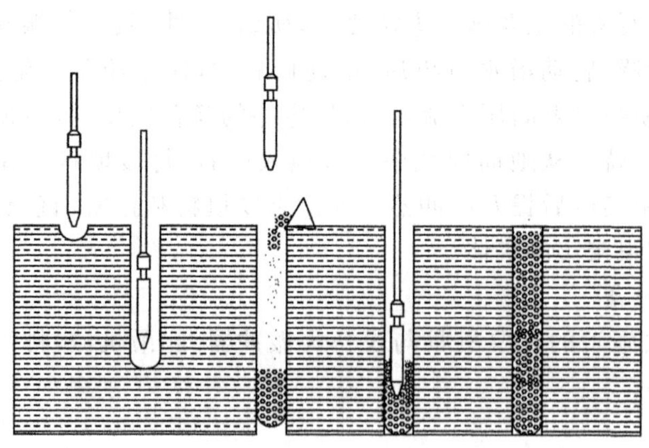
图 4-8 振冲施工过程示意图

②成桩试验。施工前尚应在现场进行试验，以确定有关施工参数。振冲碎(砂)石桩施工技术参数主要有造孔电流、造孔水压、加密电流、加密水压、留振时间、填料量和加密段长度等。

(3)施工步骤

振冲施工过程示意见图4-8所示,振冲施工可按下列步骤进行:

①清理平整施工场地,布置桩位。

②施工机具就位,使振冲器对准桩位。

③启动供水泵和振冲器,水压可用200～600kPa,水量可用200～400L/min,将振冲器徐徐沉入土中,造孔速度宜为0.5～2.0m/min,直至达到设计深度。记录振冲器经各深度的水压、电流和留振时间。

④造孔后边提升振冲器边冲水直至孔口,再放置孔底,重复两三次扩大孔径并使孔内泥浆变稀,开始填料制桩。

⑤大功率振冲器投料可不提出孔口,小功率振冲器下料困难时,可将振冲器提出孔口填料,每次填料厚度不宜大于50cm。将振冲器沉入填料中进行振密制桩,当电流达到规定的密实电流值和规定的留振时间后,将振冲器提升30～50cm。

⑥重复以上步骤,自下而上逐段制作桩体直至孔口,记录各段深度的填料量、最终电流值和留振时间,且均应符合设计规定。

⑦关闭振冲器和水泵。振冲桩的工艺流程图见图4-9。

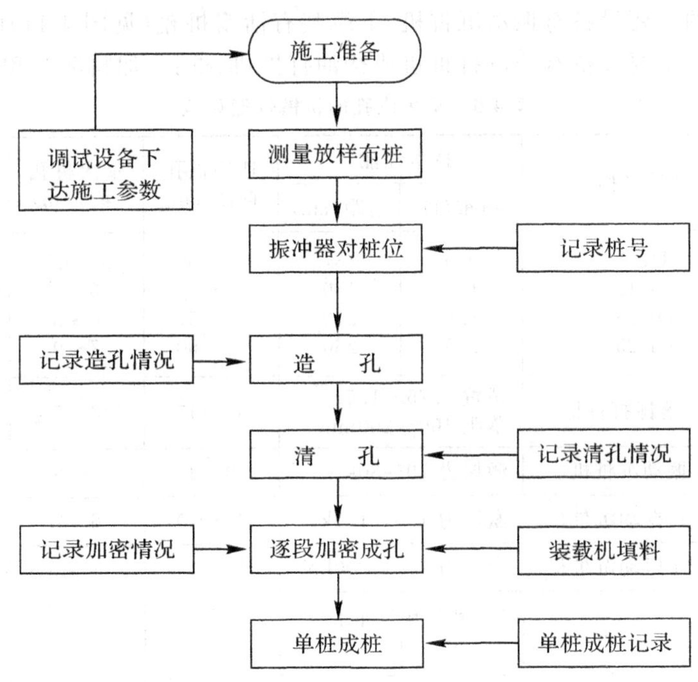

图4-9 振冲桩的工艺流程图

为保证桩顶部的密实,振冲前开挖基坑时应在桩顶高程以上预留一定厚度的土层。一般30kW振冲器留0.7～1.0m,75kW振冲器留1.0～1.5m。当基槽不深时可振冲后开挖。

(4)施工顺序

对砂土地基宜从外围或两侧向中间进行,对黏性土地基宜从中间向外围或隔排施工。在地基强度较低的软黏土地基中施工时,要考虑减少对地基土的扰动影响,因而可采用“间隔跳打”的方法。当加固区附近有其他建筑物时,必须先从邻近建筑物一边的桩开始施工,然后逐步向外推移。如图 4-10 所示。

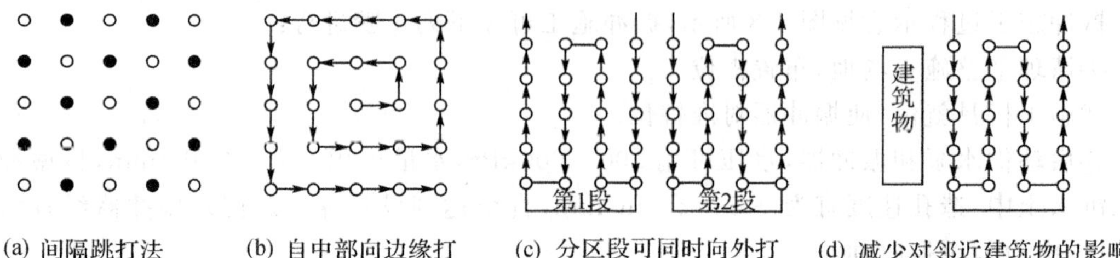

(a) 间隔跳打法 先打○ 后打●　(b) 自中部向边缘打　(c) 分区段可同时向外打　(d) 减少对邻近建筑物的影响

图 4-10　施工顺序

2. 沉管法

沉管法过去主要用于砂桩，近年来也开始用于制作碎(砂)石桩，是一种干法施工。沉管法包括振动成桩法和冲击成桩法两种。对饱和松散的砂性土，一般选用振动成桩法，以便利用其对地基的振密、挤密作用；而对于软弱黏性土，则选用冲击成桩法，也可以采用振动成桩法。

(1)施工机具与设备

振动成桩法的主要设备有振动沉桩机、下端装有活瓣桩靴(见图 4-11)的桩管和加料设备。锤击成桩法的主要设备有蒸汽打桩机或柴油打桩机、桩管、加料漏斗和加料设备。

表 4-5　常用成孔的机械性能见表

分类	型号名称	技术性能		适用桩孔直径(cm)	最大桩孔深度(m)	备　注
		锤重(t)	落距(cm)			
柴油锤打桩机	D1-6	0.6	187	30～35	5～6.5	安装在拖拉机和履带式吊机上行走
	D1-12	1.2	170	35～45	6～7	
	D1-18	1.8	210	45～57	6～8	
	D1-25	2.5	250	50～60	7～9	
电动落锤	电动落锤打桩机	锤重 0.75～1.5t 落距 100～200mm		30～45	6～7	
振动沉桩机	7～8t 振动沉桩机	激振力 70～80kN		30～35	5～6	安装在拖拉机和履带式吊机上行走
	10～15t 振动沉桩机	激振力 100～150kN		35～40	6～7	
	15～20t 振动沉桩机	激振力 150～200kN		40～45	7～8	
冲击成孔机	YKC-30	卷筒提升力(kN)	冲击重(kN)	50～60	>10	轮胎式行走
		30	25			
	YKC-20	15	10	40～50	>10	

(2)振动成桩法

用垂直上下振动的机械施工的称为振动成桩法。振动成桩法可分为一次拔管法、逐步拔管法、重复压拔管法等，目前采用分段填料逐步拔管法较多，其步骤如下：

桩管垂直对准桩位(活瓣桩靴闭合)；施工时桩位水平偏差≤0.3 倍套管外径；套管垂直度偏差≤1%。

①启动振动桩锤，将桩管振动沉入土中，达到设计深度。

②从桩管上端的投料漏斗加入砂石料，数量根据设计确定，为保证顺利下料，可加适量水。

③逐步拔管，边振动边拔管。每拔管 50cm，停止拔管而继续振动。停拔时间 10～20s，直至将桩管拔出地面。

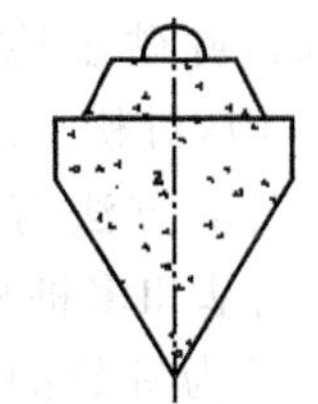

(a) 钢筋混凝土桩靴

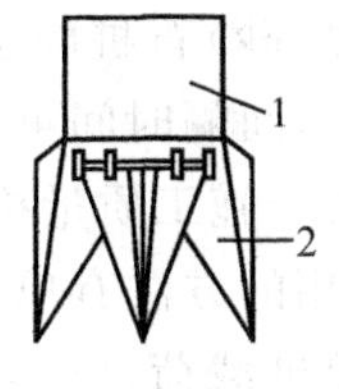

(b) 钢活瓣桩靴

图 4-11　桩靴示意图

1—桩管；2—活瓣

(3)冲击成桩法

用锤击式机械施工成桩的称为冲击成桩法。锤击成桩法成桩工艺分为单管成桩法和双管成桩法两种。

单管成桩法的成桩工艺步骤：

①桩管垂直就位，下端为活瓣桩靴时则对准桩位，下端为开口的则对准已按桩位埋好的预制钢筋混凝土锥形桩尖。

②启动蒸汽桩锤或柴油桩锤将桩管打入土层至设计深度。

③从加料漏斗向桩管内灌入砂石料。当砂石量较大时，可分两次灌入，第一次灌总料的 2/3 或灌满桩管，然后上拔桩管。当能容纳剩余的砂石料时再第二次加够所需砂石料。

④按规定的拔管速度，将桩管拔出。

质量控制：

①桩身的连续性用拔管速度来控制。拔管速度根据试验确定。一般土质条件下，拔管速度为 1.5～3.0m/min。

②用灌砂石量来控制桩的直径。灌砂石量没有达到要求时，可在原位沉入桩管投料(复打)一次，或在旁边沉管投料补打一根桩。

双管成桩法的成桩工艺步骤：

①桩管垂直就位，将内外管安放在预定的桩位，将用作桩塞的砂石投入外管底部。

②起动蒸汽桩锤或柴油桩锤，将内、外管同时打入土层中至设计规定深度。

③拔起内管至一定高度不致堵住外管上的投料口，打开投料口门，将砂石料装入外管里。

④关闭投料口门，放下内管压在外管内的砂石料面上，拔起外管，使外管上端与内管和桩锤接触。

⑤起动桩锤，锤击内、外管将砂石料压密。桩底第一次投料较少，只是桩身每次投料的 1/2，然后锤击压实，这一段叫“座底”，“座底”可以保证桩长和桩底的密实度。

⑥拔起内管，向外管里加砂石料，重复步骤④～⑥，直至拔管到桩顶。

质量控制：

①拔管时不发生拔空管现象即可避免断桩。

②用贯入度和填料量两项指标双重控制桩的直径和密实度。

3. 质量检验和工程验收

碎石(砂)桩处理效果的质量检验和工程验收按《建筑地基处理技术规范》(JGJ 79—2002)和《建筑地基基础工程施工质量验收规范》(GB 50202—2002)有关要求进行。

碎(砂)石桩施工结束后,除砂土地基外,应间隔一定时间方可进行质量检验。对黏性土地基,间隔时间可取3~4周,对粉土地基可取2~3周。

关于施工质量检验,常用的方法有单桩载荷试验和动力触探试验。关于加固效果检验,常用的方法有单桩复合地基和多桩复合地基大型载荷试验。

单桩载荷试验,检验数量为桩数的0.5%,但总数不得少于3根。对砂土或粉土层中碎(砂)石桩,除用单桩载荷试验检验外,也可用标准贯入试验、静力触探等试验对桩间土进行处理前后的对比试验。对砂桩还可采用标准贯入或动力触探等方法检测桩的挤密质量。

对大型的、重要的或场地复杂的碎(砂)石桩工程应进行复合地基的处理效果检验。检验点数量可按处理面积大小取2~4组。

4.2.5 工程实例

振动挤密碎石桩处理软土地基。

1. 工程地质条件

工程地基土上部主要成分为新近人工回填的素填土和淤泥质粉质黏土,承载力较低,不能满足建筑物的荷载要求,工程采用振动挤密碎石桩方法对地基土进行加固处理。

(1)场地岩土工程地质情况

根据对工程地质勘察资料分析,场区内的地层自上而下可分为4个岩土层,见表4-6。

表4-6 土层分布

层	地层名	描 述	承载力特征值 f_{ak}(kPa)	厚度(m)
①	素填土	松散_稍密,稍湿一湿,主要成分为新近人工回填的风化砂、黏性土,局部含有少量碎石,该层在场地内均有分布	$f_{ak}=90$	2.60~5.80
②	淤泥质粉质黏土	软塑、松散,混有贝壳等海生物碎片,具有腥臭味	$f_{ak}=100$	4.20~5.50
③	粉质黏土	黄褐色,可塑,含长英质砂砾及钙质结核,该层较广泛	$f_{ak}=130$	2.00~5.00
④	粗砂砾	粗,砾砂	$f_{ak}=250$	

(2)地基加固处理的重点

综合分析场地地层情况,第①层和第②层软弱地基土是进行加固处理的重点,第③层下部作为持力层。

2. 振动挤密碎石桩试桩设计和技术要求

(1)振动挤密碎石桩试桩所遵循的规范规程

《建筑地基基础设计规范》(GB 50007—2002),《建筑地基处理技术规范》(JGJ 79—2002),《建筑地基基础工程施工质量验收规范》(GB 50202—2002),《岩土工程勘察规范》(GB 50021—2001)。

(2)试桩的布置

碎石桩试验桩采用三角形布桩,桩间距为1.10m,外加两排护桩。

(3)碎石桩试桩标高和桩长

场地自然地坪绝对标高为 3.90m,碎石桩的试桩打到自然地坪。

桩顶标高为 3.90m;碎石桩桩端进入第③层下部粉质黏土层持力层,碎石桩端标高为 6.10m左右;碎石桩试桩桩长为 9.00～10.00m。

(4)碎石用料规格

采用碎石级配粒径为 2、4、6cm;4cm 约占 70%,碎石坚硬,质地较好。

(5)碎石桩桩径

采用直径 400mm 的桩管和桩尖对碎石桩体和桩间土进行挤密,以形成密实的桩体,增加桩间土的密实度。碎石桩挤密后的成桩桩径为 500～600mm;部分地段直径大小不均。

3. 振动挤密碎石桩施工

振动沉管挤密碎石桩的原理是利用锤头的高频振动,将桩管打入地层,然后向管内投加碎石,提升拔管,碎石落出活瓣桩尖进入孔底,而后加压复打、捣实,根据承载力的要求,决定投石量和复打次数。加压复打将碎石挤入地基土,形成了直径较大的碎石桩体。密实的桩体与挤密的地基土形成了"复合地基"。共同承担建筑物的荷载。采用平板活瓣桩尖施工,主要增加桩体的密实度。

施工设备为 DZ60Y 型振动打桩机,其技术性能参数:电机功率 55kW,偏心力矩 300 N·m,额定电流 200kVA,激振力 350kN,加压力 120kN,沉管 φ400mm,桩尖 φ400mm,平板活瓣桩尖,锤头质量 3.95t。

4. 挤密碎石桩复合地基的测试

(1)测试时间

重型动力触探测试时间:试验桩施工结束 7 天后,碎石桩体和桩间土进行重型动力触探测试。

复合地基载荷测试时间:12 天后做碎石桩体和桩间土静载荷试验;15 天后做复合地基载荷试验。

(2)碎石桩复合地基载荷试验方法和试验设备

载荷试验方法:复合地基竖向载荷试验方法执行《建筑地基处理技术规范》(JGJ 79—2002)附录规定,采用配重作为反力装置,油压千斤顶配合精密压力表控制加载量,用百分表测量地基沉降。

载荷试验设备:1000kN 油压千斤顶 1 个;精密压力表 100MPa 百分表 2 个,量程 50mm;载荷板 1.2m 和 0.5m 的各 1 块;压重梁和配重设备 1 套。

复合地基、碎石桩体、桩间土载荷试验成果见表 4-7。

表 4-7　复合地基、碎石桩体、桩间土载荷试验成果表

试验位置	最大荷载(kPa)	沉降量(mm)	承载力特征值(kPa)	变形模量(kPa)
复合地基	342	21	170	14.42
碎石桩体	560	12	280	26.78
桩间土	280	10	140	11.71

(3)重型动力触探试验

为了掌握多方面数据,对碎石桩桩体和桩间土进行重型动力触探试验,检测桩体和桩间土的密实程度和计算复合地基承载力。两种试验确定的承载力基本相同。

5. 挤密碎石桩复合地基加固效果评价

采用大载荷板对挤密碎石桩复合地基进行静载荷试验,经过资料整理确定:碎石桩复合地基承载力特征值 $f_{spk}=170.00\text{kPa}$,碎石桩复合地基变形模量 $E_{sp}=14.42\text{kPa}$。挤密碎石桩复合地基加固效果十分明显。

4.3 水泥粉煤灰碎石桩(CFG 桩)

4.3.1 概述

水泥粉煤灰碎石桩(Cement Fly-ash Gravel, Pile),简称 CFG 桩。它是在碎石桩的基础上加入适量石屑、粉煤灰和少量水泥,加水拌和制成的一种具有一定黏结强度的桩,与周围地基土体形成复合地基,它比一般碎石桩复合地基的承载力高、变形量小。

CFG 桩也是近年来新开发的一种地基处理技术。从 1988 年开始立项研究,1994 年开始推广应用,目前已在 23 个省市的许多工程中应用。近年来已开始在高层中应用。这种地基加固方法吸取了振冲碎石桩和水泥搅拌桩的优点。首先,施工工艺与普通振动沉管灌注桩一样,工艺简单。与振冲碎石桩相比,无场地污染,振动影响也较小。其次,所用材料仅需少量水泥,便于就地取材,基础工程不会与上部结构争"三材",这也是比水泥搅拌桩的优越之处。再者,受力特性与水泥搅拌桩类似。CFG 桩与碎石桩的对比见表 4-8。

表 4-8 CFG 桩与碎石桩的对比

桩型 / 对比值	CFG 桩	碎 石 桩
单桩承载力	桩的承载力主要来自全长的摩阻力及桩承载力,桩越长则承载力越高。以置换率 10%计,桩承担荷载占荷载的百分比为 40%～75%	桩的承载力主要靠桩顶以下有限长度范围内桩周土的侧向约束。当桩长大于有效桩长时,增加桩长对承载力的提高作用不存在。以置换率 10%计,桩承担荷载占荷载的百分比为 15%～30%
复合地基承载力	承载力提高幅度有较大的可调性,可提高 4 倍或更高	加固黏土复合地基承载力的提高幅度较小,一般为 0.5～1.0 倍
变形	增加桩长可有效地减小变形量,总的变形量小	减少地基变形的幅度较小,总的变形量较大
三轴应力应变曲线	应力—应变曲线为直线关系,围压对应力应变曲线没有多大影响	应力—应变曲线不呈直线关系,增加围压破坏主应力差增大
适用范围	多层和高层建筑	多层建筑

水泥粉煤灰碎石(CFG)桩适用于黏性土、粉土、砂性土和和素填土等地基,对于淤泥质土应根据地区经验或现场试验确定其适用性。水泥粉煤灰碎石桩不仅用于承载力较低的土,对承载力较高,但变形不能满足要求的地基,也可采用,减少地基的变形。但对于地基

承载力特征值 $f_{spk} \leqslant 50\text{kPa}$，地基土灵敏度 $S_t \geqslant 4$ 的淤泥和淤泥质土，不宜采用该桩型。

4.3.2　作用机理

CFG 桩加固软弱地基，桩和桩间土一起通过褥垫层形成 CFG 桩复合地基，如图 4-12 所示。其加固软弱地基主要有三种作用：桩体作用和挤密作用及褥垫层作用。

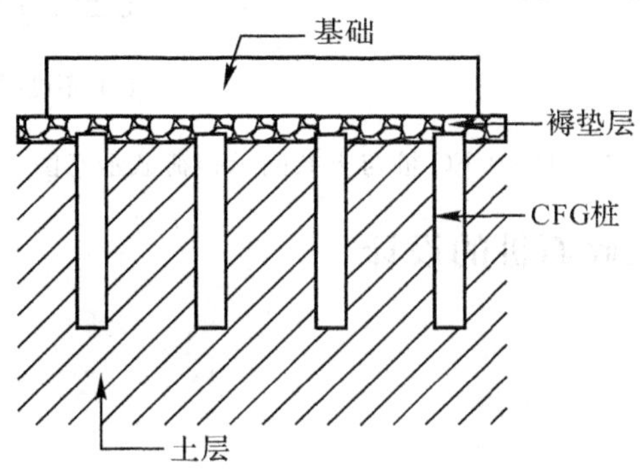

图 4-12　CFG 桩复合地基示意图

1. 桩体作用

CFG 桩不同于碎石桩，是具有一定黏结强度的混合料。在荷载作用下 CFG 桩的压缩性明显比其周围软土小，因此基础传给复合地基的附加应力随地基的变形逐渐集中到桩体上，出现应力集中现象，复合地基的 CFG 桩起到了桩体作用。CFG 桩复合地基的桩土应力比明显大于碎石桩复合地基的桩土应力比，其桩体作用显著。

2. 挤密作用

CFG 桩采用振动沉管法施工，由于振动和挤压作用使桩间土得到挤密。经验证明经 CFG 桩加固后地基土的含水量、孔隙比、压缩系数均有所减小，重度、压缩模量均有所增加。说明经加固后桩间土已挤密。

3. 褥垫层作用

由级配砂石、粗砂、碎石等散体材料组成的褥垫，在复合地基中有如下几种作用。

(1)保证桩、土共同承担荷载

若基础和桩之间不设置褥垫层(即 $H=0$)，如图 4-13(b)所示，则桩和桩间土传递垂直荷载与桩基相类似。当桩端落在坚硬土层上，基础承受荷载后，桩顶沉降变形很小，绝大部分荷载由桩承担，桩间土的承载力很难发挥。当褥垫层的设置后形成 CFG 桩复合地基，基础通过厚度为 H 的褥垫层与桩和桩间土相联系，如图 4-13(a)所示，以保证桩间土始终参与工作。

(2)调整桩与土垂直和水平荷载的分担作用

通过褥垫层的厚度可有效地调整桩、土荷载的分担比，减小基础底面的应力集中。当褥垫层 H 越小时，桩承担的垂直荷载和水平荷载的比例越大；当褥垫层 H 越大时，桩间土承担的垂直荷载和水平荷载的比例越大。工程实践表明，褥垫层合理厚度为 100～300mm。当桩径大，桩距大时宜取高值。

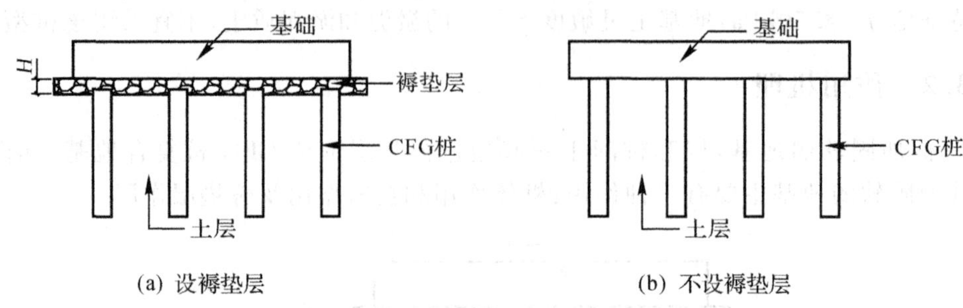

图 4-13 CFG 桩与土共同承担荷载示意图

4.3.3 水泥粉煤灰碎石桩的设计

1. 设计参数

(1)平面布置

①桩位布置

水泥粉煤灰碎石桩可只在基础范围内布置。砌体承重结构首层门窗洞口下不宜布桩，对于可液化地基及饱和软黏土宜在基础处设 1～2 排砂石护桩。最外排桩中心至基础边缘距离不宜小于 1 倍桩径，且不大于 0.5 倍桩距。

②桩距

桩距应由承载力提高幅度要能满足设计要求的复合地基承载力、土性、施工工艺等确定，宜取 3～5 倍桩径。对挤密性好的土，如砂土、粉土和松散填土等，桩距可取得较小。对单、双排布桩的条形基础和面积不大的独立基础等，桩距可取得较小。反之，满堂布桩的筏基、箱基以及多排布桩的条基、设备基础等，桩距应适当放大。地下水位高、地下水丰富的建筑场地，桩距也应适当放大。

(2)桩长

水泥粉煤灰碎石(CFG)桩应选择承载力相对较高的土层作为桩端持力层。CFG 桩具有较强的置换作用，如其他参数相同，桩越长，桩的荷载分担比就越高。设计时须将桩端落在相对好的土层上，这样可以很好地发挥桩的端阻力，也可避免场地岩性变化可能造成建筑物沉降的不均匀。CFG 桩桩长还应满足 $l/d \leqslant 40$。

(3)桩径

水泥粉煤灰碎石(CFG)桩桩径宜取 350～600mm，桩径过小，施工质量不容易控制；桩径过大，需加大褥垫层厚度才能保证桩土共同承担上部结构传来的荷载。

(4)桩体材料配比

CFG 桩桩体材料配比在设计前应根据设计要求及施工工艺进行混合配比试验，并进行混合料试块抗压强度测定。

(5)褥垫层

桩顶和基础之间应设置褥垫层，褥垫层厚度一般取 150～300mm 为宜，当桩径和桩距过大时，褥垫层厚度宜取高值。褥垫层材料可用碎石、级配砂石或碎石等，最大粒径不宜大于 30mm。不宜采用卵石，由于卵石咬合力差，施工时扰动较大、褥垫层厚度不容易保证均匀。

2. 复合地基承载力

水泥粉煤灰碎石桩复合地基承载力特征值，应通过现场复合地基载荷试验确定。初步设计时也可按式(2-1)估算。

3. 沉降计算

一般情况下 CFG 桩复合地基沉降由三部分组成。其一为加固深度范围内土的压缩变形 s_1；其二为下卧层变形 s_2；其三为褥垫层变形 s_3。由于 s_3 数量很小可以忽略不计，则有

$$s = s_1 + s_2$$

假定加固区复合土体为与天然地基分层相同的若干层均质地基，不同的压缩模量都相应扩大 ξ 倍。然后按分层总和法计算加固区和下卧层变形求和：

$$s = s_1 + s_2 = \psi_s\left(\sum_{i=1}^{n_1}\frac{\Delta p_i}{\xi E_{si}}h_i + \sum_{i=n_1+i}^{n_2}\frac{\Delta p_i}{E_{si}}\right)$$

式中：n_1 为加固区分层数；n_2 为总的分层数；Δp_i 为荷载 p_0 在第 i 层产生的平均附加应力，kPa；E_{si} 为第 i 层土的压缩模量，MPa；h_i 为第 i 层土分层厚度，m；ξ 为模量提高系数，$\xi = \frac{f_{spk}}{f_{ak}}$，其中，$f_{sk}$ 是基础底面下天然地基承载力特征值，kPa；ψ_s 为沉降计算经验修正系数，见表 4-9。

表 4-9　沉降计算经验修正系数

$\overline{E_s}$(MPa)	2.5	4.0	7.0	15.0	20.0
ψ_s	1.1	1.0	0.7	0.4	0.2

注：$\overline{E_s}$为沉降计算深度范围内压缩模量的当量值，应按下式计算

$$\overline{E_s} = \frac{\sum A_i}{\sum \frac{A_i}{\sum E_{si}}}$$

式中：A_i 为第 i 层土附加应力系数沿土层厚度的积分值；E_{si} 为基础底面下第 i 层土的压缩模量值，MPa，桩长范围内的复合土层按复合土的压缩模量取值。

4.3.4　施工及质量检验

1. 施工

(1)施工工艺选择

CFG 桩常用的施工工艺有三种：长螺旋钻孔灌注成桩、长螺旋钻孔管内泵压混合料成桩和振动沉管灌注成桩。如何选取适当合理的施工工艺，应根据设计要求和现场地基的性质、地下水埋深、场地周边是否有居民及建筑物、有无对振动反应敏感的设备等多种因素选择施工工艺。

①长螺旋钻孔灌注成桩，适用于地下水以上黏土、粉土、素填土、中等密实以上的砂土。该工艺具有穿透能力强、低噪声、无振动、无泥浆污染等特点，要求桩长范围内无地下水，以保证成孔时不塌孔。

②长螺旋钻孔管内泵压混合料成桩，适用于黏土、粉土、砂土，以及对噪声或泥浆污染有严格要求的场地。在城市居民区施工受到限制，采用长螺旋钻孔灌注成桩和长螺旋钻孔管内泵压混合料成桩工艺，对周围居民和环境的不良影响较小。

长螺旋钻孔管内泵压 CFG 桩施工工艺是由长螺旋钻机、混凝土泵和强制式混凝土搅拌

机组成的完整施工体系,如图 4-14 所示。

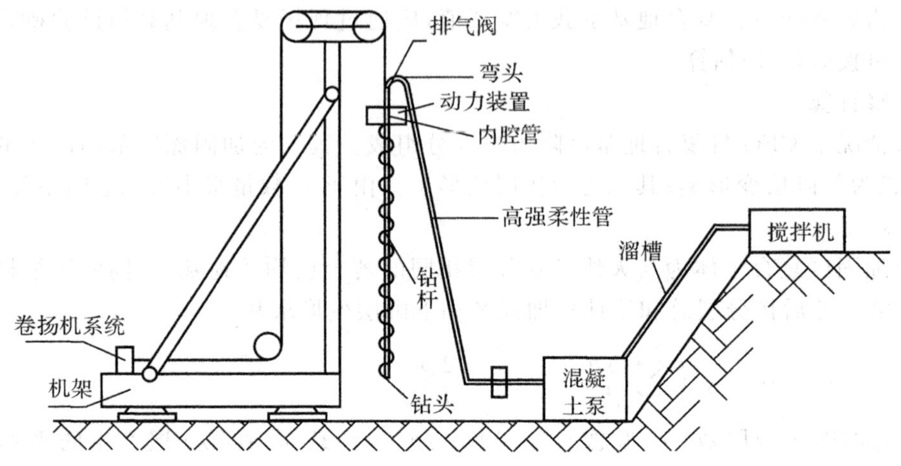

图 4-14 长螺旋钻孔管内泵压 CFG 桩施工示意图

施工步骤:钻机就位→混合料搅拌→钻进成孔→灌注及拔管→移机。

③振动沉管灌注成桩,适用于黏土、粉土和素填土地基,一般以提高地基承载力为目的。注意,当在夹有硬的黏性土时,可采用长螺旋钻机引孔,再用振动沉管打桩机制桩。常用 CFG 桩施工工艺比较见表 4-10。

表 4-10 常用 CFG 桩施工工艺比较

工艺 特点	振动沉管 CFG 桩施工工艺	长螺旋孔、管内泵压 CFG 桩施工工艺
工艺性质	挤土桩	非挤土桩
处理深度	≤30m	≤30m
常用桩径	360～420mm	400～420mm
对土层穿透能力	不易穿透粉土、砂土层	不易穿透厚度较厚、粒径很大的卵石层
对桩间土的影响	对松散土有挤密、对密实土有振松作用	对桩间土扰动影响较小
对相邻桩的影响	对相邻桩有挤断可能	在施工过程中对粉土、砂土层有可能窜孔
对环境影响	有较大的振动和噪音	无振动低噪音
处理建筑物的层数	多层至高层	多层至高层

施工步骤:桩机就位→沉管(到预定标高)→投料→振动拔管→封顶。

(2)成桩施工注意事项

长螺旋钻孔灌注成桩施工、管内泵压混合料灌注成桩施工和振动沉管灌注成桩施工除应执行国家现行有关规定外,尚应符合下列要求:

①施工前应按设计要求由试验室进行配合比试验,施工时按配合比配制混合料。振动沉管灌注成桩后桩顶浮浆厚度不宜超过 200mm。

②长螺旋钻孔灌注成桩施工、管内泵压混合料成桩施工在钻至设计深度后,应准确掌

握提拔钻杆时间，混合料泵送量应与拔管速度相配合，以保证管内有一定高度的混合料，遇到饱和砂土或饱和粉土层，不得停泵待料；振动沉管灌注成桩施工拔管速度应匀速控制，拔管速度应控制在 1.2～1.5m/min，如遇淤泥或淤泥质土，拔管速度应适当放慢。

③施工桩顶标高宜高出设计桩顶标高不少于 0.5m。

④成桩过程中，抽样做混合料试块，每台机械一天应做一组(3 块)试块，标准养护为 28 天，测定其立方体抗压强度。

⑤褥垫层铺设宜采用静力压实法，当基础底面下桩间土的含水量较小时，也可采用动力夯实法，褥垫夯实后的厚度与虚铺厚度的比值不得大于 0.9。

⑥施工垂直度偏差不应大于 1%；对满堂布桩基础，桩位偏差不应大于 0.4 倍桩径；对条形基础，桩位偏差不应大于 0 .25 倍桩径；对单排布桩桩位偏差不应大于 60mm。

⑦在软土中，桩距较大可采用隔桩跳打；在饱和的松散粉土中施打，如桩距较小，不宜采用隔桩跳打方案；满堂布桩，无论桩距大小，均不宜从四周向内推进施工。施打新桩时与已打桩间隔时间不应少于 7 天。

⑧保护桩长是指成桩时预先设定加长的一段桩长，基础施工时将其剔掉；保护桩长越长，桩的施工质量越容易控制，但费的料也越多；设计桩顶标高离地表距离不大于 1.5m 时，保护桩长可取 500～700mm，上部用土封顶；桩顶标高离地表距离较大时，保护桩长可设置 700～1000mm，上部用粒状材料封顶直到地表。

⑨桩头处理，CFG 桩施工完毕待桩体达到一定强度(一般为 7 天左右)，方可进行基槽开挖；在基槽开挖中，如果设计桩顶标高距地面不深(一般不大于 1.5m)，宜考虑采用人工开挖，不仅可防止对桩体和桩间土产生不良影响，而且经济可行；如果基槽开挖较深，开挖面积大，采用人工开挖不经济，可考虑采用机械和人工联合开挖，但人工开挖留置厚度一般不宜小于 700mm；桩头凿平，并适当高出桩间土 10～20mm。

2. 质量控制和检验

(1)质量控制

CFG 桩在施工前对水泥、粉煤灰、砂及碎石等原材料必须符合设计要求；在施工中应对桩身混合料的配合比、坍落度和提拔钻杆速度(或提拔套管速度)、成孔深度、混合料灌入量等进行质量控制；打桩过程中随时测量地面是否发生隆起，打新桩时对已打但尚未结硬桩的桩顶进行桩顶位移测量，以估算桩径的缩小量。对已打并结硬桩的桩顶进行桩顶位移测量，以判断是否断桩。一般当桩顶位移超过 10mm，需开挖进行检查。

(2)处理质量检验

在施工后的处理效果检验一般采取现场抽取桩芯、桩间土进行室内物理力学性能试验、桩间土现场动力或静力触探试验和现场复合地基载荷试验。水泥粉煤灰碎石桩地基检验应在桩身强度满足试验荷载条件时，并宜在施工结束 28 天后进行。试验数量宜为总桩数的0.5%～1%，且每个单体工程的试验数量不得少于 3 点。

①桩间土检验。桩间土质量检验可用标准贯入、静力触探和钻孔取样等试验对桩间土进行处理前后的对比试验。对砂性土地基可采用标准贯入或动力触探等方法检测挤密程度。

②单桩和复合地基检验。可采用单桩载荷试验、单桩或多桩复合地基载荷试验进行处理效果检验。

③应抽取不少于总桩数的10%的桩进行低应变动力试验，检测桩身完整性。

水泥粉煤灰碎石(CFG)桩复合地基质量检测标准应符合《建筑地基基础工程施工质量验收规范》(GB 50202—2002)的规定。见表4-11。

表4-11 水泥粉煤灰碎石(CFG)桩复合地基质量检测标准

项目	序号	检查项目	允许偏差或允许值		检查方法
			单位	数值	
主控项目	1	原材料	设计要求		查产品合格证书或抽样送检
	2	桩径	mm	−20	用钢尺量或计算填料量
	3	桩身强度	设计要求		查28天试块强度
	4	地基承载力	设计要求		按规定的办法
一般项目	1	桩身完整性	按桩基检测技术规范		按桩基检测技术规范
	2	桩位偏差	满堂布桩≤0.40d 条基布桩≤0.25d		用钢尺量，d为桩径
	3	桩垂直度	%	≤1.5	用经纬仪测桩管
	4	桩长	mm	+100	测桩管长度或垂球测孔深
	5	褥垫层夯填度	≤0.9		用钢尺量

注：①夯填度指夯实后的褥垫层厚度与虚体厚度的比值；
②桩径允许偏差负值是指个别断面。

4.3.5 工程实例

1. 工程概况

南京浦镇车辆厂厂南生活区多层住宅小区位于长江冲积漫滩上。征用前为水稻田，水位较高。各层土的含水量高、孔隙比较大，具有较高的压缩性。

2. 地层情况

见表4-12。

表4-12 厂南生活区多层住宅小区的地层情况

层	地层名	描 述	承载力特征值 f_{ak}(kPa)	厚度(m)
①	黄褐色新填土	可塑		0.7～1.2
②	粉质黏土	软塑，孔隙比0.89，液性指数0.86	$f_{ak}=90$	1.0
③	淤泥质粉质黏土	流塑，孔隙比1.04，液性指数1.48	$f_{ak}=60$	13～18
	其间夹有三层的粉质黏土透镜体	流塑	$f_{ak}=100～135$	

注：设计承载力要求不低于160kPa，天然地基承载力不满足设计要求。

3. 设计方案

一期工程为 10 幢建筑物，原设计采用素混凝土桩处理，为节省造价，改用 CFG 桩复合地基处理，但为比较工程特性和节约造价情况，仍有 1 幢建筑物用素混凝土桩处理。各住宅楼的层数、平面布置、桩数和桩长均一致，其桩的布置如图 4-15 所示。条形基础下采用双排桩，桩距为 1100mm 和 1200mm，桩径 40mm，有效桩长 15.5m。

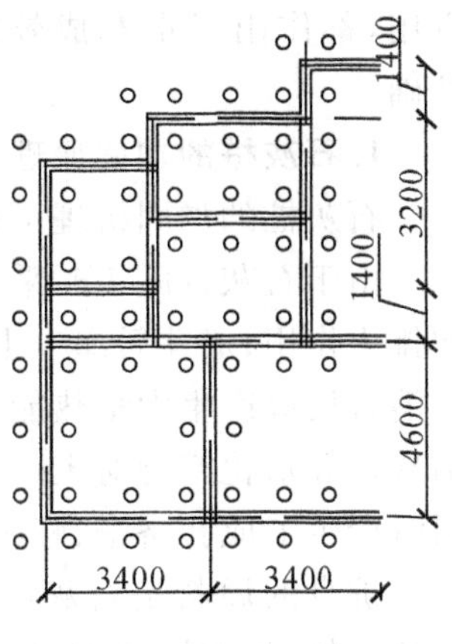

图 4-15　桩位布置示意图

4. 加固效果检验

在现场进行了大载荷板(3.6m×2.0m)天然地基试验(试验 1)、CFG 桩复合地基试验(试验 2)、CFG 桩单桩(试验 3)和素混凝土单桩(试验 4)试验。其结果见表4-13。

表 4-13　载荷试验结果

试验号	试验 1	试验 2	试验 3	试验 4
承载力(kPa)	70	320	250	250

从表中可见，CFG 桩复合地基承载力远大于设计要求 160kPa，比天然地基提高了 3 倍多。

从 t-s 曲线观测，CFG 桩和素混凝土桩的承载力特性基本一致。

根据实测资料分析(图 4-16)可归纳如下两点：

(1)CFG 桩复合地基与素混凝土复合地基在上部结构荷载作用下的沉降基本相同。

(2)CFG 桩加固后形成的复合地基，不仅获得较高的承载力，同时由于压缩模量增大而显著降低了荷载作用下的变形，使建筑物的沉降在短期趋向稳定。

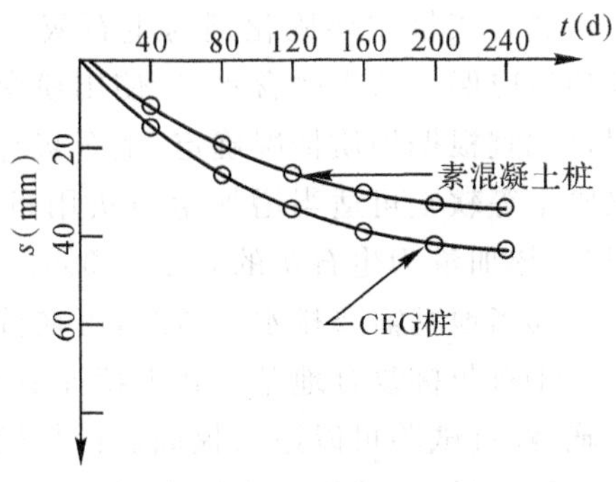

图 4-16　沉降—时间曲线

5. 经济效益与社会效益

已建 9 幢建筑物的 CFG 桩复合地基处理费(直接费)比素混凝土桩复合地基处理费节约 32%，经济效益明显，且利用了“三废”，获得了很好的社会效益。

4.4　石灰桩与土桩

4.4.1　石灰桩

石灰桩是利用生石灰打入饱和土中成桩，生石灰吸水变成熟石灰的过程中，吸走土中水分，并与土粒产生硬化作用，从而加固土体的方法。仅在南京市采用生石灰桩加固了 50 余幢房屋的软土地基，加固面积达 3 万多平方米。取得了较好的技术经济效果；其后，浙江省建筑科学研究所和湖北省建筑科学研究设计院等单位相继开展了试验研究和工程实践应用，都作出了卓有成效的工作，为今后我国进一步研究和发展石灰桩加固软基奠定了基础。

1. 石灰桩的加固原理

石灰桩的加固机理可从桩间土、桩身和复合地基三方面进行分析。

由于石灰桩施工时采用挤土成孔法（振动沉管或锤击沉管成孔等），使桩间土产生挤压和排土作用；成孔后灌入生石灰便吸水膨胀，使桩间土受到强大的挤压力；软黏土与生石灰的消解反应产生大量热能使土产生一定的气化脱水再者生石灰吸水生成水化硅酸钙、水化铝酸钙等水化产物对土颗粒产生胶结作用，使土聚集体积增大，并趋于紧密。所以桩间土同时产生了成孔挤密、膨胀挤密、脱水挤密和胶凝等作用。

桩身的原料是石灰，当生石灰水化后，石灰桩的直径可胀到原来所填的生石灰块屑体积的一倍，如充填密实和氧化钙的含量很高，则生石灰密度可达 1.1～1.2t/m^3。

由于石灰桩桩体较桩间土有更大的强度（抗压强度约 500kPa），在与桩间土形成复合地基中具有桩体作用。当承受荷载时，桩上将产生应力集中现象。

2. 石灰桩的设计施工要点

①石灰桩主要适用于处理杂填土、素填土、饱和黏性土、淤泥质土和淤泥等地基；用于无地下水位的土层时，宜增加掺和料的含水量并减少生石灰用量或采取土层浸水等措施。

②石灰桩主要固化剂为生石灰，掺和料宜优先选用粉煤灰、火山灰、炉碴等工业废料。掺和料应保持适当的含水量，使用粉煤灰或炉碴时含水量为 30%左右。生石灰与掺和料的配合比宜根据地质情况确定，生石灰与掺和料的体积比可选用 1∶1～1∶2，对于淤泥、淤泥质土等软土可适当增加生石灰用量。桩顶附近生石灰用量不宜过大。若掺加石膏和水泥时，掺加量为生石灰的 3%～10%。

③当地基需要排水通道时，可在桩顶以上设 200～300mm 厚的砂石垫层。

④石灰桩复合地基承载力特征值不宜超过 180kPa，当土质较好并采取保证桩身强度的措施，经过试验可以适当提高。石灰桩桩端宜选在承载力较高的土层，在深厚软土中采用“悬浮桩”时，应验算下卧层变形及承载力，减小上部结构重心与基础形心的偏心，必要时宜加强上部结构及基础的刚度。

⑤洛阳铲成孔桩长不宜超过 6m；机械成孔管外投料时，桩长不宜超过 8m；螺旋钻成孔及管内投料时可适当加长。

⑥石灰桩桩径一般为 300～400mm，按等边三角形或矩形布置；桩中心距为 2～3d（d 为桩径）。

⑦石灰材料选用新鲜生石灰块，有效氧化钙含量不宜低于 70%，粒径不应大于 70mm，含粉量（即消石灰）不宜超过 15%。当使用生石灰粉时应有配套的环保和施工技术措施。

⑧对重要工程或缺少经验的地区，施工前应进行桩身材料配比、成桩工艺及承载力试验。

3. 质量检测

施工检测宜在施工 7～10 天后进行。竣工检测宜在施工后 28 天后进行。竣工验收应进行复合地基静载试验。

4.4.2　土桩、灰土桩

1. 适用范围

土桩与灰土桩挤密法是属于柔性桩，主要用于地下水以上的湿陷性黄土、黏性土、素填土和杂填土等。其处理深度为 5～15m。当以消除地基土的湿陷性为主要目的时，桩孔内宜用素土作填料；当以提高地基承载力或增强水稳定性为主要目的时，桩孔内宜用灰土作填料；当地基的含水量大于 24%、饱和度大于 65%时，因不易挤密，不宜选用；灰土桩所用的土为消石灰与土的体积配合比为 2∶8 或 3∶7 的灰土。

2. 加固机理

土（或灰土）桩的加固机理是挤密、灰土性质和桩土共同作用而形成的。在土桩的挤压成孔时，桩孔位置原有土体被强制侧向挤压，使桩周一定范围内的土层密实度提高，而且灰土桩是石灰和土按体积比例拌和，并在桩孔内夯实加密后形成的桩，这种材料在化学性能上具有气硬性和水硬性，使土体固化作用提高，土体逐渐增加强度。在力学性能上，它可达到挤密地基效果，提高地基承载力，消除湿陷性，使沉降均匀和沉降量减小。在灰土桩挤密地基中，由于灰土桩的变形模量大于桩间土的变形模量，荷载向桩上产生应力集中，从而降低了基础底面以下一定深度内土中的应力，消除了持力层内产生大量压缩变形和湿陷变形的不利因素。

土桩挤密地基由桩间挤密土和分层填夯的素土桩组成，土桩桩体和桩间土均为被机械挤密的重塑土，两者均属同类土料，两者的物理力性能指标无明显差异。因此，土桩挤密地基可视为厚度较大的素土垫层。

3. 设计计算

(1)桩孔布置原则和要求

桩孔间距应以保证桩间土挤密后达到要求的密实度和消除湿陷性为原则。桩身压实系数应达到：土桩$\overline{\lambda_c}>0.93$；灰土桩 $\lambda_c>0.95$。

(2)桩径

桩径宜为 300～450mm，并根据所选用的成孔设备或成孔方法确定。

(3)桩距和排距

桩距和排距宜按等边三角形布置，桩孔之间的中心距离可为桩孔直径的 2.0～2.5 倍。也可按规范进行估算。

(4)处理范围

土（或灰土）桩处理地基的面积，应大于基础或建筑物底层平面的面积，并应符合下列规定：当采用局部处理时，超出基础底面的宽度；对非自重湿陷性黄土、素填土和杂填土等地基，每边不应小于基底宽度的 0.25 倍，并不应小于 500mm；对自重湿陷性黄土地基，每边不应小于基底宽度的 0.75 倍，并不应小于 1000mm。当采用整片处理时，超出建筑物外墙基础底面外缘的宽度，每边不宜小于处理土层厚度的 1/2，并不应小于 2m。

灰土挤密桩和土挤密桩处理地基的深度，应根据建筑场地的土质情况、工程要求等综合因素确定。对湿陷性黄土地基，应符合现行国家规范的有关规定。

(5)填料和压实系数

桩孔内的填料，应根据工程要求或处理地基的目的确定，桩体的夯实质量宜用平均压实系数$\overline{\lambda_c}$控制。当桩孔内用灰土或素土分层回填、分层夯实时，桩体内的平均压实系数$\overline{\lambda_c}$均不应小于0.96。

(6)承载力和变形模量

承载力和变形模量用载荷试验方法确定或参照工程经验确定。

4. 施工工艺

土桩与灰土桩的桩孔填料不同，但两者的施工工艺和程序相同；可以是振动或锤击沉管成孔、冲击成孔或爆破成孔，然后分段回填夯实。

①成孔挤密有沉管法成孔、冲击法成孔和爆破法成孔法。

②桩孔回填夯实。回填夯实施工前，应进行回填试验，以确定每次合理的填料数量和夯实击数。根据回填夯实质量标准确定检测方法应达到的指标，如轻便触探器的"检定锤击数"。

桩孔填料夯实机目前有两种：偏心轮夹杆式夯实机或采用电动卷扬机提升式夯实机(见图4-18)。回填桩孔用的夯锤，锤重不宜小于100kg，夯锤最大直径应比桩孔直径小100～160mm，使夯锤自由落下时将填料夯实。填时每一锹料夯击一次，每分钟夯击25～30次，长为6m的桩孔在15～20 min内夯击完成。

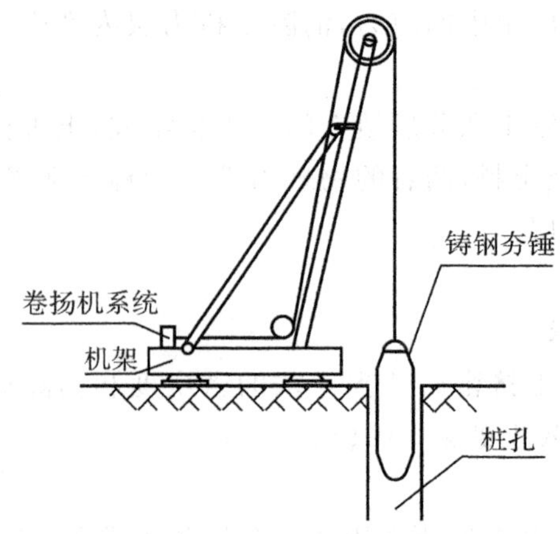

图4-18 电动卷扬机提升式夯实机

5. 效果检验

(1)挤密效果检验

土桩与灰土桩对桩间土有挤密作用，通过挤密达到消除地基土湿陷性和提高强度的目的。挤密效果检验主要是通过现场试验性成孔，对不同桩间距的挤密土分层取样。测试其干密度和压实系数，并以桩间土的平均压实系数作为评定挤密效果的指标。

(2)消除湿陷性效果检验

检验湿陷性消除的效果，可利用探井分层取样，然后在试验室测定桩间土和桩孔夯实素土或灰土的湿陷系数δ_s值及其他物理力学性能指标，可与天然地基土的湿陷系数进行对比，了解湿陷性消除的程度。也可通过现场浸水载荷试验观测在一定压力下浸水后处理地基的湿陷量s_w或相对湿陷量$\frac{s_w}{b}$(其中b为压板直径或宽度)，综合检验湿陷性消除的效果。

(3)地基加固效果的综合检验

综合检验是通过现场载荷试验、浸水载荷试验或其他原位测试方法对地基的加固效果进行检测和评价，它主要用于重要或大型工程、缺乏经验的地区和一般检测结果仍难以确定地基的加固效果时。

习　题

4-1　强夯法的加固机理是什么？为什么饱和软黏土中使用强夯法的加固效果较差？

4-2　如何确定强夯设计时的锤重、落距、夯距、击数、遍数、施工顺序和间歇时间？

4-3　试述“刚性桩”和“柔性桩”的区别。

4-4　碎石桩所形成的复合地基的受力特性是什么？如何预估碎石桩复合地基的承载力特征值和沉降量？

4-5　试述振冲法施工质量的“三要素”。

4-6　试述碎石桩在黏性土和砂性土中的加固机理。其设计长度主要取决于哪些因素？

4-7　振冲法施工顺序一般应按什么原则进行？

4-8　试述排水砂井和挤密砂桩的区别。

4-9　试述石灰桩的加固机理。

4-10　试述水泥粉煤灰碎石桩的加固机理及其力学性能。

4-11　某建筑场地采用振冲碎石桩加固地基，碎石桩直径为 1000mm，单桩和桩间土地的载荷试验得到其承载力特征值为 $f_{pk}=250\text{kPa}$ 和 $f_{sk}=90\text{kPa}$，要求处理后复合地基的承载力达到 $f_{spk}=150\text{kPa}$，等边三角形布桩，求置换率 m 和桩间距 s。

4-12　某建筑场地的天然地基承载力特征值为 120kPa，设计要求经振冲碎石桩处理后的复合地基承载力特征值需提高到 150kPa。拟采用的碎石桩的桩径为 1.0m，正方形布置，桩中心距为 1.6m。计算为达到复合地基的承载力要求，碎石桩桩体载荷试验承载力特征值至少应该是多少？

第5章　排水固结

【学习要点】

熟悉排水固结的作用机理和适用范围，掌握堆载预压法的设计方法，了解排水固结的施工方法及质量检验。

5.1　概　述

排水固结法亦称预压法，是通过在天然地基中设置竖向排水体(砂井或塑料排水板)和水平向排水体，利用建(构)筑物自身重量分级逐渐加载，或在建(构)筑物建造前先对地基进行加载预压，根据地基土排水固结的特性，使土体提前完成固结沉降、增加地基强度的一种软土地基加固方法。

我国东南沿海、内陆山间盆地和河湖沉积区广泛存在着淤泥质土、淤泥和冲填土等饱和黏性土，它们具有含水量大、压缩性高、强度低、透水性差等特点。排水固结法是处理该软黏土地基的有效方法之一，可用于加固建(构)筑物地基，包括飞机跑道、铁路和公路路堤、仓库、罐体及轻型建筑物地基等。

例如，浙江某高速公路全长近145km，沿路经过宁绍海积、冲海积平原，经过的软土地基路线长94km，软土层厚度在15～40m之间，土层含水量高，压缩性大，易流变。地基土从上向下依次为：亚黏土(厚2.6m)、淤泥质亚黏土(厚4.4m)、淤亚黏土(厚11.2m)、淤质黏土(厚16.8m)、亚黏土、砂砾石。

采用排水固结法处理软土地基。其中第四段面软土处理办法为打塑料排水板，埋深为15m，梅花形布置，间距为1.5m，如图5-1所示。第五段面软基处理办法为打袋装砂井，深度为15m，间距为2m，梅花形分布，在砂井之上铺设一层编织布。第六段面软基处理办法为打袋装砂井，深度为15m，间距为2m，梅花形布置，砂井之上铺设复合土工布层。

经过约3个月的加载期和6个月的恒载期，四、五、六断面的最大沉降分别为81.0cm、75.0cm、35.3cm。试验证明：袋装砂井和塑料排水板的排水固结效果良好。沉降速率逐渐减慢，加载期的最大沉降速率约9～24mm/d，经过6个月后，降低到0.21～0.91mm/d。孔隙水压力已降低至接近初始孔隙压力。由实测的结果结算，固结度已超过80%(80%～85%)，侧向变形也显著减少。

排水固结法的主要用途包括：①使地基沉降在加载预压期间基本完成或大部分完成，减少地基沉降和竣工后地基的不均匀沉降；②通过排水固结，加速增加地基土的抗剪强度，

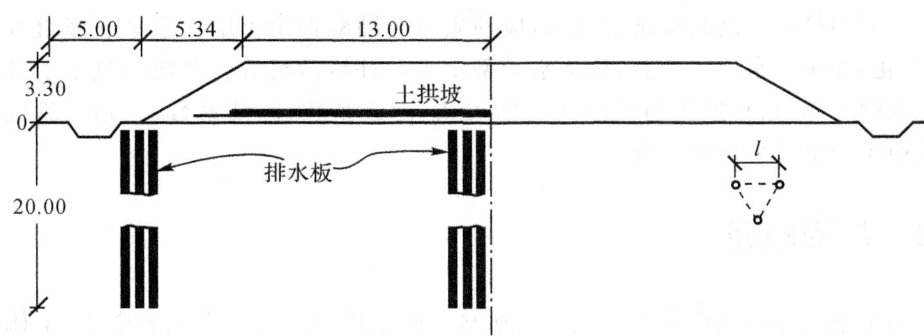

图 5-1 路基横向剖面图

提高地基的承载力和稳定性；③消除欠固结软土地基中桩基承受的负摩阻力等。

为了达到排水固结作用，排水固结法必须由排水系统和加压系统两部分共同组成。排水固结系统如图 5-2 所示。

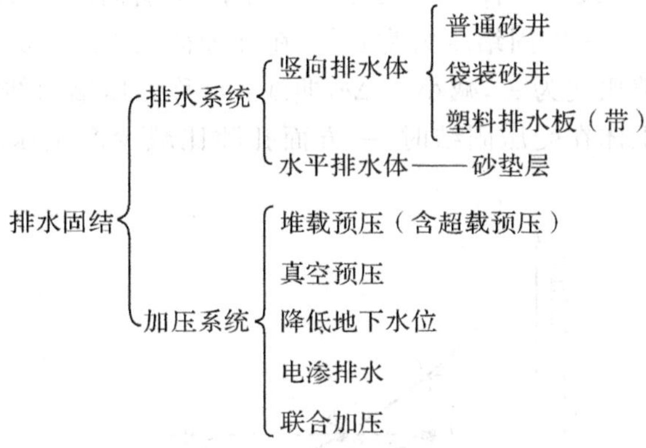

图 5-2 排水固结系统

排水系统，目的在于改变地基原有的排水边界条件，增加孔隙水排出的途径，缩短排水距离，加快排水速度，使地基在预压期间尽快地完成设计要求的沉降量，并及时提高地基土强度。该系统由水平排水垫层和竖向排水体构成。

加压系统，目的在于对地基施加预压荷载，使地基土孔隙中的水产生压力差，从饱和地基土中自然排出，使地基土固结产生压缩。其材料主要有固体（土石料等）、液体（水等）、真空负压力荷载等。

根据加压方式不同，排水固结法可以分为堆载预压（含超载预压）法、真空预压法、降低地下水位法、电渗排水法以及联合加压法。堆载预压法特别适用于存在连续薄砂层的地基，但只能加速主固结而不能减少次固结，对有机质土和泥炭等次固结土，不宜只采用堆载预压法，可以利用超载的方法来克服次固结。真空预压法适用于能在加固区形成（包括采取措施后形成）稳定负压边界条件的软土地基。真空预压法、降低地下水位法和电渗排水法由于不增加剪应力，地基不会产生剪切破坏，所以适用于很软弱的黏土地基的排水固结处理。

必须指出，堆载预压法的应用条件，除了要有砂井（袋装砂井或塑料排水板）的施工机械和材料外，还必须要有：①预压荷载；②预压时间；③适用的土类等条件。工程实践表明，各类排水固结法必须根据具体工程条件确定，并需要进行周密的设计与计算，以及优良的施工技术。采用排水固结法处理地基前，应预先通过勘察查明土层在水平和竖直方向的分布、层理变化，查明透水层的位置、地下水类型及水源补给情况等。并应通过土工试验确定土层的先期固结压力、孔隙比与固结压力的关系、渗透系数、固结系数、三轴试验抗剪强度指标以及原位十字板抗剪强度等。

5.2　加固原理

排水固结法的加固原理实质上就是使地基土产生排水固结。在土力学中，土体在某一压力作用下，孔隙水被逐渐排出，孔隙体积随之减少，有效应力逐渐提高，土体的密实度和强度随时间逐渐增长的过程称为土的固结过程。所以，地基土层的固结过程就是超静孔隙水压力不断消散（孔隙水排出）和有效应力不断增大的过程，同时土体被逐步挤压密实、抗剪强度增大。

现以堆载预压法为例说明。图 5-3 为地基土室内压缩曲线。土样的天然状态为曲线上的 a 点，其孔隙比为 e_0，天然固结压力为 σ_0'。在外加荷载（$\Delta\sigma'=\sigma_1'-\sigma_0'$）作用下，固结完变化到 c 点，土样的孔隙比变为 e_1，减小了 Δe，曲线 abc 称为压缩曲线。与此同时，抗剪强度相应提高了 $\Delta\tau$。表明土体在受压固结时，一方面孔隙比减少产生压缩，另一方面抗剪强度得到提高。

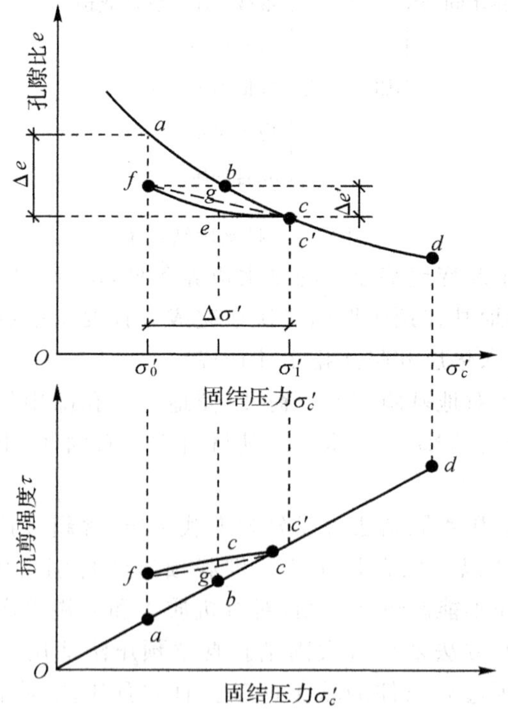

图 5-3　堆载预压法排水固结原理

如果从 c 点卸除压力 $\Delta\sigma'$，则土样发生膨胀，图中 cef 为卸荷膨胀曲线。如从 f 点再次加压 $\Delta\sigma'$，土样会产生再压缩，沿虚线变化到 c'，曲线 fgc' 称为再压缩曲线。此时固结压力同样由 $\Delta\sigma_0'$增加了 $\Delta\sigma'$，但孔隙比减小量为 $\Delta e'$，远小于 Δe，表明大部分压缩变形（$\Delta e'-\Delta e$）

都在预先施压过程中消除了。

堆载预压法就是利用该原理，先在建筑场地上施加一个与上部建筑物相同的压力进行预压，使土层完成大部分固结沉降，并增强地基土抗剪强度；然后卸除荷载，再建造建筑物。这样，建筑物所引起的沉降即可大大减小。

当预压荷载大于建筑物荷载时，即所谓超载预压，则效果更好。因为经过超载预压，当土层的固结压力大于使用荷载下的固结压力时，原来的正常固结土层将处于超固结状态，从而减小土层在使用荷载下产生的沉降。

排水固结法的加压系统是通过改变地基应力场中的总应力 σ 和孔隙水压力 u 来达到增大有效应力、压缩土层的目的。其中，堆载预压法采用填土等外加荷载对地基进行预压，是通过增加地基总应力 σ，并使孔隙水压力 u 消散来增加有效应力 σ' 的方法。堆载预压法是在地基中形成超静孔隙水压力的条件下排水固结，称为正压固结。

真空预压法是通过覆盖于地面的密封膜下抽真空，使膜内外形成气压差，即使总压力不变（仍为大气压及土体自重压力），减少孔隙水压力，增加有效应力的过程。降低地下水位法和电渗排水法也是在总应力不变的情况下，通过减小地基内孔隙水压力来增加有效应力的方法。真空预压法、降低地下水位法和电渗排水法是在负超静孔隙水压力下排水固结，称为负压固结。

排水固结法的排水系统是通过改善地基排水边界条件来达到增强土层排水固结效果的目的。地基土层的排水固结效果与它的排水边界条件有关。根据固结理论，在达到同一固结度时，黏性土固结所需的时间与排水距离的平方成正比。

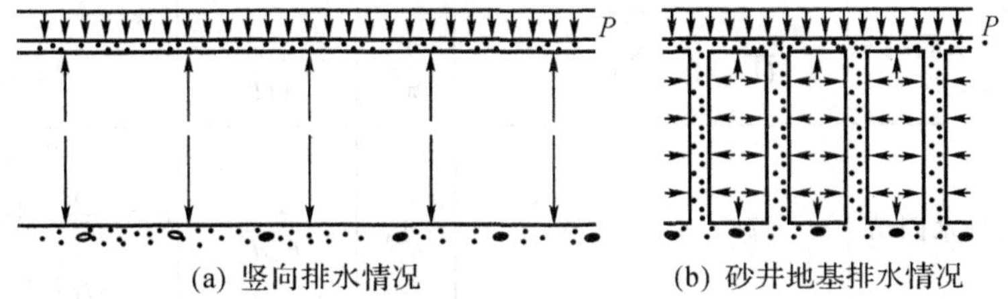

图 5-4　排水体设置原理

如图 5-4 所示，软黏土土层越厚，固结所需的时间越长。如淤泥质土层厚度大于 10～20m，要达到较大固结度（U>80%），所需的时间要几年至几十年之久。为加快固结，最有效的方法是在天然土层中增加排水途径，缩短排水距离。具体措施可以在天然地基中设置袋装砂井、塑料排水板（带）等竖向排水体，以及砂垫层等水平排水体。如图 5-4(b)所示，此时土层中的孔隙水主要从水平向通过砂井，部分从竖向通过砂垫层排出。这样将大大缩短预压期，在短期内达到较好的固结效果，使沉降提前完成；另一方面，将加速地基土强度的增长，保证地基的稳定性。

5.3　堆载预压法

5.3.1　计算理论

在堆载预压法设计过程中，需计算地基土的固结度、抗剪强度增长和沉降，下面具体介绍这些计算理论。

1. 固结度计算

固结度计算是堆载预压法处理地基中的一个重要内容，可以根据各级荷载下不同时间的固结度，推算出地基强度的增长值，用于分析地基的稳定性，确定相应的加荷计划，估算加荷期间地基的沉降量以及确定预压荷载的期限等。

(1)瞬间加荷条件下固结度计算

瞬间加荷条件下地基固结度计算如图 5-5～5-7 所示，不同条件下平均固结度计算公式见表 5-1。

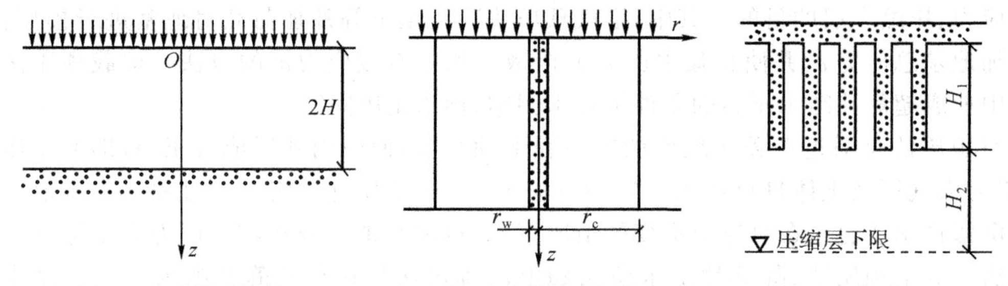

图 5-5 竖向排水固结　　图 5-6 砂井排水固结　　图 5-7 砂井未打穿受压土层的情况

表 5-1 不同条件下平均固结度计算公式

序号	条件	平均固结度计算公式	α	β	备 注
1	普通表达式	$\overline{U}=1-\alpha e^{-\beta}$			
2	竖向排水固结 ($\overline{U_z}>30\%$)	$\overline{U_z}=1-\frac{8}{\pi^2}e^{-\frac{\pi^2 c_v}{4H^2}t}$	$\frac{8}{\pi^2}$	$\frac{\pi^2 c_v}{4H^2}$	Tezaghi 解
3	内径向排水固结	$\overline{U_r}=1-e^{-\frac{8c_h}{F_n d_e^2}t}$	1	$\frac{8c_h}{F_n d_e^2}$	Barron 解 $F_n=\frac{n^2}{n^2-1}\ln(n)-\frac{3n^2-1}{4n^2}$ n 为井径比，$n=\frac{d_e}{d_w}$
4	竖向和内径向排水固结(砂井地基平均固结度)	$\overline{U_{rz}}=1-\frac{8}{\pi^2}e^{-(\frac{8c_h}{F_n d_e^2}+\frac{\pi^2 c_v}{4H^2})t}$ $=1-(1-\overline{U_r})(1-\overline{U_z})$	$\frac{8}{\pi^2}$	$\frac{8c_h}{F_n d_e^2}+\frac{\pi^2 c_v}{4H^2}$	
5	砂井未打穿受压土层的平均固结度	$\overline{U}=\overline{QU_{rz}}+(1-Q)\overline{U_z}$ $\approx 1-\frac{8Q}{\pi^2}e^{-\frac{8c_h}{F_n d_e^2}t}$	$\frac{8}{\pi^2}Q$	$\frac{8c_h}{F_n d_e^2}$	$Q=\frac{H_1}{H_1+H_2}$
6	内径向排水固结 ($\overline{U_r}>60\%$)	$\overline{U_r}=1-0.692e^{-\frac{5.78c_h}{R^2}t}$	0.692	$\frac{5.78c_h}{R^2}$	R 为土柱体半径

注：表中 c_v 为竖向固结系数，$c_v=\frac{k_v(1+e)}{\alpha\gamma_w}$；$c_h$ 为径向固结系数(或称为水平向固结系数)，$c_h=\frac{k_h(1+e)}{\alpha\gamma_w}$；$d_e$ 为单个砂井有效影响范围的直径；d_w 为砂井直径。

(2)逐渐加荷条件下地基固结度的计算

以上计算固结度理论计算公式都是假设荷载是一次瞬间施加的。在实际工程中，为保证施工过程中地基的稳定性，其荷载多为分级逐渐施加的。在一级或多级等速加载条件下，当固结时间为 t 时，对应总荷载的地基平均固结度可按下式计算：

$$\overline{U_t}=\sum_{i=1}^{n}\frac{\dot{q}_i}{\sum\Delta p}\left[(T_i-T_{i-1})-\frac{\alpha}{\beta}e^{-\beta t}(e^{\beta T_i}-e^{\beta T_{i-1}})\right] \tag{5-1}$$

式中：$\overline{U_t}$ 为 t 时刻多级荷载等速加荷修正后的平均固结度，%；$\sum\Delta p$ 为各级荷载的累计值，kPa；$\dot{q}_i$ 为第 i 级荷载的平均加速度率，kPa/d；T_{i-1}、T_i 为分别为第 i 级荷载加载的起始和终止时间（从零点起算），当计算第 i 级荷载等速加荷过程中时间 t 的固结度时，则 T_i 改用 t；α、β 为参数，见表 5-1 中所示。

（3）砂井固结度的几个影响因素

①初始孔隙水压力

上述砂井固结度计算公式都是假设初始孔隙水应力等于地面荷载强度，且在整个砂井地基中应力分布是相同的。这些假设只有当荷载面的宽度足够大时才与实际情况比较符合。一般认为，当荷载面的宽度等于砂井长度时，以上假设的误差可忽略不计。

②涂抹与井阻作用

当排水竖井采用挤土方式施工时，应考虑涂抹对土体固结的影响。当竖井的纵向通水量 q_w 与天然土层水平向渗透系数 k_h 的比值较小，且长度又较长时，尚应考虑井阻影响。在瞬间加载条件下，当考虑涂抹和井阻影响时，竖井地基径向排水平均固结度可按下式计算：

$$\overline{U_r}=1-e^{-\frac{8c_h}{Fd_e^2}t} \tag{5-2}$$

$$F=F_n+F_s+F_r \tag{5-3}$$

$$F_n=\ln(n)-\frac{3}{4}, \quad n\geqslant 15 \tag{5-4}$$

$$F_s=(\frac{k_h}{k_s}-1)\ln s \tag{5-5}$$

$$F_r=\frac{\pi^2L^2}{4}\frac{k_h}{q_w} \tag{5-6}$$

式中：$\overline{U_r}$ 为固结时间时竖井地基径向排水平均固结度；k_h 为天然土层水平向渗透系数，cm/s；k_s 为涂抹区土的水平向渗透系数，可取 $k_s=(\frac{1}{5}\sim\frac{1}{3})k_h$，cm/s；$s$ 为涂抹区直径 d_s 与竖井直径 d_w 的比值，可取 $s=2.0\sim3.0$，对中等灵敏黏性土取低值，对高灵敏黏性土取高值；L 为竖井深度，cm；q_w 为竖井纵向通水量，为单位水力梯度下单位时间的排水量，cm^3/s；d_e 为砂井有效影响直径，m。

对于一级或多级等速加荷条件下，考虑涂抹和井阻影响时，竖井穿透受压土层地基的平均固结度可按式(5-1)计算，其中，$\alpha=\frac{8}{\pi^2}$，$\beta=\frac{8c_h}{F_nd_e^2}+\frac{\pi^2c_v}{4H^2}$。

2. 地基土抗剪强度增长计算

饱和软黏土地基在预压荷载作用下，随着排水固结的进程，地基土的抗剪强度逐渐增长。但是如果一次性加载过大，则预压荷载容易使地基产生剪切破坏。为保证地基在预压荷载下的稳定性，需研究由预压荷载引起的地基抗剪强度的增长规律。

《建筑地基处理技术规范》(JGJ 79—2002)规定，计算预压荷载下饱和黏性土地基中某点的抗剪强度时，应考虑土体原来的固结状态。对正常固结饱和黏性土地基，某点某一时间的抗剪强度可按下式计算：

$$\tau_{ft}=\tau_{f0}+\Delta\sigma_z U_t \tan\varphi_{cu} \tag{5-7}$$

式中：τ_{ft} 为 t 时刻该点土的抗剪强度，kPa；τ_{f0} 为地基土的天然抗剪强度，kPa；$\Delta\sigma_z$ 为预压荷载引起的该点的附加竖向应力，kPa；U_t 为该点土的固结度；φ_{cu} 为三轴固结不排水压缩试验求得的土的内摩擦角，°。

3. 沉降计算

沉降计算也是堆载预压法处理地基中的一个重要内容。地基土的总沉降量一般包括瞬时沉降、固结沉降和次固结沉降三部分。瞬时沉降是在荷载施加后立即产生的沉降量，由剪切变形引起，这部分变形不可忽略；固结沉降是指地基排水固结所引起的沉降，占总沉降量的主要部分；次固结沉降是由于超静孔隙水压力消散后，土骨架在持续荷载作用下发生的蠕变引起的沉降。次固结的大小与土的性质有关，一般泥炭土、有机质土或高塑性黏性土的次固结沉降较大，其他土所占比例则不大。

在实际工程中，常采用经验算法，考虑地基剪切变形和其他因素的综合影响，以固结沉降量为基准，用经验系数予以修正，得到最终沉降量。《建筑地基处理技术规范》规定，预压荷载下地基的最终沉降 s_f 可按下式计算：

$$s_f=\xi\sum_{i=1}^{n}\frac{e_{0i}-e_{1i}}{1+e_{0i}} \tag{5-8}$$

式中：s_f 为最终竖向变形量，m；e_{0i}为第 i 层中点土自重应力所对应的孔隙比，由室内固结试验 e-p 曲线查得；e_{1i}为第 i 层中点土自重应力与附加应力之和所对应的孔隙比，由室内固结试验 e-p 曲线查得；h_i 为第 i 层土层厚度，m；ξ 为经验系数，对于正常固结饱和黏性土地基可取 $\xi=1.1\sim1.4$，荷载较大、地基土较软弱时取较大值，否则取较小值。

变形计算时，可取附加应力与土自重应力的比值为 0.1 的深度作为受压层的计算深度。在预压期间应及时整理竖向变形与时间、孔隙水压力与时间等关系曲线，并推算地基的最终竖向变形和不同时间的固结度，以分析地基处理效果，并为确定卸载时间提供依据。

工程上往往利用实测变形与时间关系曲线按下式推算最终竖向变形量 s_f 和参数 β 值：

$$s_f=\frac{s_3(s_2-s_1)-s_2(s_3-s_2)}{(s_2-s_1)-(s_3-s_2)} \tag{5-9}$$

$$\beta=\frac{1}{t_2-t_1}\ln\frac{s_2-s_1}{s_3-s_2} \tag{5-10}$$

式中：s_1、s_2、s_3 分别为加荷停止后时间 t_1、t_2、t_3 相应的竖向变形量，并要求取 $t_2-t_1=t_3-t_2$。

停荷后预压时间延续越长，推算的结果越可靠。有了 β 值即可计算出受压土层的平均固结系数，可计算出任意时间的固结度。

5.3.2 堆载预压法设计

堆载预压法设计的目的在于：根据上部结构荷载的大小、地基土的性质以及工期要求，合理安排排水系统和加压系统的关系，使地基在受压过程中快速排水固结，增加一部分强度以满足逐渐加荷条件下地基稳定性的要求，并加速地基的固结沉降、缩短预压时间。

堆载预压法设计包括加压系统设计、排水系统设计以及现场监测设计。加压系统设计主要是指堆载材料的选用、确定预压荷载的大小、荷载分级、加载速率和预压时间；排水系统设计包括竖向排水体的材料选用，确定竖向排水体的直径、间距、深度和排列方式；现场监测设计包括地面沉降、水平位移以及孔隙水压力观测点的布置。要求做到：①加固期限尽量短；②固结沉降要快；③充分增加强度；④注意安全。

1. 加压系统设计

堆载材料一般采用填土、砂石等散粒材料；油罐通常利用罐体充水对地基进行预压；对堤、坝等以稳定为控制的工程，则以其本身的重量有控制地分级逐渐加载，直至设计标高。

预压荷载大小应根据设计要求确定。对于沉降有严格限制的建筑，应采用超载预压法处理，超载量大小应根据预压时间内要求完成的变形量通过计算确定，并宜使预压荷载下受压土层各点的有效竖向应力大于建筑物荷载引起的相应点的附加应力。预压荷载顶面的范围应等于或大于建筑物基础外缘所包围的范围。

加载速率应根据地基土的强度确定。当天然地基土的强度满足预压荷载下地基的稳定性要求时，可一次性加载，否则应分级逐渐加载，待前期预压荷载下地基土的强度增长满足下一级荷载下地基的稳定性要求时方可加载，直至加到设计荷载。

首先用简便的方法确定一个初步的加荷计划，然后校核该加荷计划下地基的稳定性和沉降量，具体计算步骤如下：

①利用地基土的天然抗剪强度 c_u 计算第一级容许施加的荷载 p_1。一般可根据斯开普顿极限荷载的半经验公式作为初步估算，即

$$p_1=\frac{1}{K}5c_u(1+0.2\frac{B}{A})(1+0.2\frac{D}{B})+\gamma D \tag{5-11}$$

式中：K 为安全系数，建议采用 1.1～1.5；c_u 为天然地基土的不排水抗剪强度（由无侧限、三轴不排水剪切试验或原位十字板剪切试验测定），kPa；D 为基础埋置深度，m；A、B 为分别为基础的长边和短边长度，m；γ 为基础标高以上土的重度，kN/m^3。

对饱和软黏性土也可采用下式估算：

$$p_1=\frac{5.14c_u}{K}+\gamma D \tag{5-12}$$

对长条梯形填土，可根据 Fellenius 公式估算，即

$$p_1=\frac{5.52c_u}{K} \tag{5-13}$$

②计算第一级荷载 p_1 作用下地基强度的增长值。地基在 p_1 荷载作用下，经过一段时间预压，地基强度逐渐提高到：

$$c_{u1}=\eta(c_u+\Delta c_u') \tag{5-14}$$

式中：$\Delta c_u'$ 为 p_1 作用下地基因固结而增长的强度，与土层的固结度有关，一般可先假定一固结度，通常假定为 70%，然后求出强度增量 $\Delta c_u'$；η 为考虑剪切蠕动的强度折减系数。

③计算 p_1 作用下达到所定固结度（一般为 70%）所需要的时间（根据表 5-1 中的公式）。这一步计算的目的在于确定第一级荷载停歇的时间，亦即第二级荷载开始施加的时间。该时间可根据固结度与时间的关系求得。

④根据第②步骤所得到的地基强度 c_{u1} 计算第二级所能施加的荷载 p_2。p_2 可近似按下式估算：

$$p_2=\frac{5.52c_{u1}}{K} \tag{5-15}$$

在此基础上，求出在 p_2 作用下地基固结度达到70%时的地基强度以及所需要的时间。然后计算第三级所能施加的荷载，依次可计算出以后各级荷载和停歇时间。这样，初步的加荷计划就确定下来。

⑤按以上步骤确定的加荷计划进行每一级荷载下地基的稳定性验算。当地基稳定性不满足要求时，应调整上述加荷计划。

⑥计算预压荷载下地基的最终沉降量、预压期间的沉降量和剩余沉降量。这一步计算的目的在于确定预压荷载卸除的时间，此时地基在预压荷载下所完成的沉降量已达到设计要求，所剩余的沉降量是建筑物所允许的。

如果在预压期间地基沉降量不能满足设计要求，则可以采用超载预压，重新制定加荷计划。

2. 排水系统设计

(1)竖向排水体材料选择

排水竖井分普通砂井、袋装砂井和塑料排水板(带)。当竖向排水体长度超过 20m 时，建议采用普通砂井或塑料排水板。

(2)竖向排水体深度设计

竖向排水体深度一般为 10～25m，应根据建筑物对地基的稳定性、变形要求和工期确定。

①当软土层厚度较小(小于 20m)、底部有透水层时，竖向应尽可能穿透软土层。

②当深厚的高压缩性土层间有砂层或砂透镜体时，竖向应尽可能打至砂层或砂透镜体。

③对于无砂层的深厚地基则可根据其稳定性及建筑物在地基中造成的附加应力与自重应力之比值确定(一般为 0.1～0.2)。

④按稳定性控制的工程，如路堤、土坝、岸坡、堆料等，竖向深度应通过稳定分析确定，至少应超过最危险滑动面 2.0m。

⑤按沉降控制的工程，竖井深度应根据在限定的预压时间内需完成的变形量确定。

(3)竖向排水体平面布置设计

普通砂井直径可取 300～500mm，袋装砂井直径可取 70～120mm。塑料排水板常用当量换算直径表示，可按下式计算：

$$d_p=\frac{2(b+\delta)}{\pi} \tag{5-16}$$

式中：d_p 为塑料排水板当量换算直径，mm；b 为塑料排水板宽度，mm；δ 为塑料排水板厚度，mm。

竖向排水体直径和间距主要取决于土的固结性质和施工期限的要求。排水体截面大小以能及时排水固结为标准，由于软土的渗透性比砂性土小，所以排水体的理论直径可以很小。但直径过小，施工困难；直径过大，并不能显著增加固结速率。从原则上讲，为达到同样的固结度，缩短排水体间距比增加排水体直径效果要好，即井距和井间距的关系是“细而密”比“粗而稀”为佳。

竖向排水体在平面上可布置成等边三角形(梅花形)或正方形。正方形排列的每个砂井，其影响范围为一个正方形；等边三角形排列的每个砂井，其影响范围则为一个正六边形。因此，以等边三角形排列较为紧凑和有效。

在进行固结计算时，多边形作为边界条件求解较困难。为简化起见建议每个砂井的影响范围由多边形改为由面积与多边形面积相等的圆(见图 5-8)来求解。

等边三角形排列时：

$$d_e = l\sqrt{\frac{2\sqrt{3}}{\pi}} = 1.05l \tag{5-17}$$

正方形排列时：

$$d_e = l\sqrt{\frac{4}{\pi}} = 1.13l \tag{5-18}$$

式中：d_e 为排水竖井的有效排水直径；l 为排水竖井的间距。

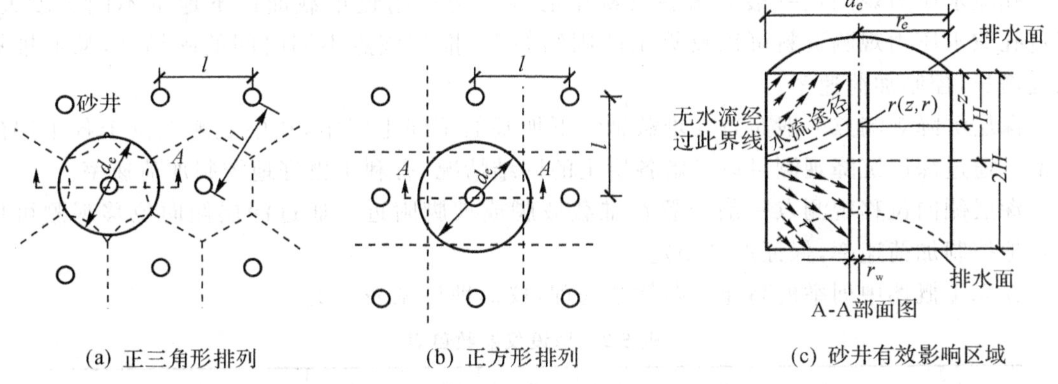

(a) 正三角形排列　(b) 正方形排列　(c) 砂井有效影响区域

图 5-8　砂井平面布置及有效影响区域剖面

排水竖井的间距 l 可根据地基土的固结特性和预定时间内所要求达到的固结度确定。设计时，竖井的间距可按井径比 n 选用($n=d_e/d_w$，d_w 为竖井直径，对塑料排水板可取 $d_w=d_p$)。塑料排水板或袋装砂井的间距可按 $n=15\sim22$ 选用，普通砂井的间距可按 $n=6\sim8$ 选用。

竖向排水体的布置范围一般比建筑物基础范围稍大为好。扩大的范围可由基础的轮廓线向外增大约 2～4m。

(4)砂料设计

制作砂井的砂宜采用中粗砂，砂的粒径必须能保证砂井具有良好的透水性。砂井粒度要不被黏土颗粒堵塞。砂应洁净，不含有草根等杂物，其黏粒含量不应大于 3%。

(5)地表排水砂垫层设计

为使砂井排水有良好通道，在竖井顶面必须铺设排水砂垫层，以连通各竖井将水排到工程场地以外。砂垫层砂料宜用中粗砂，黏粒含量不宜大于 3%，砂料中可混有少量粒径小于 50mm 的砾石。砂垫层的干密度应大于 $1.5g/cm^3$，其渗透系数宜大于 $1\times10^{-2}cm/s$。

砂垫层应形成一个连续的、有一定厚度的排水层，以免地基沉降时被切断而使排水通道堵塞。陆地上施工时，砂垫层厚度不应小于 500mm；水下施工时，一般为 1m。砂垫层的宽度应大于堆载宽度或建筑物的底宽，并伸出砂井区外边线 2 倍砂井直径。在预压区边缘应设置排水沟，在预压区内宜设置与砂垫层相连的排水盲沟。在砂料贫乏地区，可采用连通砂井的纵、横砂沟代替整片砂垫层。

3. 现场监测设计

对堆载预压工程，在加载过程中应进行竖向变形、边桩水平位移及孔隙水压力等项目的监测，且根据监测资料控制加载速率。有条件时，可布设径向地基中深层沉降和水平位移观测以及地下水位观测。

地面沉降观测是最基本、最重要的观测项目之一。观测点应沿场地对称轴线上设置，场地中心、坡顶、坡脚和场外10m范围内均需设置，以掌握荷载作用范围内地基的总沉降、荷载外地面沉降或隆起等。利用沉降观测资料可推算最终沉降量和估算地基的平均固结度以及堆载对邻近建筑物的可能影响。

地面水平位移观测点一般布置在堆载的坡脚，并根据荷载情况，在堆载作用面外再布置2～3排观测点。它是控制堆载预压加荷速率和监视地基稳定性的重要手段之一。

孔隙水压力观测点一般布置在堆载中心线和边线附近堆载面以下地基不同深度处。通过孔隙水压力观测资料可以反算土的固结系数、推算该点不同时间的固结度，从而推算强度增长，控制加荷速率。

深层沉降观测点一般布置在堆载轴线下地基的不同土层中，孔中观测点位于各土层的顶部。通过深层沉降观测可以了解各层土的固结情况，有利于更好地控制加荷速率。

深层侧向位移观测点一般布置在堆载坡脚或坡脚附近。通过深层侧向位移观测可更有效地控制加荷速率，保证地基稳定。

在5.1概述中列举的高速公路软基处理，仪器埋设见表5-2。

表5-2 埋设仪器数目表

序号	项目	符号	Ⅳ段面	Ⅴ段面	Ⅵ段面	总数	备 注
1	分层沉降标	①	1	1	1	3	
2	地表沉降标	○	3	3	3	9	
3	涤层沉降标	⊙	1	1	1	3	
4	测斜标	⊖	2	3	3	8	兼测分层沉降
5	边桩	·	6	6	8	20	
6	土压力盒	⊥	0	7	7	14	
7	孔隙水压力计	+	12	12	12	36	
8	单孔出水量井	⊕	2	2	0	4	
9	地下水位井	#	1	2	1	4	每个段面南边各一只，Ⅴ段面北侧加一井

由于Ⅳ、Ⅴ、Ⅵ三段面间地层的特殊情况，即路基边有新开的河道，为更好地观察河道边路基的位移、沉降，边桩的埋设有所改变，即适当增加河道的边桩。埋设平面布置图见图5-9。

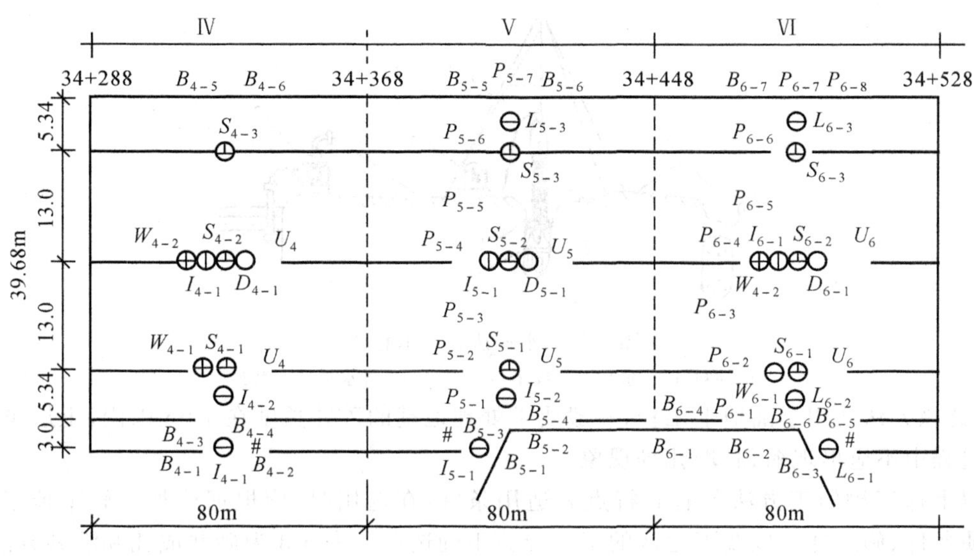

图 5-9　埋设平面布置图

5.3.3　施工及质量检验

1. 施工方法

按施工的先后顺序，堆载预压法的施工工艺分为设置竖向排水体、铺设水平排水垫层和施加固结压力。

(1)竖向排水体施工

常见的竖向排水体包括普通砂井、袋装砂井和塑料排水板(带)，下面分别作介绍。

①普通砂井施工

普通砂井的直径一般为 300～500mm。砂井施工一般先在地基中成孔，再在孔内灌砂形成砂井。施工方法主要有沉管法、水冲法和钻孔法。

(a)沉管法

根据沉管工艺的不同，沉管法又可以分为静压沉管法、锤击沉管法、锤击与静压联合沉管法和振动沉管法等。

(b)水冲法

水冲法是在直径为 50～70mm 的冲管(一般为无缝钢管)下端装一个圆锥形射水喷头，喷头锥曲上钻有数个直径为 3～5mm 的喷射孔，并焊有 3～5 个三角形翼片(或环形切刀)，用以切土。在冲管上端设置水接头并用耐压胶管与高压水泵联结，冲孔时用配有卷扬机的三角架将冲管吊起，并使射水喷头插入预先挖好的孔坑内。开动高压水泵，高压水射出冲切孔底土体，冲管在自重作用下沉至设计深度。成孔后经清孔，再向孔内灌砂形成砂井，如图5-10所示。

水冲法成孔适用于土质较好且均匀的黏性土地基，但对于土质很软的淤泥，以及夹有粉砂薄层的软土地基，使用该方法容易造成缩孔、串孔和地基扰动大等问题，不容易保证成孔和灌砂质量，应慎重采用。

(c)钻孔法

钻孔法以动力螺旋钻钻孔，钻至预定深度，清孔后灌砂形成砂井。由于为干法钻进施

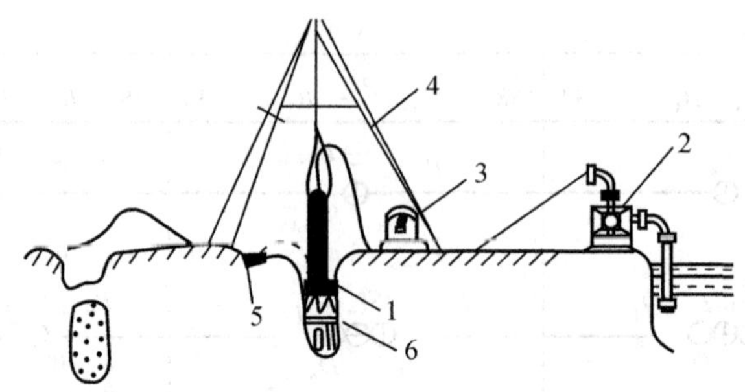

图 5-10 水冲法施工示意图

1—冲管；2—水泵；3—绞车；4—钻架；5—排水沟；6—喷头

工，因此该方法适用于陆地上工程，一般要求处理地基的砂井长度在 10m 以内，土层虽软但钻进过程中不应出现缩颈、塌孔等现象。

以上这三种施工方法各有其特点和适用条件，在选用时，应根据待加固软土地基的工程地质条件、施工环境以及本地区的工程经验正确选用。表 5-3 为砂井成孔和灌砂方法。

表 5-3 砂井成孔和灌砂方法

类型	成孔方法		灌砂方法	
使用套管	管端封闭	冲击打入 振动打入	用压缩空气	静力提拔套管 振动提拔套管
		静力压入	用饱和砂	静力提拔套管
	管端敞口	射水排土 螺旋钻排土	浸水自然下沉	静力提拔套管
不使用套管	旋转、射水 冲击、射水		用饱和砂	

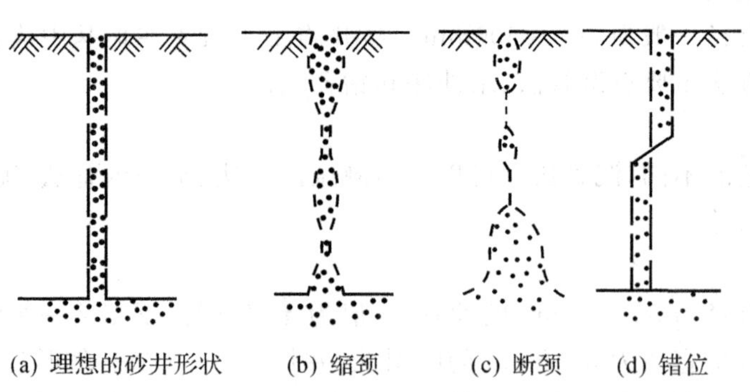

(a) 理想的砂井形状 (b) 缩颈 (c) 断颈 (d) 错位

图 5-11 砂井可能产生的质量事故

在砂井施工时，砂井的长度、直径和间距应满足设计要求，同时还应注意：

• 砂井的砂料应选用中粗砂，其黏粒含量不应大于 3%。

• 砂井的灌砂量，应按井孔的体积和砂在中密状态时的干密度计算，其实际灌砂量不得小于计算值的 95%。

• 灌入砂袋中的砂宜用干砂，并应灌制密实。

• 保证砂井连续、密实，防止出现缩颈、断颈或错位现象(图 5-11)，尽量减小对周围土的扰动。

②袋装砂井施工

袋装砂井的直径一般为 70～120mm。普通砂井施工速度慢、工程量大、造价较高，且容易造成砂井的不连续和缩颈现象。袋装砂井则基本上克服了以上缺点，使砂井的设计和施工更加科学化，保证了砂井的连续性，且用砂量大大减少；施工设备实现了轻型化，比较适应在软弱地基上施工；施工速度较快、工程造价降低，是一种比较理想的竖向排水体。

(a)施工机具和工效

在国内，袋装砂井成孔的方法有锤击打入法、水冲法、静力压入法、钻孔法和振动贯入法等五种。袋装砂井的施工设备，一般为导管式的振动打设机械，常见的有轨道门架式、履带臂架式、步履臂架式、吊机导架式等，图 5-12 所示为步履式砂井机。

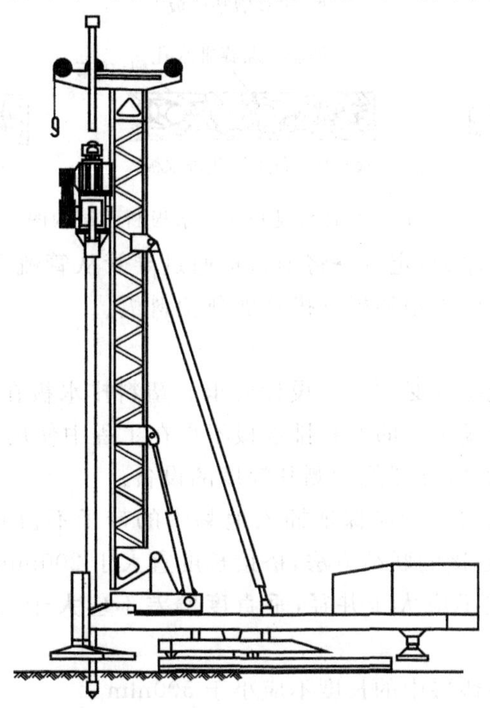

图 5-12　ZJB-16 步履式砂井机

(b)砂袋材料的选择

砂袋材料必须选用抗拉力强、抗腐蚀和抗紫外线能力强、透水性能好、韧性和柔性好、透气并且在水中能起滤网作用和不外露砂料的材料制作。国内砂袋材料采用的主要有麻布袋和聚丙烯编织袋。

(c)施工程序及要求

袋装砂井的施工程序包括：立位→整理桩尖(活瓣桩尖、混凝土预制桩尖)→沉入导管→砂袋装入导管→管内灌水(减少砂袋与管壁的摩擦力)→拔管→与砂垫层联结。

袋装砂井施工应注意以下问题：

- 袋装砂井施工所用套管内径宜略大于砂井直径。
- 袋装砂井埋入砂垫层中的长度不应小于 500mm。
- 要求平面井距偏差不应大于井径，垂直度偏差不应大于 1.5%，深度不得小于设计要求。

③塑料排水板(带)施工

塑料排水板的打设机械与袋装砂井的打设机械可通用,只需将圆形导管改为矩形导管即可。

塑料排水板(带)的宽度多为100mm左右,厚度为3~7mm。由于塑料排水板具有排水畅通、质量轻、强度高、耐久性好等特点,是一种比较理想的新型竖向排水体。塑料排水板一般由芯板和滤膜组成,断面结构形式见图5-13。其中,芯板是由聚丙烯和聚乙烯塑料加工成两面有间隔沟槽的板体,滤膜一般采用耐腐蚀的涤纶衬布。

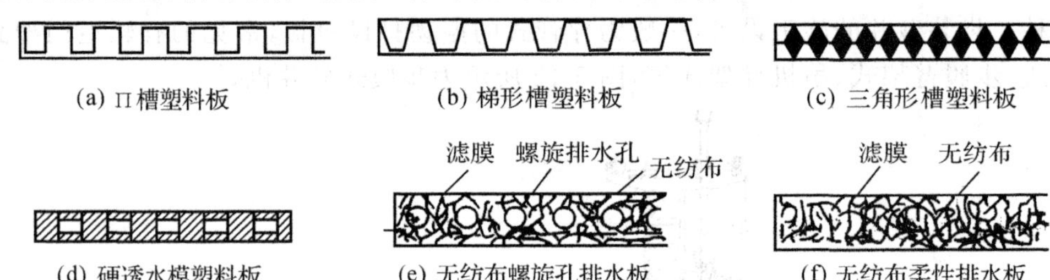

图5-13 几种常见塑料排水板断面结构图

塑料排水板的打设程序为:定位→将塑料板通过导管从管靴穿出→将塑料板与桩尖联结贴紧管靴并对准桩位→插入塑料板→拔管剪断塑料板。

塑料排水板施工中应注意:

• 塑料排水板的性能指标必须符合设计要求。塑料排水板在现场应妥加保护,防止阳光照射、破损或污染,破损或污染的塑料排水板不得在工程中使用。

• 塑料排水板施工时,宜配置能检测其深度的设备。

• 塑料排水板施工所用套管应保证插入地基中的带子不扭曲。塑料排水板需要接长时,应采用滤膜内芯带平搭接的联结方法,搭接长度宜大于200mm。

• 要求平面井距偏差不应大于井径,垂直度偏差不应大于1.5%,深度不得小于设计要求。

• 塑料排水板埋入砂垫层中的长度不应小于500mm。

(2)水平排水垫层的施工

水平排水垫层的作用是使在预压过程中从土体进入垫层的渗流水能迅速地排出,加快土层的排水固结,防止土颗粒堵塞排水系统。它与竖向排水体相连,又称为排水砂垫层。因此,垫层的质量将直接关系到加固效果和预压时间的长短。

①垫层材料

砂垫层材料应采用透水性好的砂料,一般选用级配良好的中粗砂,黏粒含量不宜大于3%,无杂质和有机质混入,其渗透系数宜大于10^{-2}cm/s,一般不低于10^{-3}cm/s,同时能起到一定的反滤作用。一般不宜采用粉、细砂。

②垫层尺寸

排水砂垫层的厚度首先要满足及时排水的要求,有时还起到持力层的作用。一般情况下,陆地上排水垫层厚度为0.5m左右,水下垫层为1.0m左右。对新吹填不久的或无硬壳层的软黏土及水下施工的特殊条件,应采用厚的或混合粒排水垫层。排水砂垫层宽度等于铺设场地宽度,砂料不足时,可用砂沟代替砂垫层。砂沟的宽度为2~3倍砂井直径,一般深度为 40～60cm。

③垫层施工

排水砂垫层的施工方法根据建筑场地的地基土条件而定。当软土地基具有硬亮层时，若承载力较好，采用机械分堆摊铺法。若承载力较差采用顺序推进摊铺法；当软土地基表面较软时，地基表面首先铺设加强筋，如荆笆、塑料编织网、土工织物等，然后采用轻型机械铺砂；对于超软地基，地基表面首先铺设加强筋，如荆笆、塑料编织网、土工织物等，然后人力顺序推进铺设，或皮带运输机传送回垫；也可采用水力泵输砂铺垫法(水力冲填)。

不论采用何种施工方法，都应避免对软土表层的过大扰动，以免造成砂和淤泥混合，影响垫层的排水效果。另外，在铺设砂垫层前，应清除干净砂井顶面的淤泥或其他杂物，以利砂井排水。

(3)加压系统的施工

堆载预压法的固结压力(荷载)主要有两类：建(构)筑物本身的重量，如堤、坝、道路等；外加预压荷载。

堆载预压的材料一般以散料为主，如石料、砂、砖等。堆载的顶面积不小于建筑物底面积，堆载的底面积也应适当扩大，保证建筑物范围内的地基得到均匀加固。

对于路堤、土石坝、油罐等构筑物，由于填土高、荷载大，地基的强度不能满足快速填筑的要求，在施工中应要求严格控制加荷速率，采用逐层填筑的方法，以确保地基的稳定性。对超软地基的堆载预压，大面积施工时通常采用自卸汽车与推土机联合作业，第一级荷载宜采用轻型机械或人工作业。

2. 施工检测、控制及质量检验

(1)检测项目

堆载预压法加固地基属于半隐蔽工程，需进行质量检测以保障施工安全。施工现场测试项目主要有孔隙水压力观测、沉降观测、边桩水平位移观测、地下水位观测和地基土物理力学指标检测等。实验室测试项目主要是对施工材料和地基土物理力学指标检测。

①孔隙水压力观测

利用孔隙水压力的现场观测资料，可推算该点不同时间的固结度和强度增长，并确定下一级施加荷载的大小。同时，根据孔隙水压力和荷载的关系曲线可判断该点是否达到屈服状态，可用来控制加荷速率，避免加荷过快而造成地基破坏。在堆载预压工程中，一般在场地中央、载物坡顶部及载物坡脚不同深度处设置孔隙水压力观测仪器。测孔中测点布置垂直距离为 1～2m，不同土层处也应设置测点。测孔深度应大于待加固地基的深度。

目前常用钢弦式孔隙水压力计和双管式孔隙水压力计来测试孔隙水压力。钢弦式孔隙水压力计的构造原理与土压力盒相似，其主要优点是反应灵敏，时间延滞短，长期稳定性也较好，适用于荷载变化比较迅速的情况，也便于实现原位测试技术的电气化和自动化；双管式孔隙水压力计耐久性能好，但常有压力传递的滞后现象。另外，容易在接头处发生漏气，并能使传递压力的水中逸出大量气泡，影响测读精度。

②沉降观测

饱和软土地基在堆载预压过程中容易发生加荷过快引起地基剪切破坏，地基土产生侧向挤出，引起地面显著沉降等现象。可利用沉降观测来及时掌握和控制加荷速率，以免地基发生破坏。沉降观测内容包括荷载作用范围内地基的总沉降、荷载外地面沉降或隆起、分层沉降以及沉降速率等。

堆载预压工程的地面沉降标应沿场地对称轴线上设置，场地中心、坡顶、坡脚和场外10m范围内均需设置地面沉降标，以掌握整个场地的沉降情况和场地周围地面隆起情况。深层沉降一般采用磁环或分层沉降观测仪在场地中心设置一个测孔，孔中测点位于各土层的顶部。沉降观测的一般要求为：对竖井地基，场地最大竖向变形量不宜超过15mm/d，对天然地基，最大竖向变形量不宜超过10mm/d。

③水平位移观测

水平位移观测包括边桩水平位移和深层水平位移两部分，是控制堆载预压加荷速率的重要手段之一。地表水平位移标一般由木桩或混凝土桩制成，布置在预压场地的对称轴线上场地边线以外。深层水平位移则由测斜仪测定，测孔中测点距离为1～2m。控制原则为：预压地基场地周边外1.0m左右的土体地面水平位移不超过5mm/d，位移速率加快应停止加荷。

④施工材料及地基土物理力学指标检测

在堆载预压法施工过程中应进行施工材料的性能检验。对于塑料排水板，必须在现场随机抽样送往实验室进行性能指标的测试，测试指标包括纵向通水量、复合体抗拉强度、滤膜抗拉强度、滤膜渗透系数和等效孔径等。对于砂井和砂垫层砂料，必须取样进行颗粒分析和渗透性试验。

⑤竣工检验

堆载预压法竣工验收，应检验处理深度范围内和竖井底面以下受压土层的强度。主要方法是在预压区内选择有代表性地点预留孔位，对堆载预压法在堆载不同阶段，进行不同深度的十字板抗剪强度试验和取土进行室内试验，以验算地基的抗滑稳定性，并检验地基的处理效果。必要时，进行现场载荷试验，试验数量不应少于3个。

(2)地基破坏前的变形特征

地基变形是判别地基破坏的重要指标。对于软土地基，一旦接近破坏，其变形量就会急剧增加，故根据变形量的大小可以大致判别破坏预兆。

在堆载预压情况下，地基破坏前有如下特征：

①堆载顶部和斜面出现微小裂缝。

②堆载中部附近的沉降量s急剧增加。

③堆载坡趾附近的侧向水平位移δ_H向堆载外侧急剧增加。

④堆载坡趾附近地面隆起。

⑤停止堆载后，堆载坡趾的水平位移和坡趾附近地面的隆起继续增大，地基内孔隙水压力也继续上升。

(3)判别地基破坏的方法

①现场测试判别

通过现场测试，判别地基破坏的具体方法有：

(a)根据沉降s和侧向位移δ_H判别

利用s和δ_H的关系，即同时测试堆载中部的沉降量s和堆载坡趾侧向位移δ_H。日本富永和桥本指出：当δ_H/s值急剧增加时，意味着地基接近破坏。如图5-14所示，当预压荷载较小时，s-δ_H曲线应与s轴有个夹角，测点在E线上移动。当预压荷载接近破坏荷载时，δ_H

增加要比 s 增加显著，如图中的Ⅰ、Ⅱ所示。

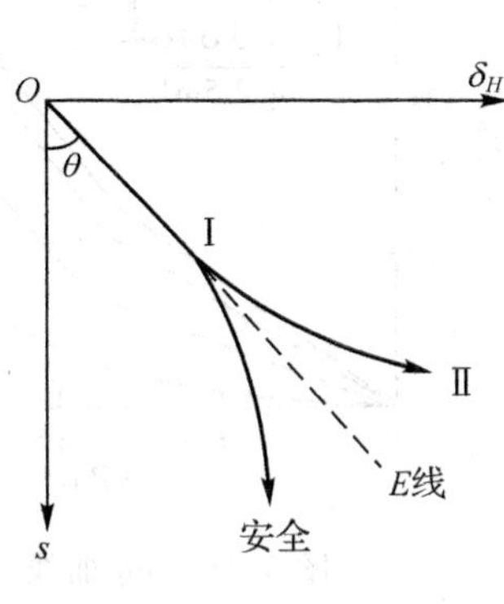

图 5-14　s-δ_H 曲线

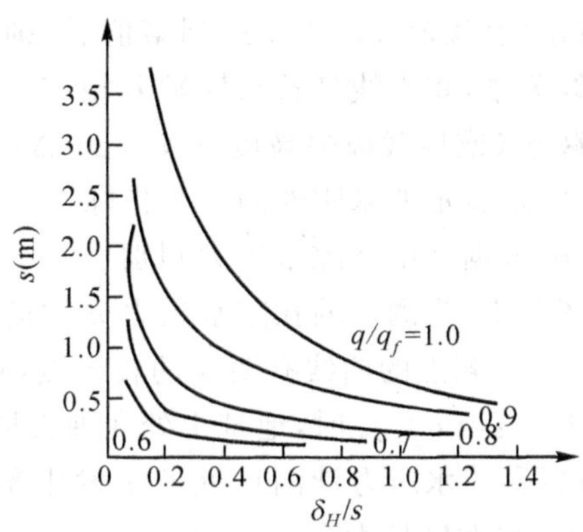

图 5-15　判别堆载的安全图

（q—任意时刻的荷载；q_f—地基土破坏时的荷载）

尽管影响地基稳定的因素很复杂，条件各不相同，但地基破坏时 s 与 δ_H/s 关系大致在一条曲线上，如图 5-15 中 $q/q_f=1.0$ 的曲线，该曲线称为破坏基准线。

将堆载过程中实测到的变形值绘制在 s-δ_H 图上，视其规律是接近还是远离破坏基准线，如接近破坏基准线，则表示接近破坏；远离则表示安全稳定。根据国外工程实例，堆载各位置上出现的裂缝，其 q/q_f 值大多为 0.8～0.9。

(b)根据侧向位移速率判别

该方法是以堆载坡趾侧向位移速率 $\Delta\delta_H/\Delta t$ 不超过某极限值作为判别标准。$\Delta\delta_H/\Delta t$ 的极限值是随荷载大小、形状、土质等不同而变化的。日本栗原和一本在泥炭土上试验表明：当 $\Delta\delta_H/\Delta t$ 为 20mm/d 时，在堆载顶面上就产生裂缝，可将该值作为控制堆载速度的标准。

(c)根据侧向位移系数判别

图 5-16 是荷载 q(或堆高 h)、时间 t 和侧向位移 δ_H 的关系图。采用分级堆载，在某级荷载的 Δt 时间内，侧向位移增量为 $\Delta\delta_H$(Δt 取等间隔)，有一个 Δq 就有一个相应的 $\Delta\delta_H$ 值，就可绘制出 $\Delta q/\Delta\delta_H$-q(或 h)曲线(图 5-17)。

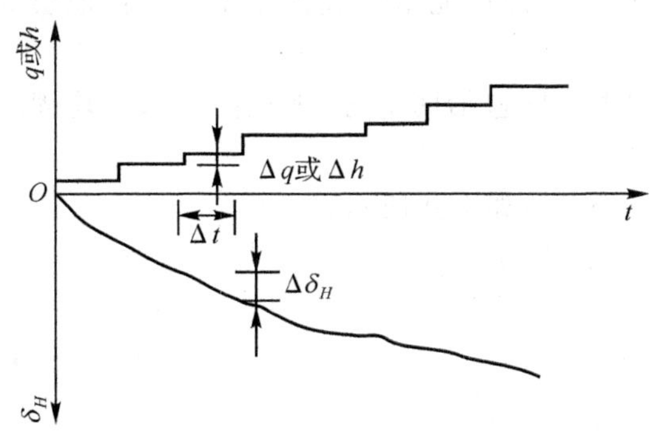

图 5-16　q、δ_H-t 曲线

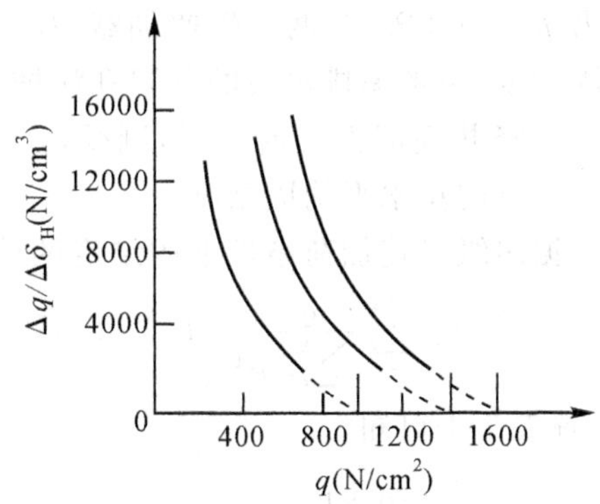

图 5-17　$\Delta q/\Delta\delta_H$-q 曲线

由图 5-17 可知，当 q（或 h）值较小时，$\Delta q/\Delta\delta_H$（或 $\Delta h/\Delta\delta_H$）值就较大。当 q 达到某值后，则 q 与 $\Delta q/\Delta\delta_H$ 成直线关系，将直线延长与横轴 q 相交，则该交点为极限荷载 q_f（或堆载极限高度 h_f）。$\Delta q/\Delta\delta_H$ 为侧向位移系数，它是表示地基刚性的一个指标。

(d)根据土中孔隙水压力判别

图 5-18 为测定的孔隙水压力 u 和荷载 q 的曲线，1、2、3 三个测点的曲线有明显的转折点，对应于转折点荷载为 q_y：当 $q<q_y$ 时，地基土处在弹性阶段；当 $q=q_y$ 时，设置孔隙水压力计测点处的土发生塑性挤出；当 $q>q_y$ 时，塑性区扩大。

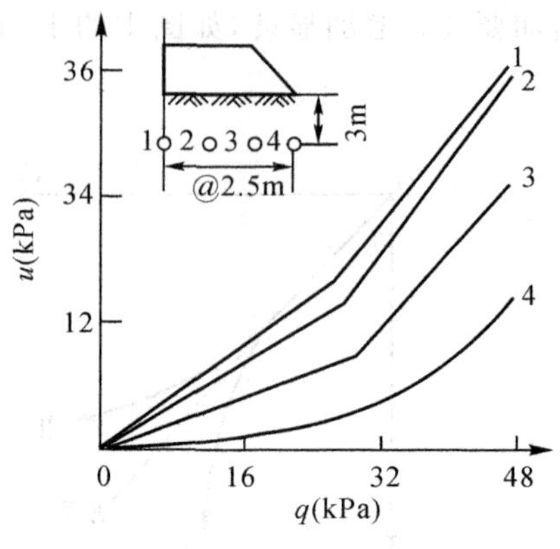

图 5-18 u-q 曲线

q_y 与极限荷载 q_f 间存在如下的关系：$q_f/q_y=1.6$。亦即在 u-q 图中，当出现直线的折点时，极限荷载（或极限高度）为该点荷载的 1.6 倍。

②根据经验值判别

根据某些工程经验，加荷期间若超过以下三项指标时，地基有可能破坏：

- 在堆载中心点处，埋设地面沉降观测点的地面沉降量每天超过 10mm。
- 堆载坡趾侧向位移（在坡趾埋设测斜管或打入边桩）每天超过 4mm。
- 在地基不同深度处孔隙水压力超过预压荷载所产生应力的 50%～60%。

(4)卸荷标准

预压到某一程度后可卸载，卸载标准为：

- 地面总沉降量大于预压荷载下最终计算沉降量的 80%。
- 地基总固结度大于 80%。
- 地面沉降速率小于 0.5～1.0mm/d，沉降变化曲线趋于平缓。

5.3.4 工程实例

某建筑物地基土层为淤泥质黏土，固结系数 $c_h=c_v=1.5\times10^{-3}\text{cm}^2/\text{s}$，受压土层厚度为 18m，采用塑料排水板（宽度 $b=100$mm，厚度 $\delta=4.5$mm）竖井，排水板为等边三角形布置，间距 $l=1.1$m，深度为 $H=18$m，砂井底部为不透水黏土层，砂井打穿受压土层。预压荷载总压力 $p=100$kPa，分两级等速加载，如图 5-19 所示。计算地基堆载预压 110d 后，地层的平均固结度（不考虑排水板的井阻和涂抹影响）。

由于竖井底部为不透水层，则受压土层平均固结度包括两部分，即径向排水平均固结度和向上竖向排水平均固结度。

根据多级等速加荷条件下固结度的计算公式(5-1)，如下式所示：

$$\overline{U_t}=\sum_{i=1}^{n}\frac{q_n}{\sum\Delta p}\left[(T_i-T_{i-1})-\frac{\alpha}{\beta}e^{-\beta t}(e^{\beta T_i}-e^{\beta T_{i-1}})\right]$$

其中：查表 5-1 可知

$$\alpha=\frac{8}{\pi^2}=0.81$$

$$\beta=\frac{8c_h}{F_n d_e^2}+\frac{\pi^2 c_v}{4H^2}$$

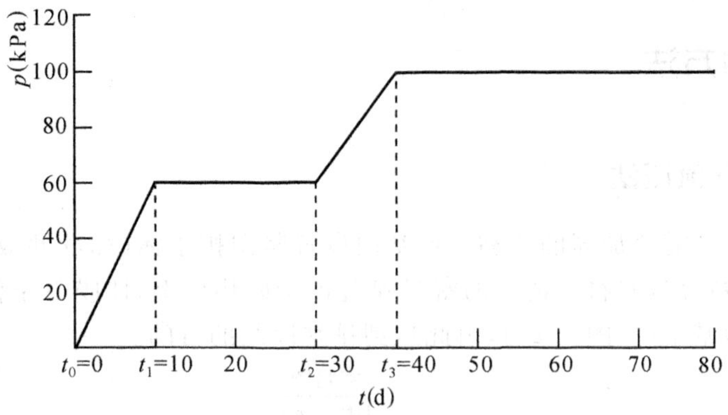

图 5-19　堆载预压法加载曲线

塑料排水板当量换算直径 $d_p=\dfrac{2(b+\delta)}{\pi}=66.56\text{mm}$，由于塑料排水板为等边三角形布置，所以排水竖井的有效排水直径 $d_e=1.05l=1.16\text{m}$。

井径比 $n=d_e/d_w$，d_w 为竖井直径，对塑料排水板可取 $d_w=d_p$。所以 $n=17.43$，则有

$$F_n=\frac{nb^2}{n^2-1}\ln n-\frac{3n^2-1}{4n^2}=2.12$$

$$\beta=\frac{8c_h}{F_n d_e^2}+\frac{\pi c_v}{4H^2}=\frac{8\times 1.5\times 10^{-3}}{2.12\times 116^2}+\frac{3.14^2\times 1.5\times 10^{-3}}{4\times 1800^2}$$
$$=4.221\times 10^{-7}(1/\text{s})=0.0365(1/\text{d})$$

第一级荷载的平均加荷速度率为

$$\dot{q}_1=60/10=6\ (\text{kPa/d})$$

第二级荷载的平均加荷速度率为

$$\dot{q}_2=40/10=4\ (\text{kPa/d})$$

则地基预压 110d 后的总固结度为

$$\overline{U_t}=\sum_{i=1}^{n}\frac{\dot{q}_n}{\sum\Delta p}\left[(T_i-T_{i-1})-\frac{\alpha}{\beta}e^{-\beta t}(e^{\beta T_i}-e^{\beta T_{i-1}})\right]$$
$$=\frac{\dot{q}_1}{\sum\Delta p}\left[(T_1-T_0)-\frac{\alpha}{\beta}e^{-\beta t}(e^{\beta T_1}-e^{\beta T_0})\right]$$
$$+\frac{\dot{q}_2}{\sum\Delta p}\left[(T_3-T_2)-\frac{\alpha}{\beta}e^{-\beta t}(e^{\beta T_3}-e^{\beta T_2})\right]$$
$$=\frac{6}{100}\left[(10-0)-\frac{0.81}{0.0365}e^{-0.0365\times 110}(e^{0.0365\times 10}-e^{0})\right]$$
$$+\frac{4}{100}\left[(40-30)-\frac{0.81}{0.0365}e^{-0.0365\times 110}(e^{0.0365\times 40}-e^{0.0365\times 30})\right]$$
$$=0.97$$

当考虑涂抹和井阻影响时，竖井穿透受压土层地基的平均固结度公式、算法与上述相同，但应注意 α、β 参数取值有所区别。

5.4 其他方法

5.4.1 真空预压法

真空预压法是在需要加固的软黏土地基内设置竖向排水体(如砂井或塑料排水板等),然后在地面铺设砂垫层,并将不透气的密封膜覆盖于砂垫层上,使膜下土体抽成真空,产生负压荷载作用于地基土(见图 5-20),由此达到排水固结的目的。

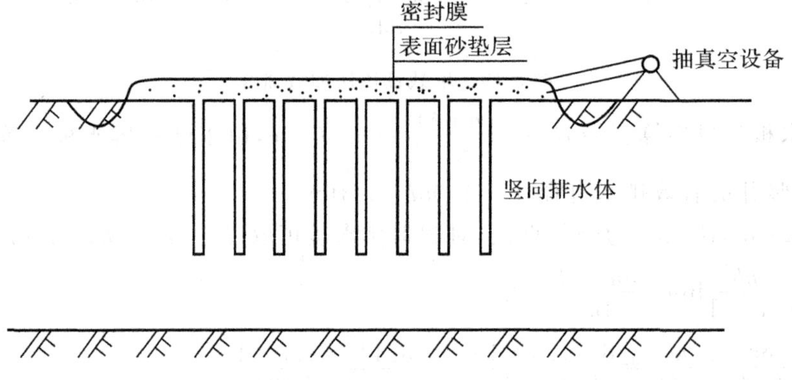

图 5-20 真空预压加固地基示意图

真空预压法适用于一般软黏土地基。由于真空预压法是在地基中产生等向负压力($-u$)而使土层固结,地基剪应力不增加。因此,地基不会产生剪切破坏,对软弱黏土层是很有利的。

1. 真空预压法设计

真空预压法的设计与计算内容包括:竖向排水体的断面尺寸、间距、排列方式和深度的选择,预压区面积和分块大小,真空预压工艺,要求达到的真空度和土层的固结度,真空预压和建筑物荷载下地基的变形计算,真空预压后地基土的强度增长计算,等等。

真空预压区边缘应大于建筑物基础轮廓线,每边增加量不得小于 3m。每块顶压面积宜尽可能大且呈方形。排水竖井的尺寸、间距、排列方式和深度的确定可参照堆载预压法。砂井的砂料应选用中粗砂,其渗透系数应大于 1×10^{-2} cm/s。真空预压所需抽真空设备的数量,可按加固面积的大小和形状、土层结构特点,以一套设备可抽真空的面积为 1000～1500m^{-2}确定。对于表层存在良好的透气层或在处理范围内有充足水源补给的透水层时,应采取有效措施隔断透气层或透水层。对于复杂条件地基,应通过试验确定工程设计参数。

工程实践表明,真空预压效果和密封膜内所能达到的真空度关系极大。当采用合理的施工工艺和设备时,膜内真空度一般都能维持在 600mmHg 左右,相当于 80kPa 的真空压力,一般可作为最大膜内设计真空度。《建筑地基处理技术规范》(JGJ 79—2002)规定,真空预压的膜下真空度应稳定地保持在 650mmHg 以上,且应均匀分布。当建筑物的荷载超过真空预压的压力,且建筑物对地基变形有严格要求时,可采用真空—堆载联合预压法,其总压力宜超过建筑物的荷载。

地基土的固结度、强度增长以及变形计算可参照堆载预压法。竖井深度范围内土层的平均固结度应大于90%。真空预压地基最终竖向变形可按式(5-12)计算,其中 ξ 可取0.8～0.9。真空—堆载联合预压法以真空预压为主时,ξ 可取0.9。

2. 真空预压法施工

真空预压的抽气设备宜采用射流真空泵,空抽时必须达到95kPa以上的真空吸力。真空泵的设置应根据预压面积大小和形状、真空泵效率和工程经验确定,但每块预压区至少应设置两台真空泵。

真空管路的联结应严格密封,在真空管路中应设置止回阀和截门。水平向分布滤水管可采用条状、梳齿状及羽毛状等形式(如图5-21和图5-22所示)。滤水管布置宜形成回路。滤水管应设在砂垫层中,其上覆盖厚度100～200mm的砂层。滤水管可采用钢管或塑料管,外包尼龙纱或土工织物等滤水材料。

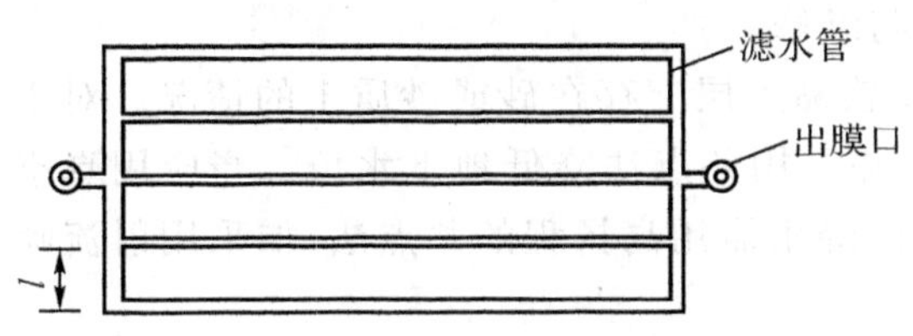

图5-21　滤水管条形排列图

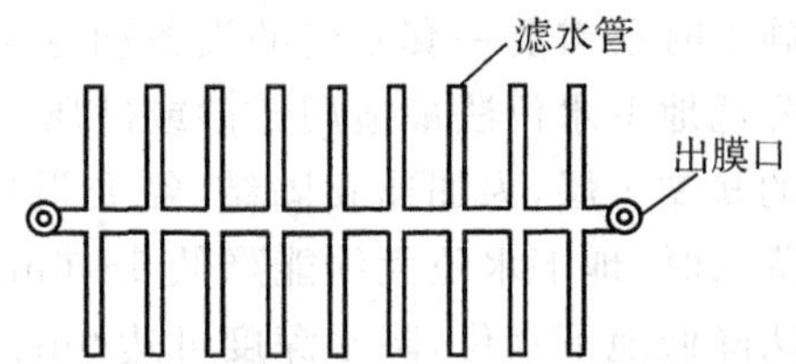

图5-22　滤水管鱼刺排列图

密封膜应采用抗老化性能好、韧性好、抗穿刺性能强的不透气材料。密封膜热合时宜采用双热合缝的平搭接,搭接宽度应大于15mm。密封膜宜铺设三层,膜周边可采用挖沟埋膜(图5-23)、平铺(图5-24)并用黏土覆盖压边、围埝沟内及膜上覆水等方法进行密封。

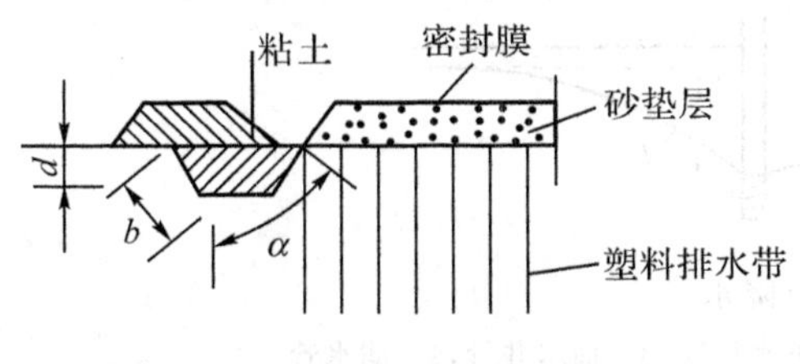

图5-23　密封沟示意图

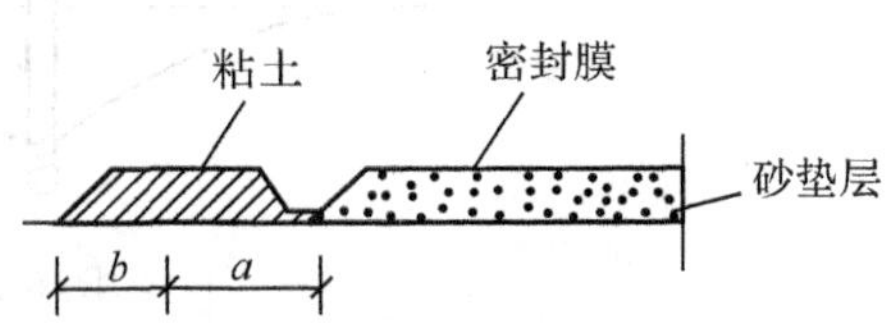

图5-24　平铺膜示意图

3. 真空预压法质量检验

真空预压工程除应进行地基变形、孔隙水压力的监测外,尚应进行膜下真空度和地下水位的量测。

5.4.2　真空—堆载联合预压法

采用真空—堆载联合预压法时,先进行抽真空,当真空压力达到设计要求并稳定后,再进行堆载,并继续抽气。该工艺既能加固超软土地基,又能较高地提高地基承载力,其工艺流程为:铺砂垫层→打设竖向排水通道→铺膜→抽气→堆载→结束。

真空—堆载联合预压法施工时,除了要按真空预压和堆载预压的要求进行以外,还应注意以下几点:

①堆载前要采取可靠措施保护密封膜(如铺设土工编织布等),防止堆载时刺破密封膜。

②堆载底层部分应选颗粒较细且不含硬块状的堆载物,如砂料等。

③选择合适的堆载时间和荷重。堆载部分的荷重为设计荷载与真空等效荷载之差。

如果堆载部分荷重较小，可一次施加；如果荷重较大，应根据计算分级施加。

堆载时间应根据理论计算确定，现场可根据实测孔隙水压力资料计算当时地基强度值来确定堆载时间和荷重。一般可在膜内真空度值达 80kPa 后 7～10d 开始堆载；若天然地基很软，可在膜内真空度值达到 80kPa 后 20d 开始堆载。

5.4.3 降低地下水位法

降低地下水位法是指借助井底抽水，降低地下水位，增大土体有效应力而使土体得到加固的一种地基处理方法。与堆载预压法相比，降低地下水位法使土中孔隙水压力降低，所以不会使土体发生破坏，不需要控制加荷速率，可一次降水至预定深度。该方法的优点是：施工简单、方法经济。缺点是：降低地下水位可能会引起临近建筑物的附加差异沉降，并且施工时还需要一套专门的设备和专人管理与维修。

降低地下水位法最适用于砂或砂质土，或在软黏土层上存在砂或砂质土的情况。对于深厚的软黏土层，为加速其固结，需要设置砂井并采用井点法降低地下水位。当应用真空装置降水时，地下水位大约能降低 5～6m，更深的降水需用高扬程的井点法，如采用射流喷射方法降低地下水位，降水深度可达 9m。

降水方法主要有单层轻型井点、多层轻型井点、喷射井点、电渗井点、管井井点和深井井点等。井点降水，一般是先用高压射水将井管外径为 38～50mm、下端具有长约 1.7m 的滤管沉到所需深度，并将井管顶部用管路与真空泵相连，借真空泵的吸力使地下水位下降，形成漏斗状的水位线，如图 5-25 所示。

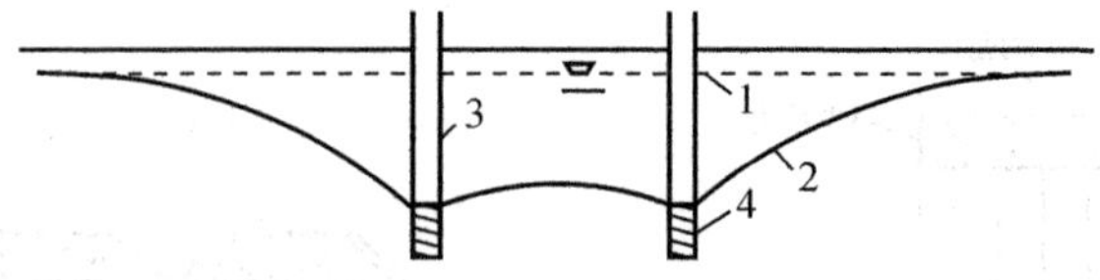

图 5-25 井点降水

1—抽水前的地下水位线；2—抽水后的地下水位线；3—抽水井管；4—滤水管

确定降水方法取决于地基土类型、透水层位置及厚度、水的补给源、井点布置形状、水位降深、粉粒及黏土的含量等。井管间距视土质而定，一般为 0.8～2.0m，井点可按实际情况进行布置。滤管长度一般取 1～2m，滤孔面积应占滤管表面积的 20％～25％，滤管外包两层滤网及棕皮，以防止滤管被堵塞。降水 5～6m 时，降水预压荷载可达到 50～60kPa，相当于堆高 3m 左右的砂石料，且相对工程量较小。如果采用多层轻型井点或喷射井点等其他降水方法，则其效果将更为显著。日本常将此法与砂井结合使用。

5.4.4 电渗排水法

电渗排水法的基本原理是：在土中插入金属电极并通以直流电，由于直流电场的作用，土中的水分从阳极流向阴极，若将水在阴极排除而在阳极不予补充的情况下，土中水被排出，土层固结。

电渗是一种耦合流，是在电位作用下产生的孔隙水流动现象。土体在电场作用下除产生电渗外，还会产生电泳、电渗析和形成次生化合物等电化学反应。L. Casagrande 于 1939 年首先将电渗用于排水和边坡稳定加固，此后该法应用于不同类型的软黏土加固工程，我国于 20 世纪 50 年代末期开始对电渗降水和加固进行试验研究，近年来在软黏土电渗加固方面取得一定工程经验。

在饱和粉土或粉质黏土、正常固结黏土以及孔隙水电解浓度低的情况下，应用电渗法既经济而又有效。在工程上，电渗排水法主要用于降低软黏土中的含水量或地下水位，提高土坡或基坑边坡的稳定性，或联合堆载预压法，加速饱和黏土地基的固结沉降等。

习　题

5-1　排水固结法由哪些系统构成？

5-2　采用排水固结法进行地基处理有几种方法？

5-3　试述排水固结法的加固机理。

5-4　堆载预压法和真空预压法的加固机理有何区别？

5-5　试述砂井堆载预压法加固地基的设计内容与设计步骤。

5-6　选用砂井、袋装砂井和塑料排水板时的区别是什么？各自的优缺点？

5-7　如何进行地基土的固结度计算？

5-8　试述堆载预压法加压系统的制订方法。

5-9　采用何种排水固结法可不需控制加荷速率？

5-10　试述砂井堆载预压法的施工工艺。

5-11　试述砂井堆载预压法的质量检验。

5-12　某港口矿石堆场区，分布有 15m 厚的黏土层，其下为粉细砂层，采用堆载预压砂井加固地基，井径 $d_w=0.4\text{m}$，井距 $s=2.4\text{m}$，按三角形布置。土的固结系数 $c_v=c_h=1.1\times10^{-3}\text{cm}^2/\text{s}$。在大面积荷载作用下，按径向固结考虑，计算当固结度达到 80% 时，需预压多少天？

5-13　某饱和黏土层地基厚 8m，黏土层天然抗剪强度 $\tau_{f0}=32\text{kPa}$，三轴固结不排水压缩试验得 $\varphi_{cu}=28^\circ$，黏土层天然孔隙比 $e=1.0$。采用堆载预压法处理地基，排水竖井采用塑料排水板，间距 1.2m，按等边三角形布置，塑料排水板宽和厚为 100mm×4.5mm，井径比 $n=20$。试计算：

(1)如果大面积堆载 $\Delta\sigma_z=100$ kPa，当平均固结度 $U_z=60\%$ 时，估算黏土层的抗剪强度；

(2)计算在堆载附加应力作用下，孔隙比达到 $e=0.90$ 时，黏土层的最终竖向变形量。

第6章　化学加固

【学习要点】

熟悉化学加固的作用机理和适用范围，掌握水泥土搅拌法、高压喷射注浆法和灌浆法的设计方法，了解化学加固的施工方法及质量检验。

化学加固法是指利用水泥浆液、黏土浆液或其他化学浆液，通过机械搅拌、高压喷射或灌注压入，使浆液与土颗粒胶结起来，以改善地基土的物理和力学性质的地基处理方法。

属于化学加固法的地基处理方法主要有以下三类：水泥土搅拌法、高压喷射注浆法和灌浆法。

水泥土搅拌法可分为喷水泥浆搅拌法和粉体喷射搅拌法两种，粉体喷射搅拌法又称为粉喷法。在深层搅拌法中，通常采用水泥为固化物，也有采用石灰为固化物的。

高压喷射注浆法按施工工艺可分为旋喷法、定喷法和摆喷法；按喷射形式又可分为单管法、双管法、三重管法和多重管法；按高压喷射注浆施工方向又可分为垂直高压喷射注浆法和水平高压喷射注浆法。

灌浆法按施工工艺可分为渗透灌浆法、劈裂灌浆法、挤密灌浆法和电动化学灌浆法等。采用不同的灌浆工艺进行施工，加固地基的原理不同，适用范围也不同。

6.1　水泥土搅拌法

6.1.1　概　述

在接触水泥土搅拌法概念之前我们先看一个水泥土搅拌法加固地基的工程实例。

某工程拟建6～7层住宅楼的场地为新征农田，大部分是菜地，其中原有的鱼塘及水沟多半已被填平，地势比较平坦。工程地质钻探资料表明，该场地主要地层为高压缩性流塑态的淤泥质亚黏土，厚度超过30m，土质松软，承载力很低。各土层物理力学指标见表6-1。

该住宅楼工程系江苏省南京市重点新建的住宅小区之一，占地面积0.64平方公里，拟建200余幢多层住宅，建筑面积达55平方米。该项工程有18幢楼的地基采用了深层搅拌法加固，共打设搅拌桩800余根，共计27600余延米，完成搅拌桩载荷试验4组，水泥土强度检验200余组和桩身质量检验95根。在正常施工的情况下，每幢住宅地基加固工期仅7～10天，与原拟采用的钢筋混凝土灌注桩相比，节约地基加固费用近百万元（具体设计见6.1.3）。

表 6-1　各土层物理力学指标

层次	层厚(m)	土 名	含水量 w(%)	重度 γ (kN/m³)	孔隙比 e	塑性指数 I_P	液性指数 I_L	黏聚力 c (kPa)	内摩擦角 φ(°)	压缩模量 E_s(kPa)	承载力特征值 (kPa)
①-2	0～1.5	淤泥及淤泥质填土	54	1.69	1.50	18	1.66	4	12.6	1560	
①-3	1.5～3.0	素填土	40	18.2	1.10	20	0.85	12	13.5	3640	75
②	未穿	淤泥质粉质黏土	47	17.4	1.31	14	1.78	4	17.5	2090	60

住宅楼竣工后，对采用深层搅拌法加固软土地基的住宅楼，进行了定期沉降观测。建筑物建成后投入使用一年半后，沉降一般为 20～30mm，最大的也只有 80mm，总沉降量较小，而且每幢住宅楼的沉降也比较均匀，倾斜很小，建筑物没有倾斜开裂，使用正常。而该小区中其他住宅楼在类似土质条件下，采用局部换土或筏板基础的下沉量达 370mm；采用直径 40mm、长 7m 的灌注桩基础的住宅也下沉了 300mm。

可见，采用水泥土搅拌桩不但降低了造价，而且能减小地基沉降和不均匀沉降，因此该工法具有较好的经济效益和社会效益，在软土地区应用尤为广泛。

下面让我们从水泥土搅拌法的基本概念开始介绍。

水泥土搅拌法是用于加固饱和黏性土地基的一种新方法。它是利用水泥（或石灰）等材料作为固化剂，通过特制的搅拌机械，在地基深处就地将软土和固化剂（浆液或粉体）强制搅拌，由固化剂和软土间所产生的一系列物理化学反应，使软土硬结成具有整体性、水稳定性和一定强度的水泥加固土，从而提高地基强度和增大变形模量。

根据施工方法的不同，水泥土搅拌法分为水泥浆搅拌法和粉体喷射搅拌法两种。前者是用水泥浆和地基土搅拌，后者是用水泥粉或石灰粉和地基土搅拌。

第二次世界大战后，美国首先研制成功水泥土搅拌法，所制成的水泥土桩称为就地搅拌桩。1953 年，日本从美国引进水泥土搅拌法。1967 年，日本和瑞典分别开始研制喷石灰粉的水泥土搅拌施工方法，获得成功，并于 20 世纪 70 年代应用于工程实践。

我国于 1977 年由原冶金部建筑研究总院和交通部水运规划设计院引进和开发水泥土搅拌法，并很快在全国得到推广应用，成为软土地基处理的一种重要手段。

水泥土搅拌法加固软土技术，其独特的优点如下：

①水泥土搅拌法由于将固化剂和原地基软土就地搅拌混合，因而最大限度地利用了原土。

②搅拌时不会使地基侧向挤出，所以对周围原有建筑物的影响很小。

③按照不同地基土的性质及工程设计要求，合理选择固化剂及其配方，设计比较灵活。

④施工时无振动、无噪声、无污染，可在市区内和密集建筑群中进行施工。

⑤土体加固后重度基本不变，对软弱下卧层不致产生附加沉降。

⑥与钢筋混凝土桩基相比，节省了大量的钢材，并降低了造价。

⑦根据上部结构的需要，可灵活地采用柱状、壁状、格栅状和块状等加固形式。

水泥土搅拌法适用于处理正常固结的淤泥与淤泥质土、粉土、饱和黄土、素填土、黏性土以及无流动地下水的饱和松散砂土等地基。用于处理泥炭土、有机质土、塑性指数大于 25 的黏土、地下水具有腐蚀性以及无工程经验的地区时，必须通过现场试验确定其适用性。

冬期施工时，应注意负温对处理效果的影响。

水泥加固土的室内试验表明，有些软土的加固效果较好，而有的不够理想。一般认为含有高岭石、蒙脱石等黏土矿物的软土加固效果较好，而含有伊里石、氯化物和水铝英石等矿物的黏性土以及有机质含量高、酸碱度（pH 值）较低的黏性土的加固效果较差。

水泥土搅拌法具有增加软土地基的承载能力、减小沉降量、提高边坡的稳定性，适用于以下情况：

①处理建筑物（构筑物）地基、厂房内具有地面荷载的地坪、高填方路堤下基层等。

②进行大面积地基加固。

③防止码头岸壁的滑动、深基坑开挖时坍塌、坑底隆起，减少软土中地下构筑物的沉降，对桩侧或板桩背后的软土进行加固以增加侧向承载能力。

④作为地下防渗墙以阻止地下渗透水流。

6.1.2 作用机理

1. 加固原理

软土与水泥采用机械搅拌加固的基本原理，是基于水泥加固土（以下简称水泥土）的物理化学反应过程。它与混凝土的硬化机理有所不同，混凝土的硬化主要是水泥在粗填充料（即比表面不大、活性很弱的介质）中进行水解和水化作用，所以凝结速度较快。而在水泥加固土中，由于水泥的掺量很小（仅占被加固土重的 7%～15%），水泥的水解和水化反应完全是在具有一定活性的介质土的围绕下进行的，所以硬化速度缓慢且作用复杂，因此水泥加固土强度增长的过程也比混凝土缓慢。

(1)水泥的水解和水化反应

普通硅酸盐水泥主要是由氧化钙、二氧化硅、三氧化二铝、三氧化二铁及三氧化硫等组成，由这些不同的氧化物分别组成了不同的水泥矿物：硅酸三钙、硅酸二钙、铝酸三钙、铁铝酸四钙、硫酸钙等。用水泥加固软土时，水泥颗粒表面的矿物很快与软土中的水发生水解和水化反应，生成氢氧化钙、含水硅酸钙、含水铝酸钙及含水铁酸钙等化合物。

在上述一系列的反应过程中所生成的氢氧化钙、含水硅酸钙能迅速溶于水中，使水泥颗粒表面重新暴露出来，再与水发生反应，这样周围的水溶液就逐渐达到饱和。当溶液达到饱和后，水分子虽然继续深入颗粒内部，但新生成物已不能再溶解，只能以细分散状态的胶体析出，悬浮于溶液中，形成胶体。

(2)黏土颗粒与水泥水化物的作用

当水泥的各种水化物生成后，有的自身继续硬化，形成水泥石骨架；有的则与其周围具有一定活性的黏土颗粒发生反应。

①离子交换和团粒化作用

黏土和水结合时就表现出一种胶体特征，如土中含量最多的二氧化硅遇水后，形成硅酸胶体微粒，其表面带有钠离子 Na^{+} 或钾离子 K^{+}，它们能和水泥水化生成的氢氧化钙中钙离子 Ca^{+} 进行当量吸附交换，使较小的土颗粒形成较大的土团粒，从而使土体强度提高。

水泥水化生成的凝胶粒子的比表面积约比原水泥颗粒大 1000 倍，因而产生很大的表面能，有强烈的吸附活性。能使较大的土团粒进一步结合起来，形成水泥土的团粒结构，并封闭各土团的空隙，形成坚固的联结，从宏观上看也就使水泥土的强度大大提高。

②硬凝反应

随着水泥水化反应的深入，溶液中析出大量的钙离子，当其数量超过离子交换的需要量后，在碱性环境中，能使组成黏土矿物的二氧化硅及三氧化二铝的一部分或大部分与钙离子进行化学反应，逐渐生成不溶于水的稳定结晶化合物，增大了水泥土的强度。

(3)碳酸化作用

水泥水化物中游离的氢氧化钙能吸收水中和空气中的二氧化碳，发生碳酸化反应，生成不溶于水的碳酸钙。这种反应也能使水泥土增加强度，但增强的速度较慢，幅度也较小。

从水泥土的加固机理分析可知：由于搅拌机械的切削搅拌作用，实际上不可避免地会留下一些未被粉碎的大小土团。在拌入水泥后将出现水泥浆包裹土团的现象，而土团间的大孔隙基本上已被水泥颗粒填满。所以，加固后的水泥土中形成一些水泥较多的微区，而在大小土团内部则没有水泥。只有经过较长的时间，土团内的土颗粒在水泥水解产物渗透作用下，才逐渐改变其性质。因此，在水泥土中不可避免地会产生强度较大和水稳性较好的水泥石区和强度较低的土块区。两者在空间相互交替，从而形成一种独特的水泥土结构。可见，搅拌越充分，土块被粉碎得越小，水泥分布到土中越均匀，则水泥土结构强度的离散性越小，其宏观的总体强度也越高。

2. 水泥土的工程特性

(1)水泥土的物理性质

①含水量

水泥土在硬凝过程中，由于水泥水化等反应，使部分自由水以结晶水的形式固定下来。故水泥土的含水量略低于原土样的含水量，水泥土含水量比原土样含水量减少 0.5%～7.0%，且随着水泥掺入比的增加而减小。

②重度

由于拌入水泥浆的重度与软土的重度相近，所以水泥土的重度与天然软土的重度相差不大，水泥土的重度仅比天然软土重度增加 0.5%～3.0%，所以采用水泥土搅拌法加固厚层软土地基时，其加固部分对于下部未加固部分不致产生过大的附加荷重，也不会产生较大的附加沉降。

③渗透系数

水泥土的渗透系数随水泥掺入比的增大和养护龄期的增长而减小，一般可达 10^{-8}～10^{-5}cm/s 数量级。

(2)水泥土的力学性质

①无侧限抗压强度

水泥土的无侧限抗压强度一般为 300～4000kPa，即比天然软土大几十倍至数百倍。其变形特征随强度而不同，介于脆性体与弹塑性体之间。水泥土受力开始阶段，应力与应变关系基本上符合胡克定律，当外力达到极限强度的 70%～80%时，试块的应力和应变关系不再继续保持直线关系。当外力达到极限强度时，对于强度大于 2000kPa 的水泥土很快出现脆性破坏，破坏后残余强度很小，此时的轴向应变为 0.8%～1.2%(如图 6-1 中的 A_{20}、A_{25} 试件)；对于强度小于 2000kPa 的水泥土则表现为塑性破坏(如图 6-1 的 A_5、A_{10} 和 A_{15} 试件)。

②抗拉强度 σ_t

水泥土的抗拉强度随抗压强度的增长而提高，当水泥土的抗压强度 q_u＝500～4000kPa

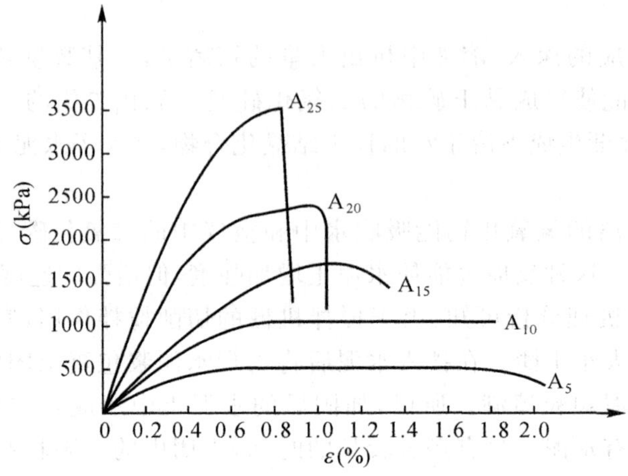

图 6-1 水泥土的应力—应变曲线

(A_5,A_{10},A_{15},A_{20},A_{25}表示水泥掺入比分别为 5%,10%,15%,20%,25%)

时,其抗拉强度 σ_t=100~700kPa,即 σ_t=(0.15~0.25)q_u。

③抗剪强度

用高压三轴仪进行剪切试验表明:水泥土的抗剪强度随抗压强度的增加而提高。当 q_u=500~4000kPa 时,其结聚力 c=100~1100kPa,一般为 q_u 的 20%~30%,其内摩擦角变化为 20°~30°,水泥土在三轴剪切试验中受剪破坏时,试件有清楚而平整的剪切面,剪切面与最大主应力面夹角约为 60°。

④变形模量

表 6-2 为对不同无侧限抗压强度的水泥土进行变形模量试验的结果。由表 6-2 可见,当 q_u=300~4000kPa 时,其变形模量 E_0=40~600MPa,一般为 q_u 的 120~150 倍,即 E_0=(120~150)q_u。

表 6-2 水泥土的变形模量

试件编号	无侧限抗压强度	破坏应变 ε_f(%)	变形模量 E_0(kPa)	E_0/q_u
1	274	0.80	37000	135
2	482	1.15	63400	131
3	524	0.95	74800	142
4	1093	0.90	165700	151
5	1554	1.00	191800	123
6	1651	0.90	223500	135
7	2008	1.15	285700	142
8	2393	1.20	291800	121
9	2513	1.20	330600	131
10	3036	0.90	474300	156
11	3450	1.00	420700	121
12	3518	0.80	541200	153

⑤压缩系数和压缩模量

水泥土试件的压缩系数 α_{1-2} 为(2.0～3.5)×10^{-5}(kPa)$^{-1}$，其相应的压缩模量 E_s＝60～100MPa。

(3)水泥土的抗冻性能

将水泥土试件放置于自然负温下进行抗冻试验表明，其外观无显著变化，仅少数试块表面出现裂缝，有局部微膨胀或出现片状剥落及边角脱落，但深度及面积均不大，可见自然冰冻没有造成水泥土深部的结构破坏。

在自然温度不低于－15℃的条件下，冻胀对水泥土结构损害甚微。在负温时，由于水泥土与黏土之间的反应减弱，水泥土强度增长缓慢；正温后随着水泥水化等反应的继续深入，水泥土的强度可接近标准强度，抗冻系数达 0.9 以上。因此只要地温不低于－10℃，就可以采用深层搅拌法的冬季施工。

6.1.3　设计计算

1. 水泥土搅拌桩的设计

(1)设计步骤

软土地区的建筑物地基，通常是在满足强度要求的条件下以沉降控制进行设计的，设计步骤如下：

①根据地层结构采用适当的方法进行沉降计算，由建筑物对变形的要求确定加固深度，即选择施工桩长。

②根据土质条件、固化剂掺量、室内配比试验资料和现场工程经验选择桩身强度和水泥掺入量及有关施工参数。

③根据桩身强度的大小及桩的断面尺寸，由后面的式(6-2)计算单桩承载力。

④根据单桩承载力、有效桩长和上部结构要求达到的复合地基承载力，由后面的式(6-4)计算桩土面积置换率。

⑤根据桩土面积置换率和基础形式进行布桩，桩可在基础平面范围内布置。

⑥根据桩在基础平面范围内的布置，进行承载力和沉降验算。

(2)对地质勘察的要求

除了一般常规要求外，对下述各点应予以特别重视：

①土质分析——有机质含量、可溶盐含量、总烧失量等。

②水质分析——地下水的酸碱度(pH)值、硫酸盐含量。

(3)布桩形式的选择

搅拌桩可布置成柱状、壁状和块状三种形式。

①柱状布桩

每隔一定的距离打设一根搅拌桩，即成为柱状加固形式。适合于单层工业厂房独立柱基础和多层房屋条形基础下的地基加固，如图 6-2(a)所示。

②壁状布桩

将相邻搅拌桩部分重叠搭接成为壁状加固形式。适用于深基坑开挖时的边坡加固以及建筑物长高比较大、刚度较小、对不均匀沉降比较敏感的多层砖混结构房屋条形基础下的地基加固，如图 6-2(b)所示。

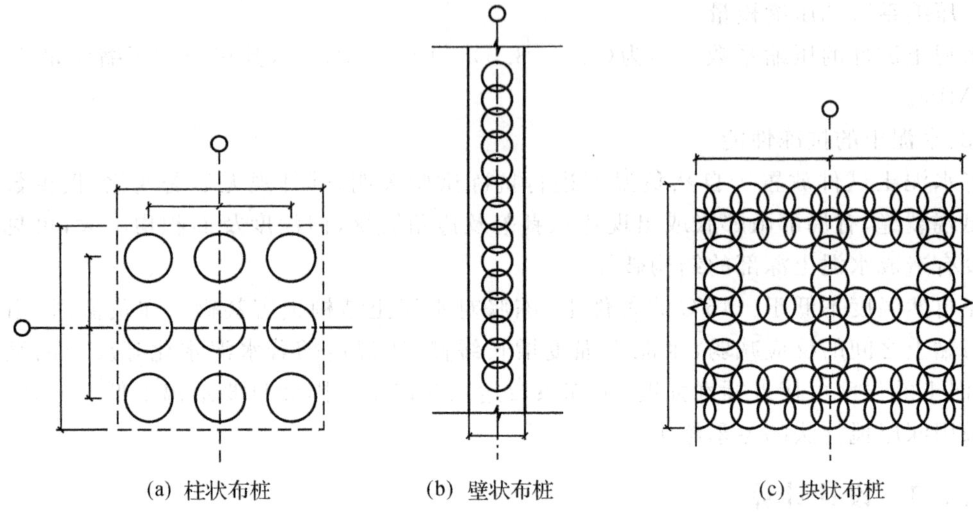

图 6-2 搅拌桩布桩形式

③块状布桩

对上部结构单位面积荷载大、对不均匀下沉控制严格的构筑物地基进行加固时可采用这种布桩形式。它是纵、横两个方向的相邻桩搭接而形成的。如在软土地区开挖深基坑时，为防止坑底隆起也可采用块状加固形式，如图 6-2(c)所示。

(4)布桩范围的确定

搅拌桩按其强度和刚度可以确定它是介于刚性桩和柔性桩间的一种桩型，但其承载性能又与刚性桩相近。因此在设计搅拌桩时，可仅在上部结构基础范围内布桩，不必像柔性桩一样在基础以外设置保护桩。

2. 水泥土搅拌桩的计算

(1)单桩竖向承载力的计算

单桩竖向承载力特征值应通过现场单桩载荷试验确定，初步设计时也可按式(6-1)估算，并应同时满足式(6-2)的要求，应使由桩身材料强度确定的单桩承载力大于(或等于)由桩周土和桩端土的抵抗力所提供的单桩承载力：

$$R_a = u_p \sum_{i=1}^{n} q_{si} l_i + \alpha q_p A_p \tag{6-1}$$

$$R_a = \eta f_{cu} A_p \tag{6-2}$$

式中：f_{cu} 为与搅拌桩桩身水泥土配比相同的室内加固土试块在标准养护条件下，90d 龄期的立方体抗压强度平均值，kPa；η 为桩身强度折减系数，对干法可取 0.20～0.30，对湿法可取 0.25～0.33；u_p 为桩的周长，m；n 为桩长范围内所划分的土层数；q_{si} 为桩周第 i 层土的侧阻力特征值，对淤泥可取 4～7kPa，对淤泥质土可取 6～12kPa，对软塑状态的黏性土可取 10～15kPa，对可塑状态的黏性土可取 12～18kPa；l_i 为桩长范围内第 i 层土的厚度，m；q_p 为桩端地基土未经修正的承载力特征值，kPa，可按现行国家标准《建筑地基基础设计规范》(GB 50007—2002)的有关规定确定；α 为桩端天然地基土的承载力折减系数，可取 0.4～0.6，承载力高时取低值；A_p 为桩的截面积，m^2。

在单桩设计时，承受垂直荷载的搅拌桩一般应使土对桩的支承力与桩身强度所确定的承载力相近，并使后者略大于前者最为经济。因此，搅拌桩的设计主要是确定桩长和选择水泥掺入比。

(2)复合地基的设计计算

加固后搅拌桩复合地基承载力特征值应通过现场复合地基载荷试验确定，也可按下式计算：

$$f_{spk}=m\frac{R_a}{A_p}+\beta(1-m)f_{sk} \tag{6-3}$$

式中：f_{spk} 为复合地基承载力特征值，kPa；m 为面积置换率；R_a 为单桩竖向承载力特征值，kN；A_p 为桩的截面积，m^2；β 为桩间土承载力折减系数，当桩端土未经修正的承载力特征值大于桩周土的承载力特征值的平均值时，可取 0.1～0.4，差值大时取低值；当桩端土未经修正的承载力特征值小于或等于桩周土的承载力特征值的平均值时，可取 0.5～0.9，差值大时或设置褥垫层时均取高值；f_{sk} 为处理后桩间土承载力特征值，kPa，可取天然地基承载力特征值。

根据设计要求的单桩竖向承载力特征值 R_a 和复合地基承载力特征值 f_{spk} 计算搅拌桩的置换率 m 和总桩数 n'：

$$m=\frac{f_{spk}-\beta f_{sk}}{\frac{R_a}{A_p}-\beta f_{sk}} \tag{6-4}$$

$$n'=\frac{mA}{A_p} \tag{6-5}$$

式中：A 为地基加固的面积，m^2。

根据求得的总桩数 n' 进行搅拌桩的平面布置。桩的平面布置可为柱状、壁状和块状三种布置形式。布置时要考虑以充分发挥桩的摩阻力和便于施工为原则。

考虑水泥土桩复合地基的变形协调，引入折减系数 β。它的取值与桩间土和桩端土的性质、搅拌桩的桩身强度和承载力、养护龄期等因素有关。桩间土较好、桩端土较弱、桩身强度较低、养护龄期较短，则 β 值取高值；反之，则 β 值取低值。确定 β 值还应根据建筑物对沉降要求而有所不同。当建筑物对沉降要求控制较严时，即使桩端是软土，β 值也应取小值，这样较为安全；当建筑物对沉降要求控制较低时，即使桩端为硬土，β 值也可取大值，这样较为经济。

(3)水泥土搅拌桩沉降验算

水泥土搅拌桩复合地基变形 s 的计算，包括搅拌桩复合土层的平均压缩变形 s_1 和桩端下未加固土层的压缩变形 s_2 之和，即

$$s=s_1+s_2 \tag{6-6}$$

①搅拌桩复合土层的压缩变形 s_1 可按下式计算：

$$s_1=\frac{(p_z+p_{z1})l}{2E_{sp}} \tag{6-7}$$

$$E_{sp}=mE_p+(1-m)E_s \tag{6-8}$$

式中：p_z 为搅拌桩复合土层顶面的附加压力值，kPa；p_{z1} 为搅拌桩复合土层底面的附加压力值，kPa；E_{sp} 为搅拌桩复合土层的压缩模量，kPa；E_p 为搅拌桩的压缩模量，kPa，可取(100～120)f_{cu}，对桩较短或桩身强度较低者可取低值，反之可取高值；E_s 为桩间土的压缩模

量，kPa。

②桩端以下未加固土层的压缩变形 s_2 可按现行国家标准《建筑地基基础设计规范》(GB 50007—2002)的有关规定进行计算(参见式(2-15))。

3. 工程实例

该工程实例具体地层参数见 6.1.1 小节。住宅楼主要有 7 层点式和 6 层条式。7 层点式住宅楼荷重较大，基底压力达 150kPa，但上部建筑相对刚度较大，因此建筑物沉降将比较均匀，故采用柱状加固形式。6 层条式住宅楼虽其基底压力小于 140 kPa，但上部建筑长高比较大，刚度相对较小，易产生不均匀沉降，因此采用壁状加固形式。

(1)设计桩长 9m(考虑场地标高与基底标高间距离，搅拌加固深度为 10m)，桩采用双头 $\varphi700$，横截面积 $A_p=0.71\text{m}^2$，周长 $u_p=3.35\text{m}$，桩侧平均摩阻力 $\overline{q_s}$ 取 8.5kPa。

(2)根据土质条件、固化剂掺量、室内配比试验资料和现场工程经验选择水泥土配方为 12%的水泥掺入比(采用 32.5 级普通硅酸盐水泥)，相应于 12%掺入量的桩身水泥土强度为 1200kPa。

(3)根据侧摩阻力确定单桩承载力

$$R_a=u_p\cdot\overline{q_s}\cdot l=3.35\times8.5\times9=256\ (\text{kN})$$

根据桩身强度确定单桩承载力($\eta=0.3$)

$$R_a=\eta f_{cu}A_p=0.3\times1200\times0.71=255.6\ (\text{kN})$$

综合以上两种计算，取单桩承载力较小值 $R_a=250$ kN(取整数)。

(4)搅拌桩置换率

$$m=\frac{f_{spk}-\beta f_{sk}}{\dfrac{R_a}{A_p}-\beta f_{sk}}=\frac{150-0.7\times68.6}{\dfrac{250}{0.71}-0.7\times68.6}=33.5\%$$

其中，桩间土承载力折减系数 $\beta=0.7$；复合地基承载力特征值 $f_{spk}=150\text{kPa}$，桩间土承载力特征值 f_{sk} 可取天然地基承载力特征值，$f_{sk}=68.6\text{kPa}$。

(5)桩数

$$n=m\cdot A/A_p=0.335\times216.2/0.71=102(\text{根})$$

其中，地基加固的面积 $A=216.2\text{m}^2$。

根据各轴线的荷载差别，桩的平面布置如图 6-3 所示。

(6)群桩基础验算

将加固后的桩群视为一个格子状的假想实体基础，格子状基础纵向壁宽 1.2m，横向壁宽 0.7m，水下水泥土平均重度取 8.8kN/m³。则实体基础底面积＝138.2m²，侧面积＝2300m²，自重＝10945kN。

①承载力验算

实体基础底面修正后的地基承载力

$$f=f_{sk}+\eta_d\cdot\gamma_0(D-0.5)=68.6+1\times8.8\times(10-0.5)=152.2(\text{kPa})$$

式中：η_d 为基础埋深的承载力修正系数，$\eta_d=1$；D 为搅拌加固深度，$D=10\text{m}$；γ_0 为基底以上土的加权平均重度，$\gamma_0=8.8\text{kN/m}^3$。

实体基础底面压力

$$f'=\frac{f_{spk}\cdot A+G-A_s\cdot\overline{q_R}-f_{sk}(A-A_1)}{A_1}$$

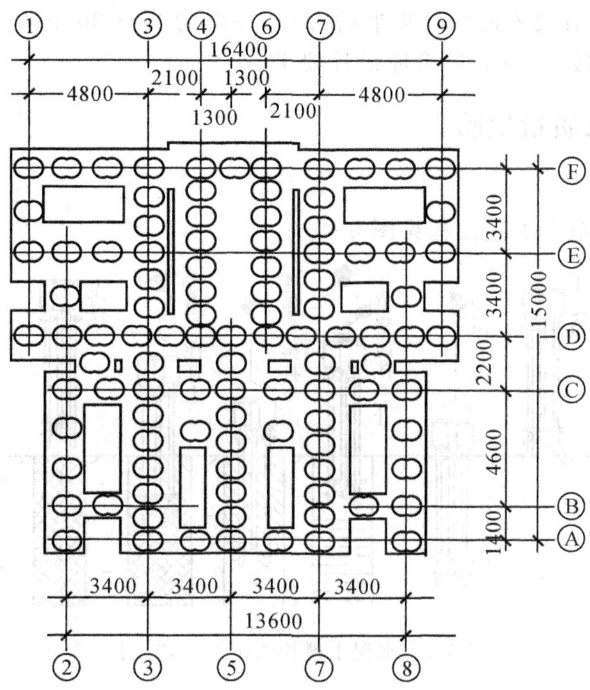

图 6-3　点式住宅楼搅拌桩桩位布置

$$=\frac{150\times216.2+10945-2300\times8.5-68.6\times(216.2-138.2)}{138.2}$$

$$=133.7(\text{kPa})<f\quad（满足要求）$$

其中，桩周土的平均摩阻力 $q_R=8.5\text{kPa}$。

②沉降验算

住宅楼基础总沉降量 s 主要由搅拌桩复合土层的平均压缩变形 s_1 和桩端下未加固土层的压缩变形 s_2 组成。搅拌桩复合土层顶面的附加压力

$$p_z=\frac{f_{spk}\cdot A-f_{sk}(A-A_1)}{A_1}=\frac{150\times216.2-68.6\times(216.2-138.2)}{138.2}=195.9(\text{kPa})$$

搅拌桩复合土层底面的附加压力值

$$p_{z1}=f'-\gamma_p\cdot l=133.7-7.5\times9=66.2(\text{kPa})$$

其中，实体基础底面压力 $f'=133.7\text{kPa}$，下卧层土的加权平均重度 $\gamma_p=7.5\text{kN/m}^3$。

搅拌桩复合土层的压缩模量

$$E_{sp}=mE_p+(1-m)E_s=0.335\times3.0+(1-0.335)\times120=80.8(\text{MPa})$$

其中，搅拌桩的压缩模量 $E_p=100f_{cu}=100\times1200=120(\text{MPa})$，桩间土的压缩模量 $E_s=3\text{MPa}$。

$$s_1=\frac{(p_z+p_{z1})l}{2E_{sp}}=\frac{(195.9+66.2)\times9}{2\times80.8}=14.6(\text{mm})$$

s_2 用分层总和法计算，实体基础底面中点的沉降

$$s_2=71\text{mm}$$

则总沉降

$$s=s_1+s_2=85.6\text{mm}$$

18 幢建筑物建成后投入使用一年半后，沉降一般为 20～30mm，最大也只有 80mm，且每幢住宅的沉降是比较均匀的，符合原设计要求。

6.1.4 施工及质量检验

1. 施工工艺

水泥土搅拌法的施工工艺流程见图 6-4。

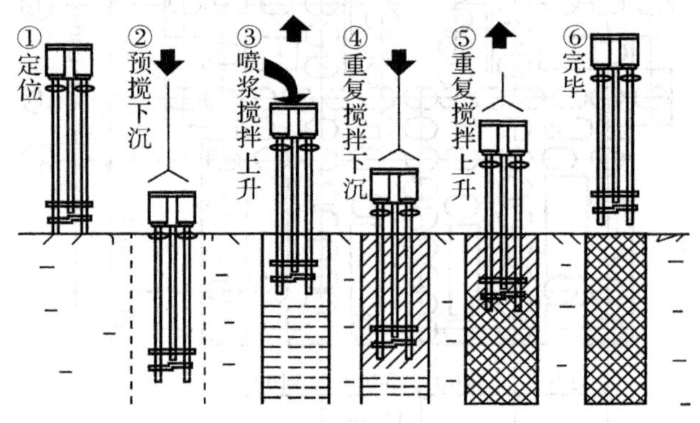

图 6-4 水泥土搅拌法施工工艺流程

①定位

起重机（或用塔架）悬吊搅拌机到达指定桩位，对中。当地面起伏不平时，应使起吊设备保持水平。

②预搅下沉

待搅拌机的冷却水循环正常后，启动搅拌机电机，放松起重机钢丝绳，使搅拌机沿导向架搅拌切土下沉，下沉速度可由电机的电流监测表控制。工作电流不应大于 70A。如果下沉速度太慢，可从输浆系统补给清水以利钻进。

③制备水泥浆

待搅拌机下沉到一定深度时，即开始按设计确定的配合比拌制水泥浆，待压浆前将水泥浆倒入集料斗中。

④提升喷浆搅拌

搅拌机下沉到达设计深度后，开启灰浆泵将水泥浆压入地基中，并且边喷浆、边旋转，同时严格按照设计确定的提升速度提升深层搅拌机。

⑤重复上下搅拌

搅拌机提升至设计加固深度的顶面标高时，集料斗中的水泥浆应正好排空。为使软土和水泥浆搅拌均匀，可再次将搅拌机边旋转边沉入土中，至设计加固深度后再将搅拌机提升出地面。

⑥清洗

向集料斗中注入适量清水，开启灰浆泵，清洗全部管路中残存的水泥浆，直至基本干净。并将黏附在搅拌头上的软土清洗干净。

重复上述步骤①～⑥，进行下一根桩的施工。

考虑到搅拌桩顶部与上部结构的基础或承台接触部分受力较大，因此通常还可对桩顶 1.0～1.5m 范围内再增加一次输浆，以提高其强度。

2. 质量检验

为确保搅拌施工质量，可以选用下述方法进行加固质量检验：

①施工原始记录。应详尽、完善、如实记录并及时汇总分析，发现不符要求的立即纠正。

②开挖检验。可根据工程设计要求，选取一定数量的桩体进行开挖、检查加固柱体的外观质量、搭接质量、整体性等。

③取样检验。应从开挖外露桩柱体中凿取试块或采用岩芯钻孔取祥制成试件。与室内制作的试块进行强度比较。

④采用标准贯入或轻便触探等动力触探方法检查桩体的均匀性和现场强度。

⑤用现场载荷试验方法进行工程加固效果检验。因为搅拌桩的质量与成桩工艺及施工技术密切相关。如果在施工现场就地搅拌水泥土桩，桩的尺寸、构造、深度、成桩工艺、地质条件和载荷性质都较接近实际情况，所得到的承载能力也就符合实际情况。

⑥对采用搅拌加固地基的工程投入使用后，定期进行沉降、侧向位移等观测，这是检验加固效果的最直观方法。

6.2　高压喷射注浆法

6.2.1　概　述

在接触高压喷射注浆法概念之前我们先看一个应用高压喷射注浆法的工程实例。

威海卫大厦位于山东省威海市，距海约 200m，是一座高 60m 的宾馆，地上 17 层，地下 1 层，呈正三角形布置，底部为箱形基础，全部采用现浇剪力墙结构。占地面积 1100m^2，总重 241000kN。

由于地处滨海滩涂，天然地基承载力仅为 110～130kPa，预估沉降量达 700mm，超过设计规范允许值，经分析研究后采用高压喷射注浆法进行地基加固。

采用旋喷桩加固地基，并采取长短桩相结合的方式布桩，桩距 2m，满堂布桩，共 439 根。旋喷桩直径为 0.8m，桩长为 6.5～7.5m（短桩）和 18.5～19.5m（长桩），单桩承载力为 685kN，建筑物边缘和承重量大的部位适当增加长桩。作为复合地基，旋喷桩不与箱形基础直接联系，并且加固范围大于建筑物基础的平面面积。

施工采用单管旋喷，相应的旋喷参数为：旋喷压力 20MPa，喷射流量 100L/min，旋转速度 20r/min，提升速度 0.2～0.8m/min；使用强度等级 32.5 的普通硅酸盐水泥；水泥浆相对密度为 1.5。

在施工初期、中期和完工后，进行了数次多种方法的质量检验，主要情况如下：

①加固后地基承载力达到 250kPa，差异沉降小于 0.5%。

②旁压试验结果表明，旋喷桩间土体因受到高压喷射作用的影响，而得到了一定程度的加固，其旁压模量和旁压极限压力均有所提高。

③钻探取芯和标准贯入试验是结合进行的。结果表明，旋喷桩是连续的和强度较高的桩体。在黏性土中旋喷桩的平均无侧限抗压强度为 9.4MPa；砂性土中无侧限平均抗压强度为 14.79MPa。动力触探表明，局部桩头有空穴，为补强旋喷提供了情况。

④在建筑物上布设了近 50 个测点，经测量实际下沉量仅为 8～13mm。

根据测试情况经分析研究决定增加 2 层，已将原设计地上 15 层改为 17 层。开创了旋喷法在我国用于高层建筑地基处理的新局面。

下面让我们从高压喷射注浆法的基本概念开始介绍。

高压喷射注浆法是利用钻机把带有喷嘴的注浆管钻进至土层的预定位置后，以高压设备使浆液或水成为 20～40MPa 的高压射流从喷嘴中喷射出来，冲击破坏土体，同时钻杆以一定速度渐渐向上提升，将浆液与土粒强制搅拌混合，浆液凝固后，在土中形成一个固结体。

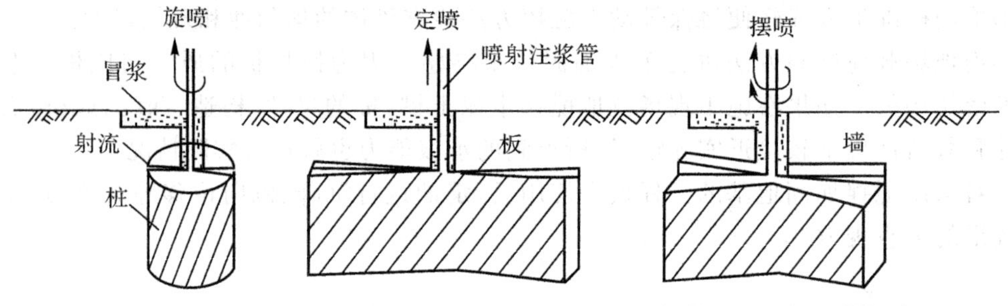

图 6-5 高压喷射注浆的三种形式

高压喷射注浆法在 20 世纪 60 年代后期创始于日本。我国于 1975 年首先在铁道部门进行单管法的试验和应用，1977 年原冶金部建筑研究总院在宝钢工程中首次应用三重管法喷射注浆获得成功，1986 年该院又开发成功高压喷射注浆的新工艺——干喷法，并取得国家专利。至今，我国已有上百项工程应用了高压喷射注浆法。

高压喷射注浆法所形成的固结体形状与喷射流移动方向有关。一般分为旋转喷射（简称旋喷）、定向喷射（简称定喷）和摆动喷射（简称摆喷）三种形式（图 6-5）。

旋喷法施工时，喷嘴一边喷射一边旋转并提升，固结体呈圆柱状。主要用于加固地基、提高地基的抗剪强度、改善土的变形性质，也可组成闭合的帷幕，用于截阻地下水流和治理流砂。旋喷法施工后，在地基中形成的圆柱体，称为旋喷桩。

定喷法施工时，喷嘴一面喷射一面提升，喷射的方向固定不变，固结体形如板状或壁状。

摆喷法施工时，喷嘴一边喷射一边提升，喷射的方向呈较小角度来回摆动，固结体形如较厚墙状。

定喷及摆喷两种方法通常用于基坑防渗、改善地基土的水流性质和稳定边坡等工程。

1. 工艺类型

当前，高压喷射注浆法的基本工艺类型有单管法、二重管法、三重管法和多重管法等四种方法。

(1)单管法

单管旋喷注浆法是利用钻机把安装在注浆管（单管）底部侧面的特殊喷嘴，置入土层预定深度后，用高压泥浆泵等装置，以 20MPa 左右的压力，把浆液从喷嘴中喷射出去冲击破坏土体，使浆液与从土体上崩落下来的土搅拌混合，经过一定时间凝固，便在土中形成一定形状的固结体，如图 6-6(a)所示。这种方法日本称为 CCP 工法。

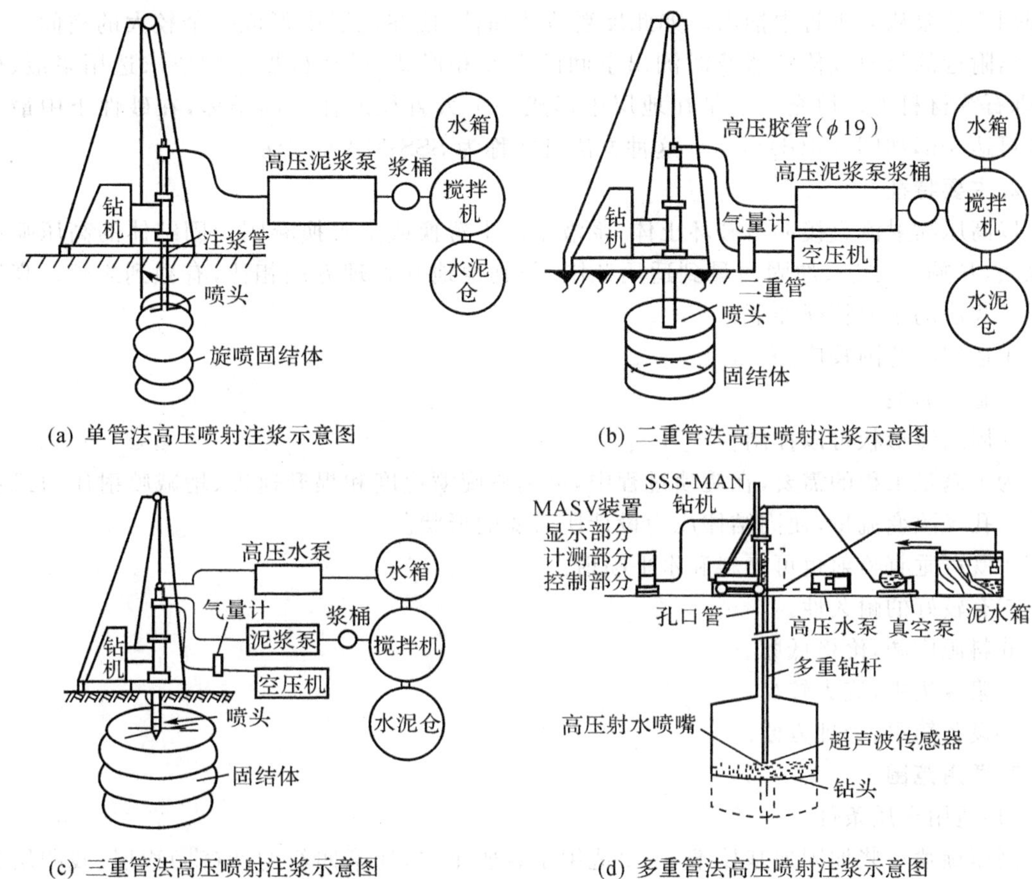

图 6-6　高压喷射注浆法的基本工艺类型

(2)二重管法

使用双通道的二重注浆管，当二重注浆管钻进到土层的预定深度后，通过在管底部侧面的一个同轴双重喷嘴，同时喷射出高压浆液和空气两种介质的喷射流冲击破坏土体。即以高压泥浆泵等高压发生装置喷射出 20MPa 左右压力的浆液，从内喷嘴中高速喷出，并用 0.7MPa左右压力把压缩空气从外喷嘴中喷出。在高压浆液和它外圈环绕气流的共同作用下，破坏土体的能量显著增大，最后在土中形成较大的固结体。固结体的范围明显增加，如图 6-6(b)所示。这种方法日本称为 JSG 工法。

(3)三重管法

使用分别输送水、气、浆三种介质的三重注浆管。在以高压泵等高压发生装置产生 20～30MPa 的高压水喷射流的周围，环绕一股 0.5～0.7MPa 的圆筒状气流，进行高压水喷射流和气流同轴喷射冲切土体，形成较大的空隙，再另由泥浆泵注入压力为 0.5～3MPa 的浆液填充，喷嘴作旋转和提升运动，最后便在土中凝固为较大的固结体，如图 6-6(c)所示。这种方法日本称为 CJP 工法。

(4)多重管法

这种方法首先需要在地面钻一个导孔，然后置入多重管，用逐渐向下运动的旋转超高力水射流(压力约 40MPa)，切削破坏四周的土体，经高压水冲击下来的土和石成为泥浆后，立即用真空泵从多重管中抽出。如此反复地冲和抽，便在地层中形成一个较大的空间。装在喷嘴附近的超声波传感器及时测出空间的直径和形状，最后根据工程要求选用浆液、砂浆、砾石等材料进行填充。于是在地层中形成一个大直径的柱状固结体，在砂性土中最大直径可达4m，如图6-6(d)所示。这种方法日本称为SSS-MAN工法。

2. 主要特征

以高压喷射流直接冲击破坏土体，浆液土以半置换或全置换凝固为固结体的高压喷射注浆法，从施工方法、加固质量到适用范围，与其他地基处理方法相比，有独到之处。高压喷射注浆法的主要特征如下：

①适用的范围较广。

②施工简便。

③固结体形状可以控制。

为了满足工程的需要，在旋喷过程中，可调整旋喷速度和提升速度、增减喷射压力或更换喷嘴孔径改变流量，使固结体成为设计所需要的形状。

④既可垂直喷射也可倾斜和水平喷射。

⑤有较好的耐久性。

⑥料源广阔，价格低廉。

⑦浆液集中，流失较少。

⑧设备简单，管理方便。

3. 适用范围

(1)适用土质条件

高压旋喷注浆加固地基技术，主要适用于软弱土层，如第四纪的冲(洪)积层、残积层及人工填土等。对于地下水流速过大喷射浆液无法在注浆管周围凝固、无填充物的岩溶地段、永冻土和对水泥有严重腐蚀的地基，均不宜采用高压喷射注浆法。

(2)工程使用范围

从固结体的目前性质来看，喷射注浆法宜作为地基加固和基础防渗之用。按用途，可分为增加地基强度、挡土围堰及地下工程建设、增大土的摩擦力及黏聚力、减小振动、防止砂土液化、降低土的含水量、防渗帷幕防止洪水冲刷等七类工程20个方面。

6.2.2 作用机理

1. 加固原理

(1)高压喷射流对土体的破坏作用

破坏土体的结构强度的最主要因素是喷射动压，根据动量定律，在空气中喷射时的破坏力为

$$P=\rho\cdot Q\cdot v_m \tag{6-9}$$

式中：P为破坏力，$kg\cdot m/s^2$；ρ为密度，kg/m^3；Q为流量，m^3/s，$Q=v_m\cdot A$；v_m为喷射流的平均速度，m/s。

$$P=\rho\cdot Av_m^2 \tag{6-10}$$

式中：A为喷嘴截面积，m^2。

破坏力对于某一种密度的液体而言，是与该射流的流量Q、流速v_m的乘积成正比。而

流量 Q 又为喷嘴截面积 A 与流速 v_m 的乘积。所以，在一定的喷嘴面积 A 的条件下，为了取得更大的破坏力，需要增加平均流速，也就是需要增加旋喷压力。一般要求高压脉冲泵的工作压力在 20MPa 以上，这样就使射流像刚体一样，冲击破坏土体，使土与浆液搅拌混合，凝固成圆柱状的固结体。

喷射流在终期区域，能量衰减很大，不能直接冲击土体使土颗粒剥落，但能对有效射程的边界土产生挤压力，对四周土有压密作用，并使部分浆液进入土粒之间的空隙里，使固结体与四周土紧密相依，不产生脱离现象。

(2)水(浆)、气同轴喷射流对土的破坏作用

单射流虽然具有巨大的能量，但由于压力在土中急剧衰减，因此破坏土的有效射程较短，致使旋喷固结体的直径较小。

当在喷嘴出口的高压水喷流的周围加上圆筒状空气射流，进行水、气同轴喷射时，空气流使水或浆的高压喷射流从破坏的土体上将土粒迅速吹散，使高压喷射流的喷射破坏条件得到改善，阻力大大减小，能量消耗降低。因而增大了高压喷射流的破坏能力，形成的旋喷固结体的直径较大。

旋喷时，高压喷射流在地基中把土体切削破坏。其加固范围就是喷射距离加上渗透部分或压缩部分的长度为半径的圆柱体。一部分细小的土粒被喷射的浆液所置换，随着液流被带到地面上(俗称冒浆)，其余的土粒与浆液搅拌混合。在喷射动压力、离心力和重力的共同作用下，土粒按质量大小有规律地排列起来，小颗粒在中部居多，大颗粒多数在外侧或边缘部分，形成了浆液主体搅拌混合、压缩和渗透等部分，经过一定时间便凝固成强度较高、渗透系数较小的固结体。随着土质的不同，横断面结构也多少有些不同，如图 6-7 所示。由于旋喷体不是等颗粒的单体结构，固结质量也不均匀，通常是中心部分强度低、边缘部分强度高。

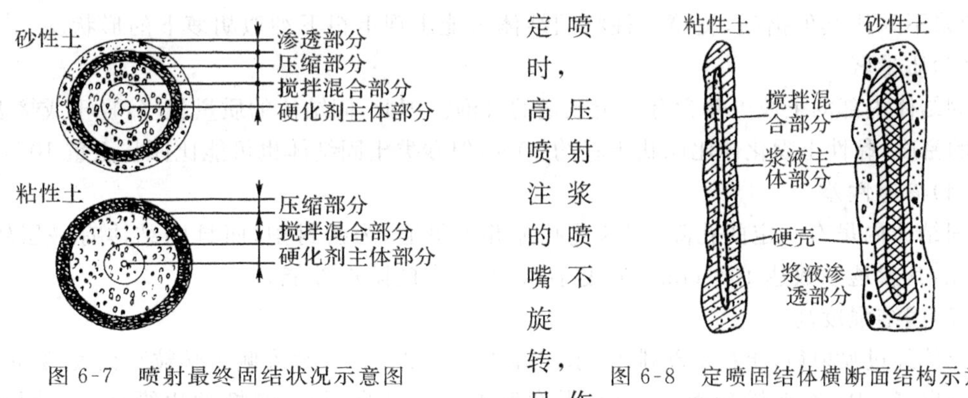

图 6-7　喷射最终固结状况示意图

图 6-8　定喷固结体横断面结构示意图

定喷时，高压喷射注浆的喷嘴不旋转，只作水平的固定方向喷射，并逐渐向上提升，使在土中冲成一条沟槽，并把浆液灌进槽中，最后形成一个板状固结体。固结体在砂性土中有一部分渗透层，而在黏性土中却无这一部分渗透层(图 6-8)。

(3)水泥与土的固结机理

水泥与水拌和后，首先产生铝酸三钙水化物和氢氧化钙，它们可溶于水中，但溶解度不高，很快就达到饱和。这种化学反应连续不断地进行，就析出一种胶质物体。这种胶质物体有一部分混在水中悬浮，后来就包围在水泥微粒的表面，形成一层胶凝薄膜。所生成的

硅酸二钙水化物几乎不溶于水，只能以无定形体的胶质包围在水泥微粒的表层，另一部分渗入水中。由水泥各种成分所生成的胶凝膜，逐渐发展起来成为胶凝体，此时表现为水泥的初凝状态，开始有胶黏的性质。此后，水泥各成分在不缺水、不干涸的情况下，继续不断地按上述水化程序发展、增强和扩大，从而产生下列现象：

①胶凝体增大并吸收水分，使凝固加速，结合更密。

②由于微晶(结晶核)的产生进而产生出结晶体，结晶体与胶凝体相互包围渗透并达到一种稳定状态，这就是硬化的开始。

③水化作用继续深入到水泥微粒内部，使未水化部分参加以上的化学反应，直到完全没有水分和胶质凝固结晶充盈为止。但无论水化时间持续多久，很难将水泥微粒内核全部水化完了，所以水化过程是个长久的过程。

2. 加固土的基本性状

粉质黏土、粉土、粉砂、细砂、中砂、粗砂、砾石土、黄土、淤泥及杂填土经过喷射注浆后，由松散的土固化为体积大、质量较轻、渗透系数小和坚硬耐久固结体，其基本特点如下。

(1)直径较大

旋喷固结体的直径大小与土的种类和密实程度有较密切的关系。单管旋喷注浆加固体直径一般为 0.3～0.8m，三重管旋喷注浆加固体直径可达 1.0～2.0m，二重管旋喷注浆加固体直径介于两者之间，多重管旋喷直径为 2.0～4.0m。

(2)固结体的形状可变

在均质土中，旋喷的圆柱体比较均称。在非均质或有裂隙土中，旋喷的圆柱体不匀称，甚至在圆柱体旁长出翼片，由于喷射流脉动和提升速度不均匀，固结体的外表很粗糙，三重管旋喷固结体受气流影响，在粉质黏土中外表格外粗糙。固结土的形状可以通过喷射参数来控制，大致可喷成均匀圆柱状、非均匀圆柱状、圆盘状、板墙状及扇形状。在深度大的土中，如果不采用其他措施，旋喷圆柱状固结体可能出现上粗下细似胡萝卜的形状。

(3)质量轻

固结体内部的土粒少并含有一定数量的气泡。因此，固结体的质量较轻，轻于或接近于原状土的密度，黏性土固化体比原状土轻约 10%，但砂类土固结体也可能比原状土重 10%左右。

(4)渗透性差

固结体内虽有一定的孔隙，但这些孔隙并不贯通，为密封型，而且固结体有一层较致密的硬壳，其渗透系数达 10^{-6}cm/s 或更小，具有一定的防渗性能。

(5)固结强度高

土体经过喷射后，土粒重新排列，水泥等浆液含量大。一般外侧土颗粒直径大，数量多，浆液成分也多。因此，在横断面上，中心强度低外侧强度高，与土交换的边缘处有一圈坚硬的外壳。

(6)单桩承载力

旋喷柱状固结体有较高的强度，外形凸凹不平，因此有较大的承载力。一般固结土直径越大，承载力越高。

固结土的基本性状见表 6-3。

表 6-3　高压喷射注浆固结体性质一览表

固结体性质 \ 喷注种类		单管法	双重管法	三重管法
单桩垂直极限荷载(kN)		500～600	1000～1200	2000
单桩水平极限荷载(kN)		30～40		
最大抗压强度(MPa)		砂类土 10～20，黏性土 5～10，黄土 5～10，砂砾 8～20		
平均抗拉强度/平均抗压强度(MPa)		1/5～1/10		
弹性模量 (MPa)		$K\times10^3$		
干容重 (g/cm^3)		砂类土 1.6～2.0	黏性土 1.4～1.5	黄土 1.3～1.5
渗透系数 (cm/s)		砂类土 10^{-5}～10^{-6}	黏性土 10^{-6}～10^{-7}	砂砾 10^{-6}～10^{-7}
黏聚力 c(MPa)		砂类土 0.4～0.5	黏性土 0.7～1.0	
内摩擦角 φ(°)		砂类土 30～40	黏性土 20～30	
击数 N		砂类土 30～50	黏性土 20～30	
弹性波速 (km/s)	P 波	砂类土 2～3	黏性土 1.5～20	
	S 波	砂类土 1.0～1.5	黏性土 0.8～1.0	
化学稳定性能		较好		

6.2.3　设计计算

1. 设计前的调查准备

(1)工程地质勘测和土质调查

内容包括所在区域的工程地质概况；基岩形态、深度和物理力学特性；各土层的层面状态，各层土的种类及其颗粒组成、化学成分、有机质和腐殖酸含量、天然含水量、液限、塑限、黏聚力、内摩擦角、击数、抗压强度、裂隙通道和洞穴情况等。资料中要附有各钻孔的柱状图或地质剖面图。

钻孔的间距，按一般建筑物详细勘察时的要求进行，但当水平方向变化较大时，宜适当加密孔距。

(2)水文地质情况

包括地下水位高程，各土层的渗透系数，附近地沟，暗河的分布和连通情况，地下水特性，腐蚀质的成分与含量，地下水的流量、流向等。

(3)环境调查

包括地形、地貌，施工场地的空间大小和地下埋设物状态，材料和机具运输道路，水电线路及居民情况。

(4)室内配方与现场喷射试验

为了解喷射注浆后固结体可能具有的强度和决定浆液合理的配合比，必须取现场的各层土样，在室内按不同的含水量和配合比进行配方试验，优选出最合理的浆液配方。对规模较大及较重要的工程，设计完成以后，要在现场进行试验，查明旋喷固结体的直径和强度，验证设计的可靠性和安全度。

2. 喷射参数的选择

(1)喷射参数的估计

应根据估计直径来选用喷射注浆的种类和喷射方式。对于大型的或重要的工程，估计直径应在现场通过试验确定。

(2)单桩承载力

单桩承载力的变化很大，必须经过现场试验。对于无条件进行承载力试验的场合，可按表 6-3 选用所列数值，其安全系数用 2～3。

(3)固结土强度的设计

根据设计直径和总桩数来确定固结土的强度。一般情况下，黏性土固结强度为 5MPa，砂性土固结强度为 10MPa。对于重要性强和允许承载力大的工程，可选用高标号硅酸盐水泥，通过室内试验确定浆液的水灰比或添加外加剂。

3. 布孔形式及孔距

(1)堵水防渗

堵水防渗工程中，最好按双排或三排布孔，旋喷桩形成帷幕。孔距应为 $1.73R_0$(其中 R_0 为旋喷设计半径)、排距为 $1.5R_0$ 最经济。布孔孔距如图 6-9 所示。如果想增加每一排旋喷桩的交圈厚度，可适当缩小孔距，按式(6-11)计算孔距(图 6-10)。

$$e=2\sqrt{R_0^2-\left(\frac{L}{2}\right)^2} \tag{6-11}$$

式中：e 为旋喷桩的交圈厚度，m；R_0 为旋喷桩的直径，m；L 为旋喷桩孔位的间距，m。

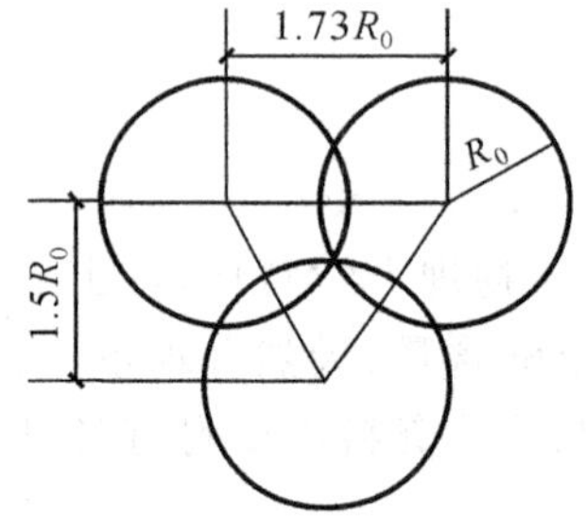

图 6-9　布孔孔距图

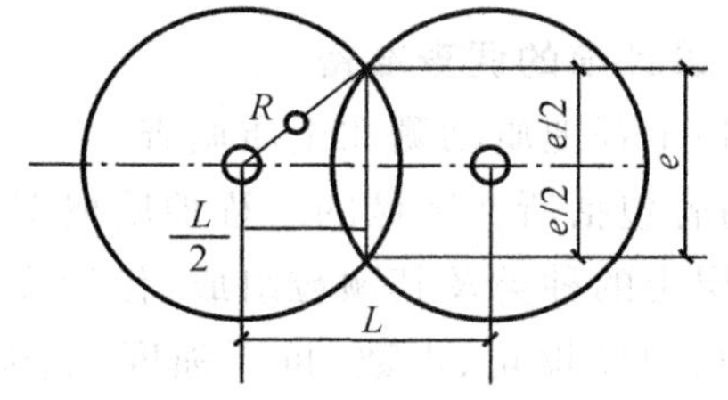

图 6-10　旋喷注浆固结体交联图

定喷也是一种常用的堵水防渗方法，由于喷射出的板墙薄而长，不但成本较旋喷低，而且整体连续性也高。相邻孔定喷联结形式如图 6-11 所示。在图 6-11 中，(a)为单喷嘴单墙首尾联结；(b)为双喷嘴单墙前后对接；(c)为双喷嘴单墙折线联结；(d)为双喷嘴双墙折线联结；(e)为双喷嘴夹角单墙联结；(f)为单喷嘴扇形单墙首尾联结；(g)为双喷嘴扇形单墙前后对接；(h)为双喷嘴扇形单墙折线联结。为了保证定喷板墙联结成一帷幕，各板墙之间要搭接才行。

(2)加固地基

在提高地基承载力的加固工程中，旋喷桩之间的距离可适当加大，不必搭接，其孔距 L 以旋喷桩直径的 2～3 倍为宜，这样可以充分发挥土的作用。布孔形式按工程需要而定。

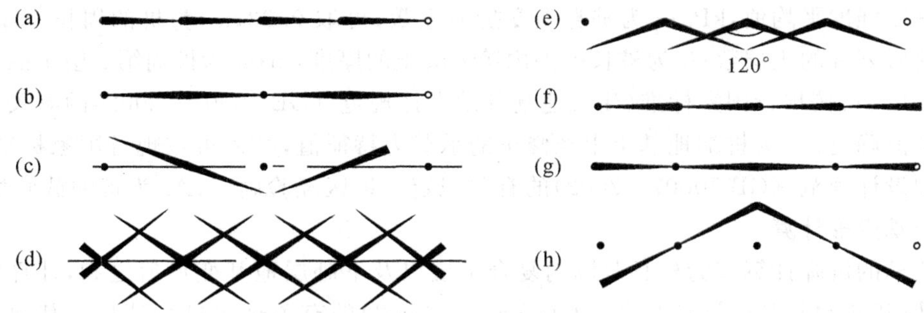

图 6-11　定喷帷幕形式示意图

4. 注浆材料及浆量计算

水泥是最便宜的注浆材料，种类也较多，是旋喷注浆的基本浆液。

浆量计算方法有两种，即体积法和喷量法，取其大者作为喷射浆量。

(1)体积法

$$Q=\frac{\pi}{4}D_e^2K_1h_1(1+\beta)+\frac{\pi}{4}D_0^2K_2h_2 \tag{6-12}$$

式中：Q 为需要用的浆量，m^3；D_e 为旋喷体直径，m；D_0 为注浆管直径，m；K_1 为填充率，0.75～0.9；h_1 为旋喷长度，m；K_2 为未旋喷范围土的填充率，0.5～0.75；h_2 为未旋喷长度，m；β 为损失系数，0.1～0.2。

(2)喷量法

以单位时间喷射的浆量及喷射持续时间，计算出浆量，计算公式为

$$Q=\frac{H}{v}q(1+\beta) \tag{6-13}$$

式中：Q 为浆量，m^3；v 为提升速度，m/min；H 为喷射长度，m；q 为单位时间喷浆量，m^3/min；β 为损失系数，0.1～0.2。

根据计算所需的喷浆量和设计的水灰比，即可确定水泥的使用数量。

5. 承载力计算

用旋喷桩处理的地基，应按复合地基设计。旋喷桩复合地基承载力特征值应通过现场地基载荷试验确定，也可按下式计算或结合当地情况与其土质相似工程的经验确定。

$$f_{spk}=m\frac{R_a}{A_p}+\beta(1-m)f_{sk} \tag{6-14}$$

式中：f_{spk} 为复合地基承载力特征值，kPa；m 为面积置换率；R_a 为单桩竖向承载力特征值，kN；A_p 为桩的截面积，m^2；β 为桩间土承载力折减系数，可根据试验或类似土质条件工程经验确定，当无试验资料或经验时，可取 0～0.5，承载力较低时取低值；f_{sk} 为处理后桩间土承载力特征值，kPa，宜按当地经验值取值，如无经验值时，可取天然地基承载力特征值。

单桩竖向承载力特征值可通过现场单桩载荷试验确定，也可按式(6-15)和(6-16)估算，取其中较小值：

$$R_a=\eta f_{cu}A_p \tag{6-15}$$

$$R_a=u_p\sum_{i=1}^{n}q_{si}l_i+q_pA_p \tag{6-16}$$

式中：f_{cu} 为与旋喷桩身水泥土配比相同的室内加固土试块在标准养护条件下，28d 龄期的

立方体抗压强度平均值，kPa；η 为桩身强度折减系数，可取 0.33；u_p 为桩的周长，m；n 为桩长范围内所划分的土层数；l_i 为桩长范围内第 i 层土的厚度，m；q_{si} 为桩周第 i 层土的侧阻力特征值，kPa，可按现行国家标准《建筑地基基础设计规范》(GB 50007—2002)的有关规定或地区经验值确定；q_p 为桩端地基土未经修正的承载力特征值，kPa，可按现行国家标准《建筑地基基础设计规范》(GB 50007—2002)的有关规定或地区经验确定；A_p 为桩的截面积，m^2。

6. 地基变形计算

旋喷桩的沉降计算应为桩长范围内复合土层以及下卧层地基变形值之和，计算时应按国家标准《建筑地基基础设计规范》(GB 50007—2002)的有关规定进行计算。其中复合土层的压缩模量可按下式确定：

$$E_{sp}=mE_p+(1-m)E_s \tag{6-17}$$

式中：E_{sp} 为旋喷桩复合土层的压缩模量，kPa；E_s 为桩间土的压缩模量，可用天然地基土的压缩模量代替，kPa；E_p 为桩体的压缩模量，可采用测定混凝土割线模量的方法确定，kPa。

6.2.4 施工及质量检验

1. 施工工艺

(1)施工机器及设备

高压喷射注浆的施工机器及设备，由高压发生装置、钻机注浆、特种钻杆和高压管路四部分组成。因喷射种类不同，所使用的机器设备和数量均不同，主要包括钻机、高压泵、泥浆泵、空气压缩机、注浆管、喷嘴、流量计、输浆管、制浆机等。

(2)施工程序

虽然单管喷射注浆法、二重管喷射注浆法、三重管喷射注浆法和多重管喷射注浆法所注入的介质种类和数量各不相同，但它们的施工程序是基本一致的，都是先把钻杆插入或打进预定土层中，自下而上进行喷射注浆作业。图 6-12 为高压喷射注浆施工流程示意图。

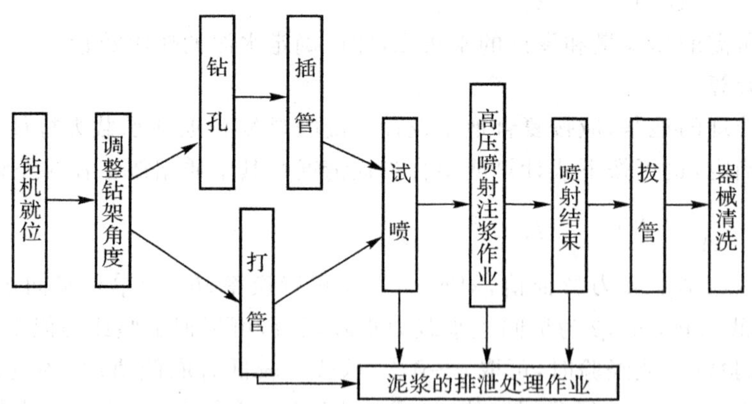

图 6-12 高压喷射注浆施工流程示意图

高压喷射注浆施工程序如下：

①钻机就位。

②钻孔。钻孔的目的是为将旋喷注浆插入预定的地层中。

③插管。插管是将旋喷注浆管插入地层预定的深度。在插管过程中，为防止泥沙堵塞喷嘴，可边射水边插管，水压力一般不超过 1MPa。如果压力过高，容易将孔壁射塌。

④喷射作业。当喷管插入预定深度后，由下而上进行喷射作业。

⑤冲洗。当喷射提升到设计标高后，旋喷即告结束。施工完毕应把注浆管等机具设备冲洗干净，管内机内不得残存水泥浆。通常把浆液换成水，在地面上喷射，以便把泥浆泵、注浆管软管内的浆液全部排出。

⑥移动机具。把钻机等机具设备移到新孔位上。

高压喷射注浆过程如图 6-13 所示。

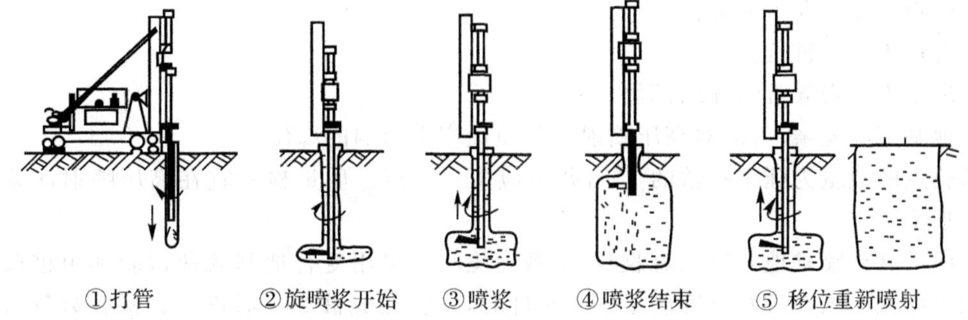

图 6-13　高压喷射注浆过程示意图

2. 施工注意事项

①钻机或旋喷机就位时机座要平稳，立轴或转盘要与孔位对正，倾角与设计误差一般不得大于 0.5°。

②喷射注浆前要检查高压设备和管路系统。设备的压力和排量必须满足设计要求。管路系统的密封圈必须良好，各通道和喷嘴内不得有杂物。

③喷射注浆作业后，由于浆液析水作用，一般均有不同程度收缩，使固结体顶部出现凹穴。所以，应及时用水灰比为 0.6 的水泥浆进行补灌，并要预防其他钻孔排出的泥土或杂物进入。

④为了加大固结体尺寸，或对深层硬土避免固结体尺寸减小，可以采用提高喷射压力、泵量或降低回转与提升速度等措施，也可以采用复喷工艺。第一次喷射（初喷）时，不注水泥浆液；初喷完毕后，将注浆管边送水边下降至初喷开始的孔深，再抽送水泥浆，自下而上进行第二次喷射（复喷）。

⑤在喷射注浆过程中，应观察冒浆的情况，以及时了解土层情况、喷射注浆的大致效果和喷射参数是否合理。采用单管或二重管喷射注浆时，冒浆量小于注浆量 20% 为正常现象；超过 20% 或完全不冒浆时，应查明原因并采取相应的措施。若系地层中有较大空隙引起的不冒浆，可在浆液中掺加适量速凝剂或增大注浆量；若冒浆过大，可减少注浆量或加快提升和回转速度，也可缩小喷嘴直径，提高喷射压力。采用三重管喷射注浆时，冒浆量则应大于高压水的喷射量，但其超过量应小于注浆量的 20%。

⑥对冒浆应妥善处理，及时清除沉淀的泥渣。在砂层中用单管或二重管注浆旋喷时，可以利用冒浆进行补灌已施工过的桩孔。但在黏土层、淤泥层旋喷或用三重管注浆旋喷时，因冒浆中掺入黏土或清水，故不宜利用冒浆回灌。

⑦在软弱地层旋喷时，固结体强度低。可以在旋喷后用砂浆泵注入 M15 砂浆来提高固结体的强度。

⑧在湿陷性地层进行高压喷射注浆成孔时，若用清水或普通泥浆作冲洗液，会加剧沉

降,此时宜用空气洗孔。

⑨在砂层尤其是干砂层中旋喷时,喷头的外径不宜大于注浆管,否则易夹钻。

3. 质量检验

高压喷射注浆可根据工程要求和当地经验采用开挖检查、取芯(常规取芯或软取芯)、标准贯入试验、载荷试验或围井注水试验等方法进行检验,并结合工程测试、观测资料及实际效果综合评价加固效果。

检验点应布置在下列部位:

①有代表性的桩位。

②施工中出现异常情况的部位。

③地基情况复杂,可能对高压喷射注浆质量产生影响的部位。

检验点的数量为施工孔数的1%,并不应少于3点。质量检验宜在高压喷射注浆结束28d后进行。

竖向承载旋喷桩地基竣工验收时,承载力检验应采用复合地基载荷试验和单桩载荷试验。载荷试验必须在桩身强度满足试验条件时,并宜在成桩28d后进行。检验数量为桩总数的0.5%~1%,且每项单体工程不应少于3点。

6.3 灌浆法

6.3.1 概 述

在接触灌浆法概念之前我们先看一个应用灌浆法的工程实例。

肇庆市地处广东省西江流域中的冲积盆地。这个盆地的基底是泥盆石炭纪时代的古老地层,以石灰岩为主,还有砂岩、砾岩和炭质页岩,岩路十分发育,洞穴、裂隙发达,属构造复杂地带。上部覆盖着第四纪冲积层,此层含有淤泥、亚黏土和黏土。该城市高层建筑以桩基础为主,但因地层复杂,往往带来诸多麻烦。例如,采用人工挖孔桩,因岩溶地区地质复杂,基底起伏较大,或遇溶洞、溶漕,或因抽水使地面沉陷,若采用打入式挤压桩(预制桩、沉管灌注桩等)基础,又因黏性土的黏塑性使桩反弹或难免将桩的持力层置于顶板厚度不大的洞穴上,留下隐患。若采用天然地基利用地表的硬壳层,又因场地表层的土质不均匀,硬软不一,地基承载力不一致,容易造成地基的不均匀沉陷。以上种种原因使肇庆市的高层建筑没有其他城市那么多,有的甚至因基础问题不得不将高层建筑改为低层建筑。

金叶大厦楼高13层,位于肇庆市工农北路,花塔酒店对面,地处西江冲积盆地。经勘探,约15m以下的下伏岩层是石炭纪时代的石灰岩。基岩面凹凸不平起伏较大,喀斯特溶洞特别发育。上伏岩层为第四纪冲积和残积成因的黏土和亚黏土,地基承载力为200~250kPa,压缩模量为10MPa,动探测试12击。但位于大厦的南端,孔深在8~15m之间,夹有一层软弱土层。土呈软塑状态,向北方延伸,结构复杂,变化较大,常有缺失现象。地基承载力为150kPa,构成大厦南端地基不良的地质地段。为此,采用化学灌浆预先加固补强这部分地基(灌浆前后主要力学指标比较见表6-4),使整个建筑场地的地基基本均匀,完全满足了天然地基箱形基础的工程地质要求。经沉降观测,最大沉降2.0cm,平均沉降1.5cm,为设计量的15%。

表 6-4 灌浆前后主要力学指标

建筑物名称	项目	地基承载力（kPa）	压缩模量 E_s（kPa）	孔隙比 e	动探 $N_{63.5}$（击）	土的状态
金叶大厦	灌浆前	150	4.9	1.179	5～6	软塑
	灌浆后	250～300	10	0.709	12	硬塑

金叶大厦原设计为人工挖孔桩加箱形基础，采用化学灌浆预先对软弱部分地基进行加固后，改为天然地基箱形基础，与原方案相比（见表 6-5），节省资金 40 万元，缩短工期 8 个月。

表 6-5 基础工程成本核算比较表

项目	面积（m^2）	挖桩（万元）	地下室（万元）	灌浆面积及所占比例（m^2/%）	灌浆（万元）	基础造价（万元）	经济指标（元/m^2）	时间（月）
原设计挖桩和地下室	460	55	50			105	2283	12
实际用天然地基和地下室	460		57	235/51.09	8	65	1413	4
节约成本和时间						40	870	8

下面让我们先介绍灌浆法的基本概念。

灌浆法（或称注浆法）是指根据液压、气压或电化学原理，通过注浆管把浆液均匀地注入地层中，浆液以填充、渗透和挤密等方式，赶走土颗粒间或岩石裂隙中的水分和空气后占据其位置，经人工控制一定时间后，浆液将原来松散的土粒或裂隙胶结成一个整体，形成一个结构新、强度大、防水性能好和化学稳定性良好的“结石体”。

灌浆法在我国煤炭、冶金、水电、建筑、交通和铁道等部门都进行了广泛使用（见表6-6），并取得了良好的效果。其加固目的有以下几个方面。

表 6-6 灌浆法在工程中的应用

工程类别	应用场所	目　　的
建筑工程	①建筑物因地基土强度不足发生不均匀沉降 ②桩侧或桩端注浆	①改善土的力学性能，对地基进行加固或纠偏处理 ②提高桩周摩阻力和桩端抗压强度，或处理桩底残渣过厚引起的质量问题
坝基工程	①基础岩溶发育或受构造断裂切割破坏 ②帷幕灌浆 ③重力坝灌浆	①提高岩土密实度、均匀性、弹性模量和承载力 ②切断渗流 ③提高坝体整体性、抗滑稳定性
地下工程	①在建筑物基础下挖地下隧道、涵洞、管线路等 ②洞室围岩	①防止地面沉降过大，限制地下水活动及制止土体位移 ②提高洞室稳定性，防渗
其他	①边坡 ②桥基 ③路基等	维护边坡稳定，防止支挡建筑的涌水和邻近建筑物沉降、桥墩防护、桥索支座加固、处理路基病害等

①增加地基土的不透水性，防止流砂、钢板桩渗水、坝基漏水和隧道开挖时涌水，以及改善地下工程的开挖条件。

②防止桥墩和边坡护岸的冲刷。

③整治明方滑坡，处理路基病害。

④提高地基土的承载力，减少地基的沉降和不均匀沉降。

⑤进行托换技术，对古建筑的地基加固。

灌浆法按加固原理可分为渗透灌浆、挤密灌浆、劈裂灌浆和电动化学灌浆。

6.3.2　作用机理

1. 浆液材料

灌浆加固离不开浆液材料，而浆材品种和性能的好坏，又直接关系着灌浆工程的成败、质量和造价，因而灌浆工程界历来对灌浆材料的研究和发展极为重视。现在可用的浆液材料越来越多，尤其在我国，浆液材料性能和应用问题的研究比较系统和深入，有些浆液材料通过改性使其缺点消除后，正朝理想浆液材料的方向演变。

灌浆工程中所用的浆液是由主剂（原材料）、溶剂（水或其他溶剂）及各种外加剂混合而成。通常所提的灌浆材料是指浆液中所用的主剂。外加剂可根据在浆液中所起的作用，分为固化剂、催化剂、速凝剂、缓凝剂和悬浮剂等。

（1）浆液材料分类

浆液材料分类的方法很多，如：按浆液所处状态，可分为真溶液、悬浮液和乳化液；按工艺性质，可分为单浆液和双浆液；按主剂性质，可分为无机系和有机系等。通常可按图 6-14 进行分类。

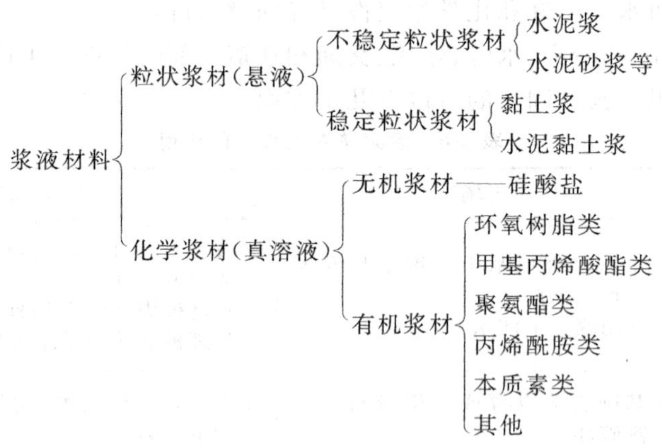

图 6-14　灌浆法按浆液材料分类

（2）浆液性质

灌浆材料的主要性质包括材料的分散度、沉淀析水性、凝结性、热学性、收缩性、结石强度、渗透性和耐久性。

①材料的分散度。分散度是影响可灌性的主要因素，一般分散度越高，可灌性就越好。分散度还将影响浆液的一系列物理力学性质。

②沉淀析水性。在浆液搅拌过程中，水泥颗粒处于分散和悬浮于水中的状态，但当浆

液制成和停止搅拌时，除非浆液极为浓稠，否则水泥颗粒将在重力作用下沉淀，并使水向上升。沉淀析水性是影响灌浆质量的有害因素。浆液水灰比是影响析水性的主要因素，研究证明，当水灰比为 1.0 时，水泥浆的最终析水率可高达 20%。

③凝结性。浆液的凝结过程被分为两个阶段：初期阶段，浆液的流动性减少到不可泵送的程度；第二阶段，凝结后的浆液随时间而逐渐硬化。研究证明，水泥浆的初凝时间一般在 2 ～ 4h，黏土水泥浆则更慢。由于水泥微粒内核的水化过程非常缓慢，故水泥结石强度的增长有的延续几十年。

④热学性。由于水化热引起的浆液温度主要取决于水泥类型、细度、水泥含量、灌注温度和绝热条件等因素。当大体积灌浆工程需要控制浆温时，可采用低热水泥、低水泥含量及降低拌和水温度等措施。当采用黏土水泥浆灌注时，一般不存在水化热问题。

⑤收缩性。浆液及结石的收缩性主要受环境条件的影响。潮湿养护的浆液只要长期维持其潮湿条件，不仅不会收缩还可能随时间而略有膨胀。反之，干燥养护的浆液或潮湿养护后又使其处于干燥环境中，就可能发生收缩。一旦发生收缩，就将在灌浆体中形成微细裂隙，使浆液效果降低，因而在灌浆设计中应采取防御措施。

⑥结石强度。影响结石强度的因素主要包括：浆液的起始水灰比、结石的孔隙率、水泥的品种及掺和料等，其中以浆液浓度最为重要。

⑦渗透性。与结石的强度一样，结石的渗透性也与浆液起始水灰比、水泥含量及养护龄期等一系列因素有关。工程实践表明，不论纯水泥浆还是黏土水泥浆，其渗透性都很小。

⑧耐久性。水泥结石在正常条件下是耐久的，但若灌浆体长期受水压力作用，则可能使结石破坏。当地下水具有侵蚀性时，宜根据具体情况选用矿渣水泥、火山灰水泥、抗硫酸盐水泥或高铝水泥。由于黏土料基本不受地下水的化学侵蚀，故黏土水泥结石的耐久性比纯水泥结石为好。此外，结石的密度越大和透水性越小，灌浆体的寿命就越长。

2. 灌浆理论

在地基处理中，灌浆工艺所依据的理论主要可归纳为以下四类：

(1)渗透灌浆

渗透灌浆是指在压力作用下使浆液充填土的孔隙和岩石的裂隙，排挤出孔隙中存在的自由水和气体，而基本上不改变原状土的结构和体积(砂性土灌浆的结构原理)，所用灌浆压力相对较小。这类灌浆一般只适用于中砂以上的砂性土和有裂隙的岩石。代表性的渗透灌浆理论有球形扩散理论、柱形扩散理论和袖套管法理论。

(2)劈裂灌浆

劈裂灌浆是指在压力作用下，浆液克服地层的初始应力和抗拉强度，引起岩石和土体结构的破坏和扰动，使其沿垂直于小主应力的平面上发生劈裂，使地层中原有的裂隙或孔隙张开，形成新的裂隙或孔隙，浆液的可灌性和扩散距离增大，而所用的灌浆压力相对较高。

(3)挤密灌浆

挤密灌浆是指通过钻孔在土中灌入极浓的浆液，在注浆点使土体挤密，在注浆管端部附近形成“浆泡”，如 6-15 所示。

经研究证明，向外扩张的浆泡将在土体中引起复杂的径向和切向应力体系。紧靠浆泡处的土体将遭受严重破坏和剪切，并形成塑性变形区，在此区内土体的密度可能因扰动而

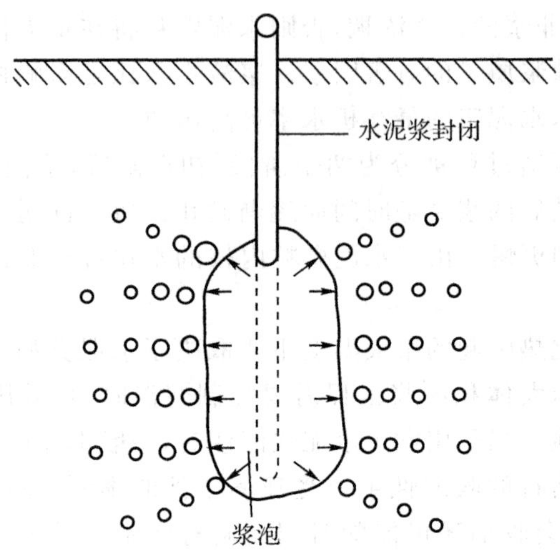

图 6-15 挤密灌浆原理示意图

减小；离浆泡较远的土则基本上发生弹性变形，因而土的密度有明显的增加。

浆泡的形状一般为球形或圆柱形。在均匀土中的浆泡形状相当规则，而在非均质土中则很不规则。浆泡的最后尺寸取决于很多因素，如土的密度、湿度、力学性质、地表约束条件、灌浆压力和注浆速率等。有时浆泡的横截面直径可达 1m 或更大。实践证明，离浆泡界面 0.3～2.0m 内的土体都能受到明显的加密。

挤密灌浆常用于中砂地基，黏土地基中若有适宜的排水条件也可采用。如遇排水困难而可能在土体中引起高孔隙水压力时，就必须采用很低的注浆速率。挤密灌浆可用于非饱和的土体，以调整不均匀沉降进行托换技术，以及在大开挖或隧道开挖时对邻近土进行加固。

(4)电动化学灌浆

当地基土的渗透系数 $k<10^{-4}$ cm/s 时，只靠一般的静压力难以使浆液注入土的孔隙，此时需用电渗的作用使浆液进入土中。

电动化学灌浆是指在施工时将带孔的注浆管作为阳极，用滤水管作为阴极，将溶液由阳极压入土中，并通以直流电(两电极间电压梯度一般采用 0.3～1.0V/cm)，在电渗作用下，孔隙水由阳极流向阴极，促使通电区域中土的含水量降低，并形成渗浆通路，化学浆液也随之流入土的孔隙中，并在土中硬结。因而电动化学灌浆是在电渗排水和灌浆法的基础上发展起来的一种加固方法。但电渗排水作用可能会引起邻近既有建筑物基础的附加下沉，遇这一情况应慎重。

灌浆一般采用定量灌注方法，而不是灌至不吃浆为止。灌浆结束后，地层中的浆液往往仍具有一定的流动性，因而在重力作用下，浆液可能流失，使本来已被填满的孔隙重新出现空洞，使灌浆体的整体强度削弱。不饱和充填的另一个原因是采用不稳定的粒状浆液，如这类浆液太稀，在灌浆结束后浆中的多余水又不能排除，则浆液将沉淀析水而在孔隙中形成空洞。可采用以下措施防止上述现象：

①当浆液充满孔隙后，继续通过钻孔施加最大灌浆压力。

②采用稳定性较好的浓浆。

③待已灌浆液达到初凝后，设法在原孔段内进行复灌。

6.3.3　设计计算

1. 设计内容

设计内容包括以下几方面。

(1)灌浆标准

通过灌浆要求达到的效果和质量指标。

(2)施工范围

它包括灌浆深度、长度和宽度。

(3)灌浆材料

它包括浆材种类和浆液配方。

(4)浆液影响半径

它是指浆液在设计压力下所能达到的有效扩散距离。

(5)钻孔布置

根据浆液影响半径和灌浆体设计厚度,确定合理的孔距、排距、孔数和排数。

(6)灌浆压力

规定不同地区和不同深度的允许最大灌浆压力。

(7)灌浆效果评估

用各种方法和手段检测灌浆效果。

2. 方案选择原则

灌浆方案的选择一般应遵循下述原则:

①灌浆目的若是为提高地基强度和变形模量,一般可选用以水泥为基本材料的水泥浆、水泥砂浆和水泥水玻璃浆等,或采用高强度化学浆材,如环氧树脂、聚氨酯以及以有机物为固化剂的硅酸盐浆材等。

②灌浆目的若是为防渗堵漏时,可采用黏土水泥浆、黏土水玻璃浆、水泥粉煤灰混合物、丙凝、AC-MS、铬木素以及无机试剂为固化剂的硅酸盐浆液等。

③在裂隙岩层中灌浆一般采用纯水泥浆或在水泥浆(水泥砂浆)中掺入少量膨润土;在砂砾石层中或溶洞中可采用黏土水泥浆;在砂层中一般只采用化学浆液,在黄土中采用单液硅化法或碱液法。

④对孔隙较大的砂砾石层或裂隙岩层中采用渗入性注浆法,在砂层灌注粒状浆材宜采用水力劈裂法;在黏性土层中采用水力劈裂法或电动硅化法;纠正建筑物的不均匀沉降则采用挤密灌浆法。

表 6-7 是根据不同对象和目的选择灌浆方案的经验法则,可供选择灌浆方案时参考。

表 6-7　根据不同对象和目的选择灌浆方案

编号	灌浆对象	适用的灌浆原理	适用的灌浆方法	常用灌浆材料	
				防渗灌浆	加固灌浆
1	卵砾石	渗入性灌浆	袖阀管法最好,也可用自上而下分段钻灌法	黏土水泥浆或粉煤灰水泥浆	水泥浆或硅粉水泥浆
2	砂	渗入性灌浆、劈裂灌浆	同上	酸性水玻璃、丙凝、单宁水泥系浆材	酸性水玻璃、单宁水泥浆或硅粉水泥浆

续表

编号	灌浆对象	适用的灌浆原理	适用的灌浆方法	常用灌浆材料	
				防渗灌浆	加固灌浆
3	黏性土	劈裂灌浆、挤密灌浆	同上	水泥黏土浆或粉煤灰水泥浆	水泥浆、硅粉水泥浆、水玻璃水泥浆
4	岩层	渗入性或劈裂灌浆	小口径孔口封闭自上而下分段钻灌法	水泥浆或粉煤灰水泥浆	水泥浆或硅粉水泥浆
5	断层破碎带	渗入性或劈裂灌浆	同上	水泥浆或先灌水泥浆后灌化学浆	水泥浆或先灌水泥浆后灌改性环氧树脂或聚氨酯
6	混凝土内微裂缝	渗入性灌浆	同上	改性环氧树脂或聚氨酯浆材	改性环氧树脂浆材
7	动水封堵	采用水泥水玻璃等快凝材料，必要时在浆液中掺入砂等粗料，在流速特大的情况下，尚可采取特殊措施，例如在水中预填石块或级配砂石后再灌浆			

3. 灌浆标准的确定

所谓灌浆标准，是指设计者要求地基灌浆后应达到的质量指标。所用灌浆标准的高低，关系到工程质量、进度、造价和建筑物的安全。

设计标准涉及的内容较多，而且工程性质和地基条件千差万别，对灌浆的目的和要求很不相同，因而很难规定一个比较具体和统一的准则，而只能根据具体情况作出具体的规定。下面仅提出几点与确定灌浆标准有关的原则和方法。

(1)防渗标准

防渗标准是指渗透性的大小。防渗标准越高，表明灌浆后地基的渗透性越低，灌浆质量也就越好。原则上，对比较重要的建筑、对渗透破坏比较敏感的地基以及地基渗漏量必须严格控制的工程，都要求采用较高的标准。

防渗标准都采用渗透系数表示。对重要的防渗工程，都要求将地基土的渗透系数降低至 $10^{-5}\sim10^{-4}$cm/s 以下；对临时性工程或允许出现较大渗漏量而又不致发生渗透破坏的地层，也有采用 10^{-3}cm/s 数量级的。

(2)强度和变形标准

根据灌浆的目的，强度和变形的标准将随各工程的具体要求而不同。如：为了增加摩擦桩的承载力，主要应沿桩的周边灌浆，以提高桩侧界面间的黏聚力；对支承桩则在桩底灌浆以提高桩端土的抗压强度和变形模量。为了减少坝基础的不均匀变形，仅需在坝下游基础受压部位进行固结灌浆，以提高地基土的变形模量，而无须在整个坝基灌浆。对振动基础，有时灌浆目的只是为了改变地基的自然频率以消除共振条件，因而不一定需用强度较高的浆材。为了减小挡土墙的土压力，则应在墙背至滑动面附近的土体中灌浆，以提高地基土的重度和滑动面的抗剪强度。

(3)施工控制标准

灌浆后的质量指标只能在施工结束后通过现场检测来确定。有些灌浆工程甚至不能进行现场检测，因此必须制定一个能保证获得最佳灌浆效果的施工控制标准。

①按耗浆量控制。在正常情况下理论耗浆量 Q 为

$$Q=V\cdot n+m \tag{6-14}$$

式中：V 为设计灌浆体积；n 为土的孔隙率；m 为无效注浆量。

②按耗浆量降低率进行控制。由于灌浆是按逐渐加密原则进行的，孔段耗浆量应随加密次序的增加而逐渐减少。若起始孔距布置正确，则第二次序孔的耗浆量将比第一次序孔大为减少，这是灌浆取得成功的标志。

4. 浆材及配方设计

根据土质和灌浆目的的不同，灌浆材料的选择也是不同的。水泥浆材是工程中应用最广泛的浆液，这种悬浮液的主要问题是析水性大、稳定性差。水灰比越大，上述问题就越突出。此外，纯水泥浆的凝结时间较长，在地下水流速较大的条件下灌浆时浆液易受冲刷和稀释等。为了改善水泥浆液的性质，以适应不同的灌浆目的和自然条件，常在水泥浆中掺入各种附加剂。

5. 浆液扩散半径的确定

浆液扩散半径 r 是一个重要的参数，它对灌浆工程量及造价具有重要的影响。所谓扩散半径并非是最远距离，而是能符合设计要求的扩散距离。在确定扩散半径时，要选择多数条件下可达到的数值，而不是取平均值。r 值可按理论公式进行估算；当地质条件较复杂或计算参数不易选准时，就应通过现场灌浆试验来确定，在现场进行试验时，要选择不同特点的地基，用不同的灌浆方法，以求不同条件下浆液的 r 值。

当有些地层因渗透性较小而不能达到 r 值时，可提高灌浆压力或浆液的流动性，必要时还可在局部地区增加钻孔以缩小孔距。

6. 孔位布置

注浆孔的布置是根据浆液的注浆有效范围，使被加固土体在平面和深度范围内连成一个整体的原则决定的。

7. 灌浆压力的确定

灌浆压力是指不会使地表面产生变化和邻近建筑物受到影响的前提下可能采用的最大压力。

由于浆液的扩散能力与灌浆压力的大小密切相关，有人倾向于采用较高的灌浆压力，在保证灌浆质量的前提下，使钻孔数尽可能减少。高灌浆压力还能使一些微细孔隙张开，有助于提高可灌性。当孔隙中被某种软弱材料充填时，高灌浆压力能在充填物中造成劈裂灌注，使软弱材料的密度、强度和不透水性等得到改善。此外，高灌浆压力还有助于挤出浆液中的多余水分，使浆液结石的强度提高。

但是，当灌浆压力超过地层的压重和强度时，将有可能导致地基及其上部结构的破坏。因此，一般都以不使地层结构破坏或仅发生局部的和少量的破坏，作为确定地基容许灌浆压力的基本原则。

灌浆压力值与地层土的密度、强度和初始应力、钻孔深度、位置及灌浆次序等因素有关，而这些因素又难以准确地预知，因而宜通过现场灌浆试验来确定。

8. 灌浆量

灌注所需的浆液总用量 Q 可参照下式计算：

$$Q=K\cdot V\cdot n\cdot 100 \tag{6-15}$$

式中：Q 为浆液总用量，L；V 为注浆对象的土量，m^3；n 为土的孔隙率；K 为经验系数，软土、黏性土、细砂，K＝0.3～0.5，中砂、粗砂，K＝0.5～0.7，砾砂，K＝0.7～1.0，湿陷性黄土，K＝0.5～0.8。

一般情况下，黏性土地基中的浆液注入率为15％～20％。

6.3.4 施工及质量检验

1.施工工艺

(1)灌浆施工方法的分类

见表6-8。

表6-8 注浆施工方法分类表

<table>
<tr><th colspan="3">注浆管设置方法</th><th>凝胶时间</th><th>混合方法</th></tr>
<tr><td rowspan="2">单层管注浆法</td><td colspan="2">钻杆注浆法</td><td rowspan="2">中等</td><td rowspan="2">双液单系统</td></tr>
<tr><td colspan="2">过滤管(花管)注浆法</td></tr>
<tr><td rowspan="6">双层管注浆法</td><td rowspan="3">双栓塞注浆法</td><td>套管法</td><td rowspan="3">长</td><td rowspan="3">单液单系统</td></tr>
<tr><td>泥浆稳定土层法</td></tr>
<tr><td>双过滤器法</td></tr>
<tr><td rowspan="3">双层管钻杆法</td><td>DDS法</td><td rowspan="3">短</td><td rowspan="3">双液双系统</td></tr>
<tr><td>LAG法</td></tr>
<tr><td>MT法</td></tr>
</table>

(2)灌浆工艺

①注浆孔的钻孔孔径一般为70～110mm，垂直偏差应小于1％。注浆孔有设计角度时应预先调节钻杆角度，倾角偏差不得大于20°。

②当钻孔钻至设计深度后，必须通过钻杆注入封闭泥浆，直到孔口溢出泥浆方可提杆。当提杆至中间深度时，应再次注入封闭泥浆，最后完全提出钻杆。封闭泥浆的7d无侧限抗压强度宜为0.3～0.5MPa，浆液黏度为80～90。

③注浆压力一般与加固深度的覆盖压力、建筑物的荷载、浆液黏度、灌注速度和灌浆量等因素有关。注浆过程中压力是变化的，初始压力小，最终压力高，在一般情况下每深1m压力增加20～50kPa。

④若进行第二次注浆，化学浆液的黏度因较小，不宜采用自行密封式密封圈装置，宜采用两端用水加压的膨胀密封型注浆芯管。

⑤灌浆完后就要拔管，若不及时拔管，浆液会把管子凝住而造成拔管困难。拔管时宜使用拔管机。用塑料阀管注浆时，注浆芯管每次上拔高度应为330mm；花管注浆时，花管每次上拔或下钻高度宜为500mm。拔出管后，及时刷洗注浆管等，以便保持通畅洁净。拔出管后在土中留下的孔洞，应用水泥砂浆或土料填塞。

⑥灌浆的流量一般为7～10L/min。对充填型灌浆，流量可适当加大，但也不宜大于20 L/min。

⑦在满足强度要求的前提下，可用磨细粉煤灰或粗灰部分地替代水泥，掺入量应通过试验确定，一般掺入量约为水泥重量的20％～50％。

⑧为了改善浆液性能，可在拌制水泥浆液时加入如下外加剂：

(a)加速浆体凝固的水玻璃，其模数应为 3.0～3.3，水玻璃掺入量应通过试验确定，一般为水泥用量的 0.5%～3%；

(b)提高浆液扩散能力和可泵性的表面活性剂(或减水剂)，如三乙醇胺等，其掺入量为水泥用量的 0.3%～0.5%；

(c)提高浆液的均匀性和稳定性，防止固体颗粒离析和沉淀而掺加的膨润土，其掺入量不宜大于水泥用量的 5%。

浆体必须经过搅拌机充分搅拌均匀后，才能开始压注，并应在注浆过程中不停地缓慢搅拌，浆体在泵送前应经过筛网过滤。

⑨冒浆处理。土层的上部压力小，下部压力大，浆液就有向上抬高的趋势。灌注深度大，上抬不明显；而灌注深度浅，浆液上抬较多，甚至会溢到地面上来，此时可采用间歇灌注法，亦即让一定数量的浆液灌注入上层孔隙大的土中后，暂停工作，让浆液凝固，几次反复，就可把上抬的通道堵死，或者加快浆液的凝固时间，使浆液出注浆管就凝固。工作实践证明，需加固的土层之上应有不少于 2m 厚的土层，否则应采取措施防止浆液上冒。

2. 质量检验

灌浆效果与灌浆质量的概念不完全相同。灌浆质量一般是指灌浆施工是否严格按设计和施工规范进行。例如灌浆材料的品种规格、浆液的性能、钻孔角度、灌浆压力等，都要求基土的物理力学性质提高的程度。

灌浆质量高不等于灌浆效果好。因此，设计和施工中，除应明确规定某些质量指标外，还应规定所要达到的灌浆效果及检查方法。

灌浆效果的检验，通常在注浆结束后 28d 才可进行，检验方法如下：

①统计计算灌浆量。可利用灌浆过程中的流量和压力自动曲线进行分析，从而判断灌浆效果。

②利用静力触探测试加固前后土体力学指标的变化，用以了解加固效果。

③在现场进行抽水试验，测定加固土体的渗透系数。

④采用现场静载荷试验，测定加固土体的承载力和变形模量。

⑤采用钻孔弹性波试验，测定加固土体的动弹性模量和剪切模量。

⑥采用标准贯入试验或轻便触探等动力触探方法，测定加固土体的力学性能，此法可直接得到灌浆前后原位土的强度，进行对比。

⑦进行室内试验。通过室内加固前后土的物理力学指标的对比试验，判定加固效果。

⑧采用 γ 射线密度计法。它属于物理探测方法的一种，在现场可测定土的密度，用以说明灌浆效果。

⑨使用电阻率法。将灌浆前后对土所测定的电阻率进行比较，根据电阻率差说明土体孔隙中浆液的存在情况。

习　题

6-1　试述灌浆法、高压喷射注浆法及水泥土搅拌法的概念、适用范围及分类方法。

6-2　试述水泥土的工程特性。

6-3 水泥土搅拌桩的加固机理是基于水泥土的哪些物理化学反应？

6-4 试述水泥土搅拌桩的设计步骤。

6-5 如何选用高压喷射注浆中单管、二重管和三重管的施工工艺？

6-6 什么叫旋喷、定喷和摆喷？简述它们的主要工程应用。

6-7 试述高压喷射注浆法形成加固土的基本性状。

6-8 试分析渗透灌浆、劈裂灌浆、挤密灌浆和电动化学灌浆的区别，并说明它们的主要工程应用。

6-9 试简述灌浆方案的选择原则。

6-10 什么是灌浆标准、灌浆压力和浆液扩散半径？它们是怎样确定的？

第7章 加 筋

【学习要点】

熟悉化学加固的作用机理和适用范围，掌握水泥土搅拌法、高压喷射注浆法和灌浆法的设计方法，了解化学加固的施工方法及质量检验。

7.1 概 述

土的加筋是指在土体中设置加筋材料，形成可以承受抗压、抗拉、抗剪、抗弯的复合土体，以提高地基承载力、减少沉降和增加地基稳定性，常称为“加筋土法”或“加筋土技术”。加筋土由加筋材料和土共同组成，在荷载作用下，土与加筋材料之间产生相对位移和剪应力，使加筋材料中产生拉力，从而增加了对土的横向变形的约束。另外，加筋材料的应用，还可使土中的应力均匀，进而减少加筋土地基的不均匀沉降。

加筋土中，起加筋作用的加筋材料的类型较多。从材料的性质来分，有金属材料和合成材料；从材料的形状来分，有棒状、条状、网状、格栅状等；从材料允许的变形来分，有刚性材料和柔性材料，刚性材料如金属和一些弹性模量较大的合成材料，柔性材料如土工织物、土工格栅等。

土的加筋在我国古代早有应用，例如，我国劳动人民用草秸等材料掺入胶泥盖屋或用柴枝、芦苇、草席修路，据史料记载，汉武帝时就以草枝建造长城，这些均是加筋土的早期应用实例。然而，现代加筋土的发展源于20世纪60年代，1966年，法国工程师Henri Vidal通过试验发现，当土中掺有纤维材料时，形成的复合土强度可明显提高到天然土的好几倍，并且他用渡镍钢条作为加筋材料修筑了挡土墙，提出了土的加筋概念和理论，为现代加筋土的迅速发展作出了开创性贡献。

随着土工合成材料的大规模应用，加筋土法得到了广泛的工程应用，现已被广泛应用于支挡结构、陡坡、路堤和软土地基的加固等方面，如图7-1和7-2所示。

7.2 土工合成材料

土工合成材料是指以人工合成的聚合物为原料的材料总称，是应用于土木工程领域的一种新型材料。土工合成材料是将高分子聚合物通过纺丝和后处理支撑纤维，再加工而成，常见的这类纤维有：聚酰胺纤维（PA，如尼龙、锦纶），聚酯纤维（如涤纶），聚丙烯纤维

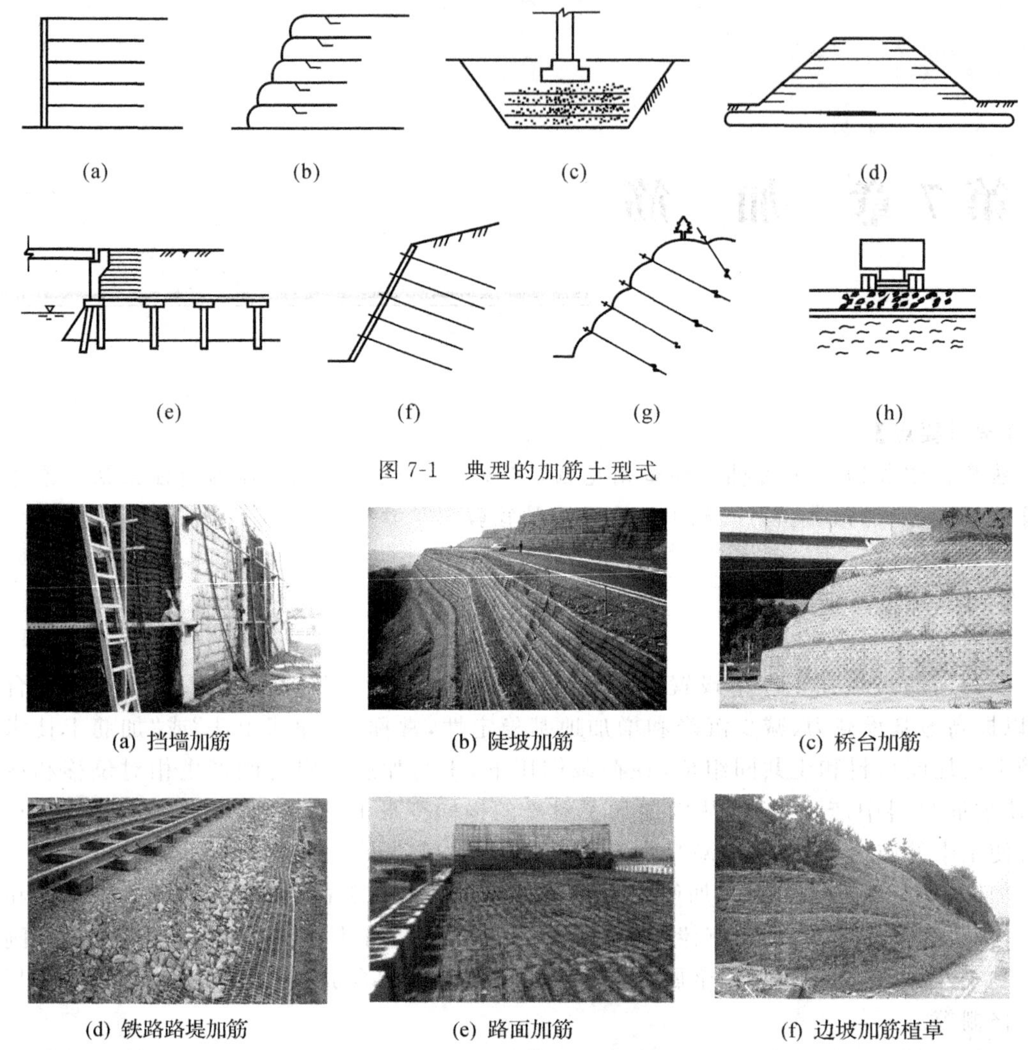

图 7-1 典型的加筋土型式

(a) 挡墙加筋 (b) 陡坡加筋 (c) 桥台加筋

(d) 铁路路堤加筋 (e) 路面加筋 (f) 边坡加筋植草

图 7-2 加筋土工程应用实例

(PP,如腈纶),聚乙烯纤维(PE,如维纶),以及聚氯乙烯纤维(PVC,如氯纶)等。

土工合成材料的应用最早可以追溯到 20 世纪 30 年代,主要在美国用于渠道防渗,但当时只是一些零星的使用,土工合成材料作为一种专门的材料走上工程界的时间为 20 世纪 50 年代,它首先在美国,随后在欧洲、日本、印度等国家迅速发展,主要用于中小型的护岸和防护工程上。1958 年,R. J. Barrett 在美国佛罗里达州利用聚氯乙烯织物作为海岸块石护坡的垫层,这是土工织物首次应用于工程。20 世纪 50 年代末到 60 年代初,荷兰的三角洲工程大规模地应用了丙纶有纺织物和锦纶有纺织物等土工合成材料,此工程的成功实践引起了国际上对土工合成材料的广泛重视。1968 年,法国首先生产了无纺(非织造)土工织物,并与 1970 年首次用于法国的堤坝工程建设中。无纺织物的推广,使土工合成材料以迅猛的速度发展,土工合成材料向世界各地和各个工程领域迅速渗透。据不完全统计,全世界每年应用土工合成材料的工程至少在 1 万项以上,所用的土工合成材料超过 10 亿平方米。

我国应用土工合成材料最早可以追溯到 20 世纪 60 年代，主要用于水库、水闸、蓄水池等水利工程中。例如，北京东北旺灌区使用聚氯乙烯土工膜作为渠道防渗材料取得了较好效果。1965 年，沥青聚氯乙烯热压膜被用于桓仁水电站混凝土支墩坝的裂缝漏水。1976 年，江苏省长江嘶马岸护坡工程用聚丙烯编织布、聚氯乙烯网绳和混凝土压重组成的软体排进行河岸防冲刷保护。到 80 年代，无纺织物得到了应用。1981 年，铁路部门首先将无纺织物作为隔离材料应用于防治路基的“翻浆冒泥”现象。1983 年，在广茂铁路路基中第一次采用了土工织物铺设在软基表面，增加路基的稳定性。这些新技术和新材料在我国的尝试，掀起了应用和生产土工合成材料的高潮，生产和制造各种土工合成材料的工厂如雨后春笋般建立起来，产品几乎涵盖了除个别特殊品种外的各种土工合成材料。

伴随着土工合成材料在工程中广泛应用，技术交流和学术研究也蓬勃发展。20 世纪 90 年代后期，国内先后出版了关于土工合成材料测试、应用方面的专著多部。1998 年后，与土工合成材料有关的 10 余本规范、规程相继编制完成，并陆续颁布执行，极大地推动了我国土工合成材料的发展和应用。

7.2.1　土工合成材料的类型

近年来，土工合成材料的发展迅速，种类繁多，而且新的品种层出不穷，使得土工合成材料的分类方法较多。一般来说，根据加工制造、原料、用途的不同，可以将土工合成材料分为土工织物、土工膜、土工格栅、土工网、土工复合材料和其他土工合成材料。具体的分类体系见图 7-3。图 7-4 介绍了部分土工合成材料形状。

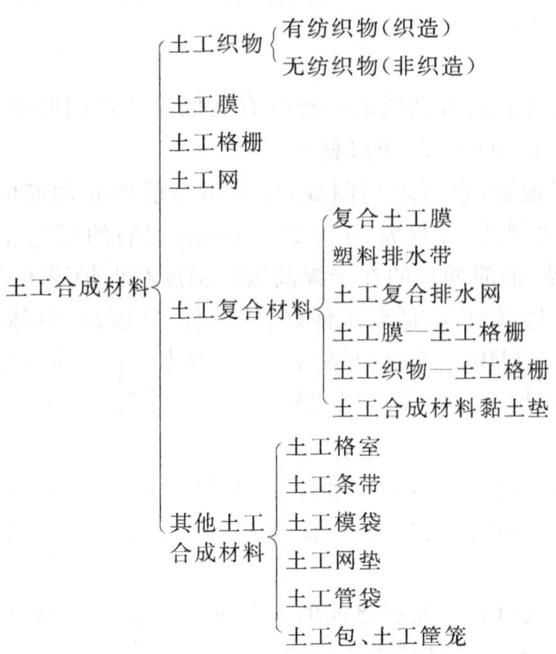

图 7-3　土工合成材料的分类

1. 土工织物

土工织物是采用编织技术生产的透水性土工合成材料，成布状，故又称“土工布”。根据制造方法的不同，可分为有纺土工织物(织造)和无纺土工织物(非织造)。在土工织物中，无纺土工织物占大多数。

有纺土工织物是由纤维纱或长丝按照一定方向排列机织的土工织物。

无纺土工织物是由短纤维或者长丝按随机或者定向排列支撑的薄絮垫，经机械结合、热黏结或化学黏结而成的织物。

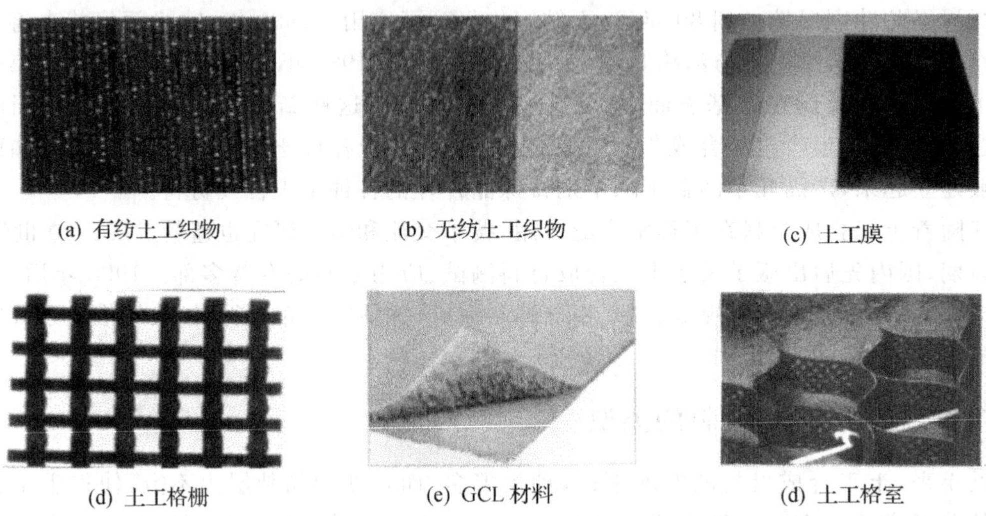

(a) 有纺土工织物 (b) 无纺土工织物 (c) 土工膜

(d) 土工格栅 (e) GCL 材料 (d) 土工格室

图 7-4 部分土工合成材料

土工织物重量轻、整体连续性好、施工简便、抗拉强度高、耐腐蚀，常用作加筋和防护材料、反滤材料、隔离材料等。

2. 土工膜

土工膜是由聚合物或者沥青制成的一种具有极低渗透性的膜状材料，其渗透系数常为 $1\times10^{-11}\sim1\times10^{-13}$cm/s，为理想的防渗材料。

土工膜可以是工厂预制，也可现场制成，分为不加筋的和加筋的两大类。预制不加筋膜采用挤出、压碾等方法制造，厚度常为 0.25～4mm，加筋的可达 10mm，膜的幅度 1.5～10m；加筋膜是组合产品，加筋的目的在于提高膜的强度和保护膜不受外界的机械损伤。

由于土工膜具有渗透系数低、低温柔性好、重量轻、强度高、整体联结性好、施工方便等优点，因而工程应用中常利用其防渗和隔离功能。例如，土工膜可用于渠道、水库、堤坝的防渗；应用于液体或垃圾填埋场的覆盖层或衬垫。

3. 土工格栅

土工格栅是由聚乙烯或者聚丙烯通过打孔、单向或双向拉伸扩孔制成的类似格栅状的土工合成材料。土工格栅的孔格尺寸一般为 10～100mm，可为圆形、椭圆形、方形或者长方形。

土工格栅是土工合成材料中发展迅速的一个种类，其应用领域广阔，常作为加筋材料，其孔格可容纳周围的土、石或者其他土工材料。

4. 土工网

土工网是由平行的聚合物肋条按一定的角度交叉，并在交点处靠热黏结而成的平面网状制品。条带宽度常为 1～5mm，透孔尺寸从几毫米到几厘米，较大的孔径使其形成了像网一样的结构，能承受一定的法向压力而不显著减小孔径。

土工网的主要功能是排水、排气,在土中使用时,需和外包无纺织物反滤层一起使用。

5. 土工复合材料

土工复合材料是由两种或两种以上的材料复合而成的土工合成材料,其基本原理就是将不同特性的材料组合起来以达到所要求的功能。以下简要介绍常见的六种土工复合材料。

(1)复合土工膜

复合土工膜是以土工织物为基材,以土工膜为膜材,经过一系列复杂工序形成的土工膜—土工织物的组合物。

复合土工膜中,土工织物对土工膜起保护作用,能提高土工膜的抗拉强度,增大土工膜与其他土工材料的摩擦系数。目前工程中大多采用以无纺织物与土工膜复合而成的复合土工膜。

(2)塑料排水带

塑料排水带是由具有连续排水槽的合成材料芯板与外包透水滤布复合而成的土工合成材料,其芯板多为成型的硬塑料板,主要原料为聚乙烯或聚丙烯,透水滤布为薄的无纺土工织物,主要原料为丙纶或涤纶。

塑料排水带是我国较早生产和应用的土工复合排水材料,其主要功能是排水,土中水通过无纺织物滤层后沿芯板排水通道排出,目前主要用于软基处理,基本取代了砂井和袋装砂井。

(3)土工复合排水网

土工复合排水网是将土工网的上面、下面或者上下面用土工织物包裹,以同时达到隔离、排水、反滤目的的土工复合材料,又称“土工织物—土工网型复合材料”。另外,还有一种土工复合排水网,即土工网:一面为土工织物,另一面为土工膜。

(4)土工膜—土工格栅

由于某些土工膜和土工格栅可用同种原料生产,因此,可以将它们黏合在一起形成一个不透水的屏障,其强度和摩擦力均有所提高。

(5) 土工织物—土工格栅

土工织物—土工格栅复合材料是指用土工格栅将低模量、低强度和高伸长率的无纺土工织物做成的一种复合材料,这种复合材料可克服土工织物的缺点,与土工格栅一道共同发挥隔离、反滤和加筋作用。

(6)土工合成材料黏土垫

土工合成材料黏土垫简称GCL,是由土工织物或土工膜间包有膨润土或其他低透水性材料,以针刺、黏合或缝合在一起的一种防水隔离材料。

6. 其他土工材料

由于土工合成材料发展迅速,新产品层出不穷,除了以上五大类土工合成材料外,还有一些土工合成材料如土工格室、土工条带、土工网垫、土工模袋、土工管、土工泡沫塑料、土工管袋、土工包等,下面简要介绍其中的几类。

(1)土工格室

土工格室是由土工格栅、土工织物或者土工膜、条带构成的蜂窝状或网格状结构的土工合成材料,铺设厚度为50～200mm,孔格尺寸为80～400mm,格中可填砂、石、混凝土等,可用于加筋地基等。

(2)土工条带

土工条带是指用高强合成材料或玻璃纤维作为抗拉材料，外面裹以具有防滑花纹的塑料套形成的一种土工合成材料。土工条带多用于加筋土挡墙。

(3)土工网垫

土工网垫是以聚烯氢为主要原料制成的三维多开孔结构。由于其强度高，易于和植物根系结合促进植物生长，常用于控制坡面水土流失，故又称为“土工垫”或“三维植被网”。

(4)土工模袋

土工模袋是由双层土工织物按一定间隔用绳索相连，铺在坡面上起模板的作用，在其中充填混凝土或水泥砂浆，凝结后形成板状防护块体，常用于护坡工程。

7.2.2 土工合成材料的主要功能

土工合成材料种类繁多，每一种材料都有一种或者多种功能，总的来说，土工合成材料在工程中的应用功能可以归纳为排水、反滤、隔离、防渗、加筋、防护等功能。以下对这些功能做简要介绍。

1. 加筋作用

土工合成材料的加筋作用就是将具有高拉伸强度、拉伸模量和表面摩擦系数较大的土工合成材料埋入土体中，通过筋材与周围界面间的摩擦阻力进行应力传递，约束土体受力时产生侧向位移。土工合成材料加筋效应主要有筋材的抗拉作用、筋土界面相互作用和应力扩散作用等。由于土工合成材料具有良好的抗拉强度和变形特点，其在土层中可分布土体应力，从而起到加固、稳定土基的作用。图 7-1 和 7-2 所示均为土工合成材料作为加筋的典型应用。

一般用于加筋的土工合成材料有编织土工织物、土工拉筋带、土工网、土工格栅等。

2. 排水作用

土工合成材料的排水作用是指土工合成材料收集降水、地下水或其他液体，并沿其平面进行传输，达到排水目的。一些土工合成材料如塑料排水带、土工织物、土工复合排水网等具有良好的垂直和水平排水功能，因而可以替代传统的砂、砾石形成排水通道。与传统的排水材料相比，土工合成材料具有性能更好、价格更低及运输和施工方便等优越性。

如图 7-5 所示为土工合成材料用于排水的实例。

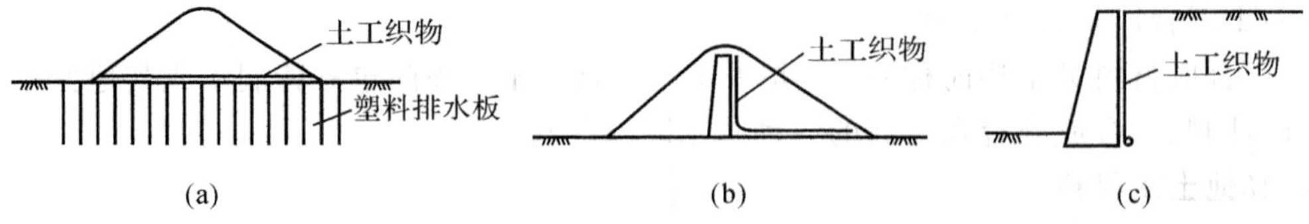

图 7-5　土工合成材料用于排水的示意图

3. 反滤作用

土工合成材料的反滤作用是指将土工合成材料置于土体中或土体表面，在允许液体通过的同时，有效地限制土颗粒或者其他颗粒的流失，即利用土工合成材料的反向过滤作用保护土体。土工织物具有良好的透水性和保沙性，是用作反滤设施的理想材料。传统采用砂砾粒作为反滤材料，一般采用粒径不同的砂砾石分2～3层铺设，施工工艺较复杂。土工织物的过滤功能和传统的颗粒层完全相同，工程上可以取而代之，

如图7-6所示为土工合成材料用于反滤的典型实例。

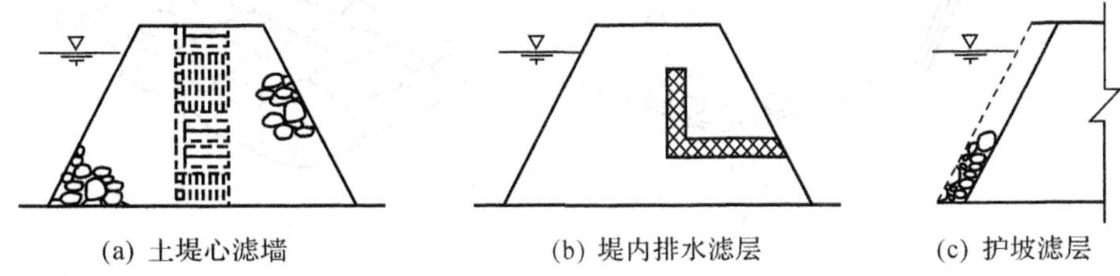

图7-6　土工合成材料用于反滤的示意图

4. 防渗作用

土工合成材料的防渗作用是指在工程中可以有限阻止水或其他液体从一侧渗透到另一侧，以保护工程设施不受损害。常用的防渗土工合成材料有土工膜及复合土工膜等，这些材料可以用在各种需要防水防气以及防有害物质的地方。

如图7-7所示为土工合成材料用于防渗的实例。

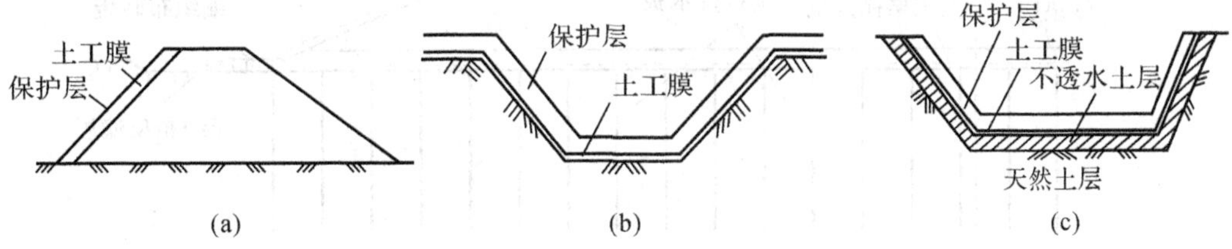

图7-7　土工合成材料用于防渗的示意图

5. 隔离作用

土工合成材料的隔离作用是指土工合成材料能防止相邻的土和其他介质混合。土工合成材料的一些产品具有二维连续性，可对其两侧的材料起到隔离作用，把两种不同粒径的土料分开，也可把土料、石料、混凝土块、混凝土面板等隔离开，以免相互混杂，或防止土粒流失。此外，土工织物的渗滤和土工膜的防渗也同时起到了隔离作用。

如图7-8所示为土工合成材料用于隔离的实例。

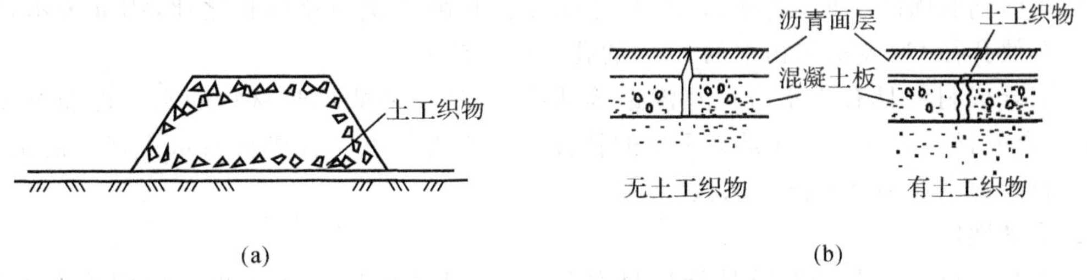

图7-8　土工合成材料用于隔离的示意图

6. 防护作用

土工合成材料的防护作用是指使用土工合成材料限制或防止岩土体受外界环境作用而产生的破坏、侵蚀现象。目前应用最多的表面保护措施是把拼成大片的土工织物，或者是用土工合成材料做成土工模袋、土枕、石笼或各种排体铺设在需要保护的岸坡、堤脚及其

他需要保护的地方，用以抵抗水流及波浪的冲刷和侵蚀，如图 7-9 所示。

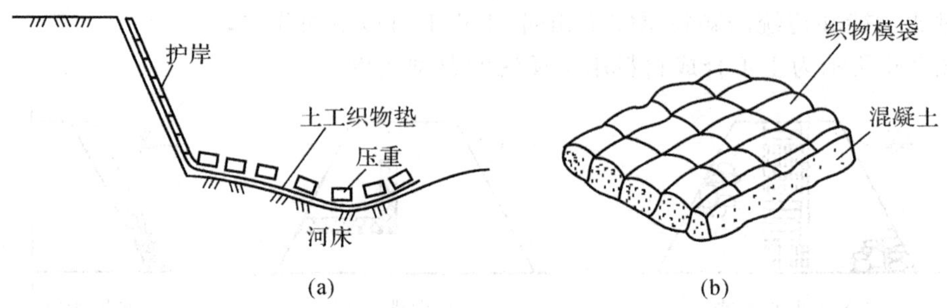

图 7-9 土工合成材料用于防护的示意图

必须指出的是，上述土工合成材料的六大功能是不能截然分开的，不同材料的功能不尽相同，但同一种材料往往兼有多种功能。另外，同一工程中，土工合成材料往往综合应用，发挥不同的功效，如图 7-10 所示。

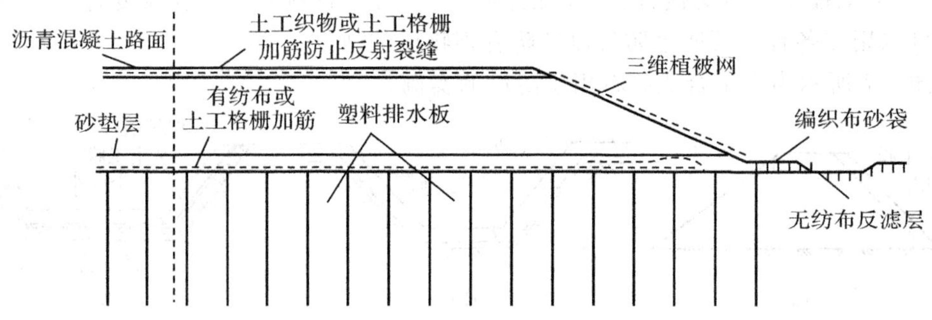

图 7-10 高速公路软基路堤的土工合成材料应用实例
（引自马时冬，2003）

7.2.3 土工合成材料的主要特性

1. 物理性质

土工合成材料的物理性质包括单位面积质量、厚度、孔隙率、渗透系数及有效孔径等。单位面积质量是指 $1m^2$ 土工合成材料的质量，用 m 表示，单位 g/m^2。厚度是指压力 2kPa 时材料顶面到底面的距离，单位 mm。孔隙率是指孔隙体积与总体积之比，用 n 表示，单位为%。有效孔径 O_{95} 表示织物中的 95%的孔径低于该值。

土工合成材料具有排水、反滤、渗透等功能，而这些功能均与材料的水力性能有关，因此，土工合成材料的水力特性是其重要的特性之一。表征土工合成材料水力特性的指标主要有垂直渗透系数和水平渗透系数。

2. 力学性质

土工合成材料的力学性质是指材料在各种静、动载作用下所表现出的强度和变形特性，其主要指标有抗拉强度、握持强度、撕破（裂）强度、顶破强度、刺破强度、穿透强度、蠕变性等。以下简要介绍其中几个常见力学指标。

(1)抗拉强度

土工合成材料的抗拉强度是指试样受拉伸至断裂时单位宽度所受的力，单位为 kN/m。

$$T=\frac{P_{max}}{B}$$

式中：T 为抗拉强度，kN/m；P_{max} 为拉伸过程中的最大拉应力，kN；B 为试样初始宽度，m。

土工合成材料的抗拉强度采用拉伸试验测得，根据拉伸试样的宽度，可分为窄条拉伸试验（宽度 50mm，长度 100mm）和宽条拉伸试验（宽度 200mm，长度 100mm）。

一般无纺型土工织物的抗拉强度为 10～30kN/m，高强的达到 30～100kN/m；最常用的编织型土工织物为 20～50kN/m，高强的达到 50～100kN/m；一般土工格栅为 30～200kN/m，高强的达到 200～400kN/m。

(2)握持强度

土工合成材料施工时，其受力可能仅局限于数点而未及全材料，因此不可避免地承受抓拉荷载，为了模拟此种受力状态，提出了握持强度，故握持强度又称为抓拉强度，它是拉伸强度的一种，指拉伸过程中的最大拉力，单位 kN。

握持强度常采用握持拉伸试验测得，该试验与条带拉伸试验相似，只是试样的部分宽度被夹具夹持。由于握持强度试验的结果有时相差较大，一般不作为设计依据，仅作为不同材料性能的比较。

(3)撕裂(破)强度

撕裂(破)强度指扩大试样中的已有裂口时所需要的最大拉力，反映了试样抵抗撕裂的能力，单位 kN。

撕裂(破)强度试验方法有梯形法、舌形法和落锤法等，其中梯形法最常用，具体测试过程在此不作介绍。撕裂强度是评价土工合成材料的指标之一，一般不直接应用于工程设计。

(4)顶破强度

顶破强度是指土工合成材料抵抗垂直于其平面的法向压力的能力。

一般来说，顶破试验的压力作用面积较大。目前有三种测定顶破强度的方法，即液压顶破试验、圆球顶破试验和 CBR 顶破试验。

3. 耐久性

土工合成材料的耐久性是指其抵抗紫外线能力、化学稳定性和生物稳定性等。耐久性可以包括很多方面的内容，包括抵抗紫外线辐射、温度和适度变化、化学侵蚀、生物侵蚀、冻融变化、机械损伤等能力，耐久性反映了土工合成材料在长期应用和不同环境中工作的性状变化。

4. 土工合成材料—土的界面特性

加筋是土工合成材料的重要用途，对加筋机理的理论和试验研究表明，加筋作用的直接来源在于土与土工合成材料的界面效应，在土工合成材料加筋土工程中，土工合成材料与填料的界面作用特性直接决定加筋土工程的内稳定性，因此土工合成材料与填料的界面作用特性是最关键的技术指标。表征界面特性的指标主要有土与土工合成材料的界面摩擦系数和渗透系数。

土与土工合成材料的界面摩擦系数反映了土工合成材料与土接触界面上的摩擦强度，可采用的室内试验方法有四种：直剪试验、拉拔试验、扭剪试验和斜板试验，以及离心模拟试验等，其中尤以直剪试验和拉拔试验使用最为普遍。目前，为了更真实地模拟土与土工合成材料接触面的力学特性,一些研究者也进行了现场拉拔试验。

7.2.4 土工合成材料的工程应用实例

1. 土工织物和砂垫层复合加固某软土地基(引自俞仲泉等,2000)

深圳市蛇口赤湾港防波堤工程为长 464m 的抛石堤,地基土为 8～12m 后的淤泥,淤泥呈流塑态,天然含水量在 80%～90%以上,具有高压缩性、低透水性和高灵敏度。

经过处理方案比较与分析,提出了土工织物与砂垫层复合加固软基的新方法。为便于对比,全长 464m 的抛石堤地基分为 3 段,分别采取抛砂垫层、铺设土工织物、土工织物与砂垫层复合加固的方法,处理方法如图 7-11 所示。工程共分两期施工。

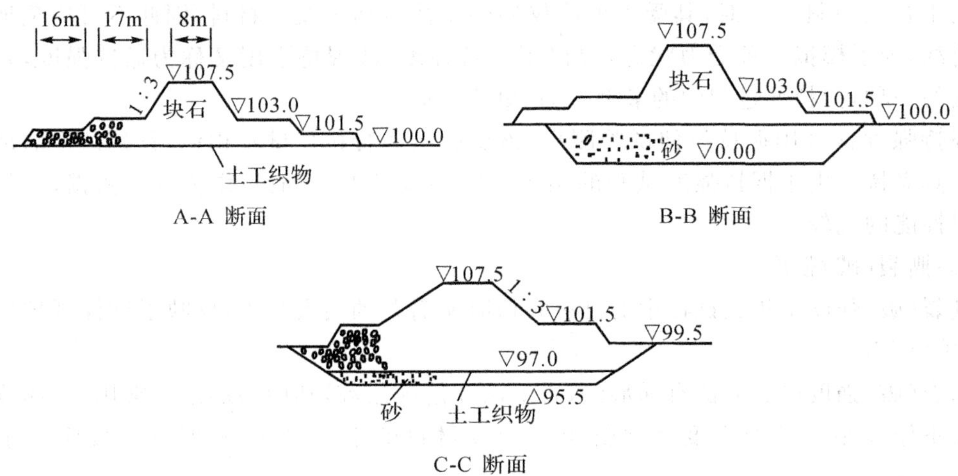

图 7-11 三种处理方法及断面形式

为检验和对比处理效果,进行了相应的沉降和孔隙水压力监测。图 7-12 和图 7-13 分别是 A-A 断面和 C-C 断面的堤顶沉降和孔隙水压力随时间的变化曲线。从图 7-12 和 7-13 可以看出,当Ⅱ期工程开始时,C-C 断面沉降为 0.75m,而 A-A 断面已达 1.5m,说明用土工织物和砂垫层复合加固效果比仅用土工织物好。

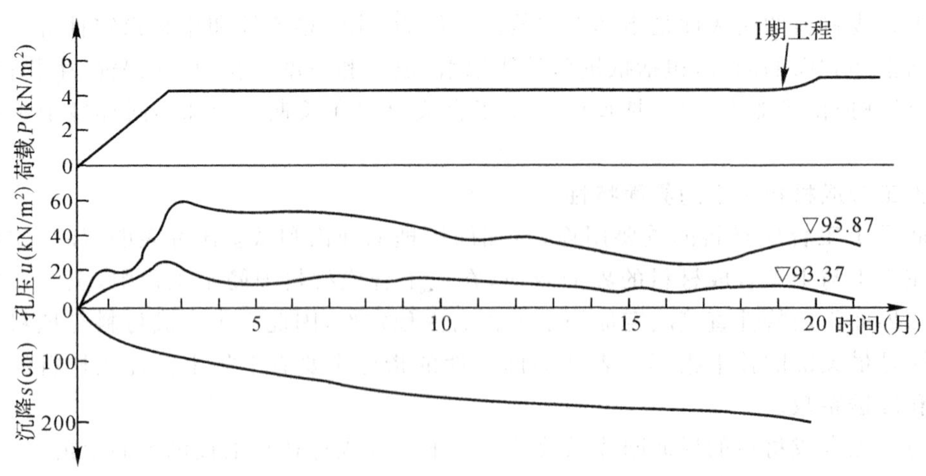

图 7-12 A-A 断面监测沉降及孔压监测结果

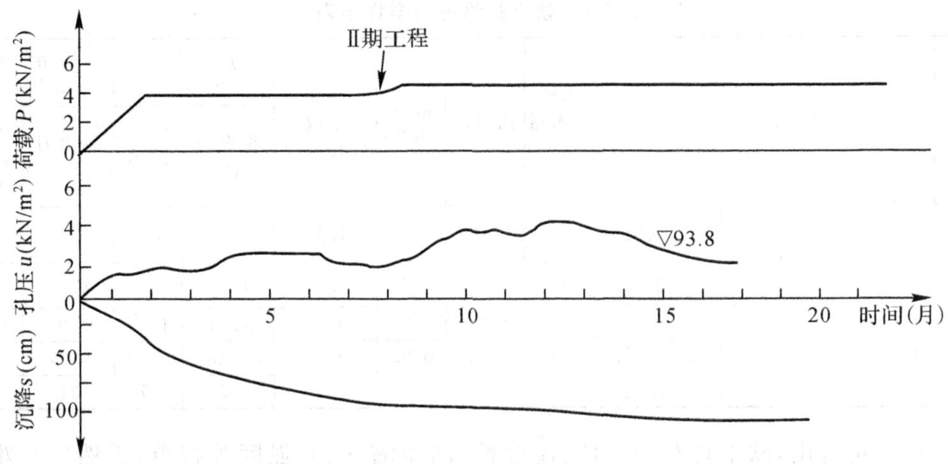

图 7-13 C-C 断面监测沉降及孔压监测结果

图 7-14 给出了 B-B 断面和 C-C 断面的侧向位移测试结果，由图可以看出，当Ⅱ期工程开始时，B-B 断面侧向位移为 50mm，而 C-C 断面仅为 15mm，可见土工织物对减少地基的侧向位移效果较好。

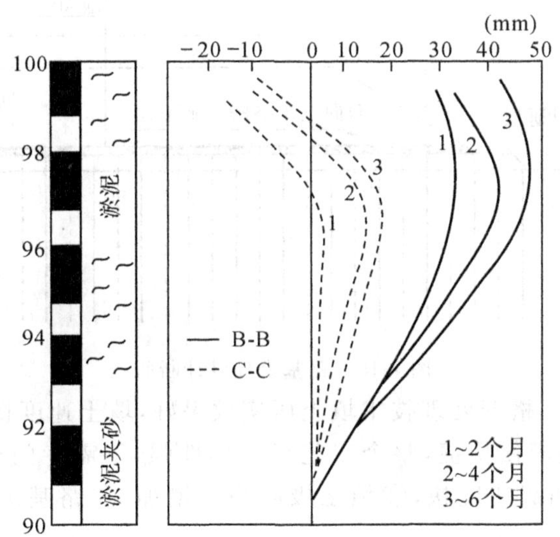

图 7-14 B-B 断面和 C-C 断面侧向位移监测结果

2. 土工格栅在某高速公路软基处理中的应用(引自周继求，2000)

新台高速公路是广东省沿海大通道的重要一环，全长 52.921km，沿途经过全长约为 8.86km的软土地区，典型的软土物理力学性质见表 7-1。

表 7-1 软土的物理力学性质表

<table>
<tr><th rowspan="2">土层名称</th><th rowspan="2" colspan="2">分布里程</th><th rowspan="2">天然含水量(%)</th><th rowspan="2">孔隙比</th><th rowspan="2">液性指数</th><th rowspan="2">压缩系数(MPa⁻¹)</th><th colspan="2">直接快剪(范围值)</th><th colspan="2">固结快剪(范围值)</th></tr>
<tr><th>凝聚力(MPa⁻¹)</th><th>内摩擦角(°)</th><th>凝聚力(MPa⁻¹)</th><th>内摩擦角(°)</th></tr>
<tr><td rowspan="5">淤泥</td><td rowspan="2">K16+430－K18+775</td><td>范围值</td><td>55.4</td><td>1.464</td><td>2.22</td><td>1.14</td><td>2.5</td><td>1.8</td><td>2.4</td><td>2.5</td></tr>
<tr><td>算术平均值</td><td>99.3</td><td>2.896</td><td>5.64</td><td>5.08</td><td>12.9</td><td>8.3</td><td>22.3</td><td>20.4</td></tr>
<tr><td rowspan="3">厚度:4.00～19.2m</td><td>均方差</td><td>11.64</td><td>0.36</td><td>0.76</td><td>0.97</td><td>1.97</td><td>1.52</td><td>4.91</td><td>4.05</td></tr>
<tr><td>变异系数</td><td>0.15</td><td>0.16</td><td>0.23</td><td>0.33</td><td>0.28</td><td>0.32</td><td>0.37</td><td>0.50</td></tr>
<tr><td>统计数</td><td>34</td><td>37</td><td>37</td><td>37</td><td>37</td><td>37</td><td>37</td><td>36</td></tr>
</table>

从表 7-1 可看出，软土具有触变性、流变性、高压缩性、低强度等特点，天然地基难以满足路基填土的要求，因此采用土工格栅砂垫层及袋装砂井技术进行软基处理：利用袋装砂井改善软土固结排水条件，利用土工格栅提高软土承载力和抗剪强度，调整填土荷载分布状况。土工格栅选用 SS20 双向土工格栅。设计断面如图 7-15 所示。

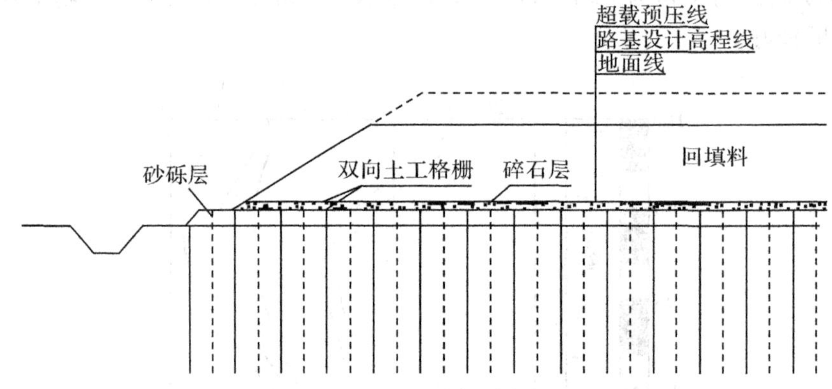

图 7-15 路基处理设计断面

处理结果表明，土工格栅处理技术填土压实效果好，填土速度快而未出现路基失稳现象，同时，土工格栅铺设简便快捷，整个工艺可操作性强，不需专门机具，受到施工单位好评，总的特点如下：①加载速度快；②填土极限高度增加；③路基沉降均匀稳定、变形小；④工期缩短。

7.3 加筋土挡墙

7.3.1 概 述

随着土工合成材料的大规模应用，加筋土技术得到了广泛的工程应用。常见的加筋土结构包括加筋土挡墙、加筋土桥台、加筋土堤坝、加筋土边坡和加筋土围堰等，作为一类最常见的加筋土结构，加筋土挡墙在国际上的应用大约在 1977 年，随着 1982 年土工格栅的出现和 1985 年弧形墙面加筋挡土墙的应用，加筋土挡墙的数量飞速增长。

在国内，1978—1979 年在云南田坝矿区建成的 3 座仅高 2～4m 的试验性加筋土挡墙是我国第一座加筋土挡墙，该工程的成功引起了我国土木建筑行业工程技术人员的极大兴趣，随后这项技术便在公路、铁路、水运、煤炭、林业、水利、城建等行业和部门迅速发展并得到推广运用。例如，重庆长江滨江路工程长约 6 km 的护岸挡墙和公路挡墙均采用加筋土结构，其墙高最高达 33m，加筋土挡墙面积约 11 万平方米，是目前国内规模最大的加筋土工程。由于加筋土挡墙工程的造价仅为普通挡墙工程造价的 40%～60%，且作为一种新颖的完整结构物，在工程实践中得以不断研究和推广应用。迄今为止，全国已建成数千座加筋土工程，其中，公路工程中的加筋土挡墙约占 80%以上。

1. 加筋土挡墙的结构组成

加筋土挡墙一般由基础、面板、加筋材料、土体填料、帽石等主要部分组成，如图 7-16 所示。

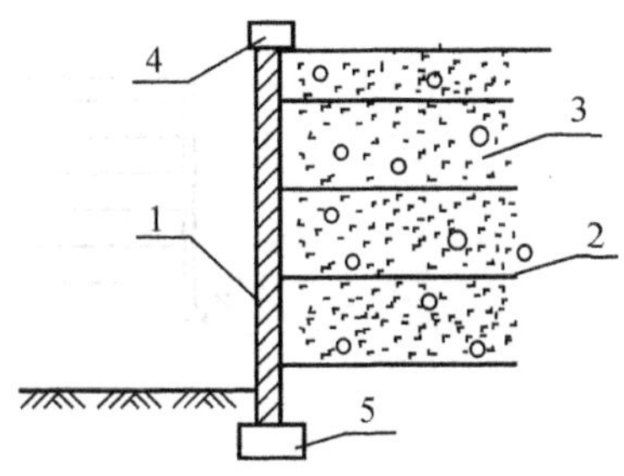

图 7-16　加筋土挡墙组成图
1—面板；2—拉筋；3—填料；4—帽石；5—基础

(1)加筋材料(简称拉筋或筋材)

加筋材料是加筋土结构的关键部分。加筋应采用抗拉强度高、延伸率小、耐腐蚀和具有柔性的材料，同时要求加工、接长和面板的联结简单。根据材质情况，加筋材料分为天然植物(竹筋)、金属材料、合成材料、复合材料四种。目前钢—塑复合拉筋带由于其具有明显的使用优点而被广泛应用。

(2)加筋土填料

加筋土填料是加筋土结构的主体材料，与加筋材料组成加筋土的主体结构。填料一般应具有易压实、能与拉筋产生足够的摩擦力、满足化学和电化学标准以及水稳性好等要求。

(3)面板

面板一般采用混凝土预制构件，可采用十字形、槽形、六角形、L 形和矩形等。面板的主要作用是防止土体填料滑塌，使加筋材料与土体填料组成的加筋土体免遭侵蚀。

2. 加筋土挡墙的分类

加筋土挡墙按其断面外轮廓形式，一般分为路肩式、路堤式、双墙式和台阶式加筋土挡墙，如图 7-17 所示。

3. 加筋土挡墙的结构特点

与传统的重力式挡墙结构相比，加筋土挡墙结构有以下特点：

①加筋土挡墙可以做成很高的垂直填土，减少占地面积，造型新颖美观，对于不利放坡的地区和土地昂贵的城市道路有很好的经济意义。

②墙面板和拉筋可预制，施工简便、快速，能节省劳力和缩短工期。

③充分利用材料性能，使挡土墙结构轻型化，基础尺寸小。其混凝土体积相当于重力式挡墙的 3%～5%。

④加筋土挡墙具有柔性结构的功能，地基变形对加筋土挡墙的稳定影响比对其他结构物小，可用于软土地基。

⑤加筋土挡墙是柔性结构物，整体性较好，较其他挡墙结构的稳定性强，具有良好的抗震性能。

⑥加筋土挡墙工程造价比较低。挡墙高度超过 5m 时，与重力式挡墙相比，可节约造价 20%～60%，且墙体越高，经济效益越显著。

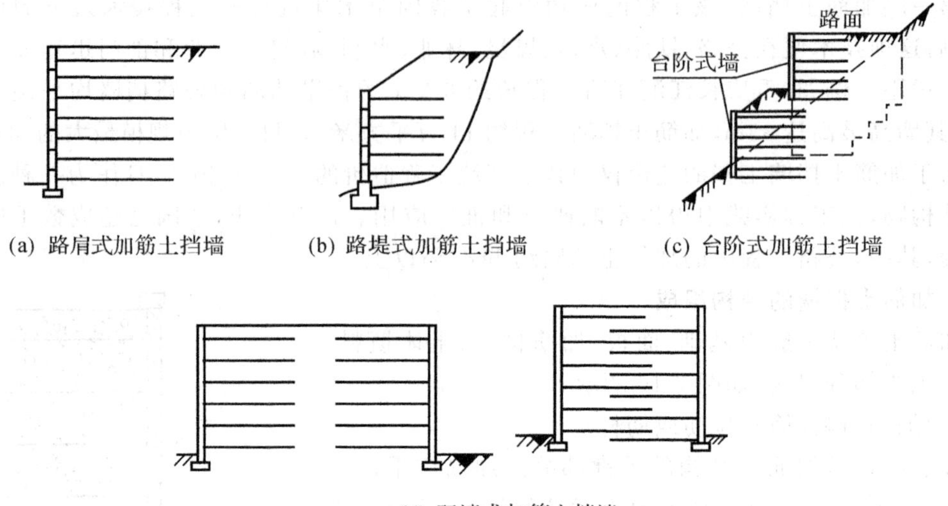

(a) 路肩式加筋土挡墙　(b) 路堤式加筋土挡墙　(c) 台阶式加筋土挡墙

(d) 双墙式加筋土挡墙

图 7-17　加筋土挡墙的结构类型

4. 加筋土挡墙典型工程实例

某滞洪区挡土墙工程紧邻江边大堤，场地地势平坦，属滨海相冲淤积地貌。地表约有1～2m的杂填土和粉质黏土，其下为厚达 14m 左右的淤泥和淤泥质土，其承载力标准值为50kPa，属超软地基。

挡墙设计方案一为重力式砌石挡墙，经验算，采用此方案，若要使地基承载力满足要求，还必须对墙底软基进行处理。

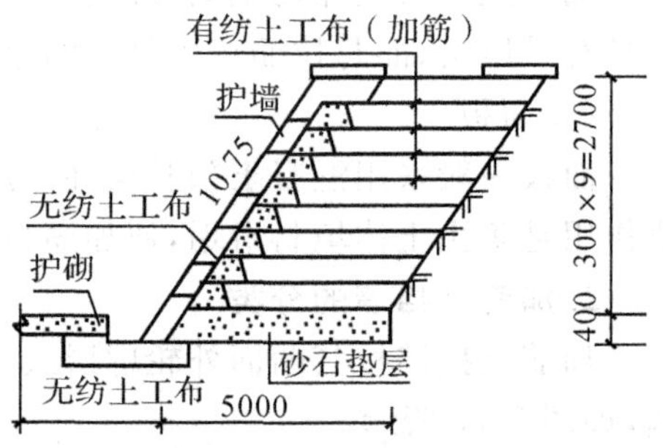

图 7-18　土工布加筋土挡墙结构示意图

挡墙设计方案二为加筋土挡墙，从经济考虑，墙体加筋材料采用裂膜丝机织土工布，为满铺式挡墙。墙底砂垫层厚 400mm，墙身填土分层厚度为 300mm。墙体底部、护墙背部及河底护砌的底部，均铺设针刺无纺布，起反滤和隔离的作用。护墙采用浆砌块石，厚 300mm。如图 7-18 所示。验算结果表明，本方案的各项技术指标均满足规范要求。

经核算，采用重力式砌石挡墙造价为 4730 元/m。若在墙底进行软基处理，则造价将更高。而采用土工布加筋土挡墙，造价则为 2660 元/m。与重力式砌石挡墙相比，每米墙体可节省投资 2070 元。据此推算，整个滞洪区 7.5km 岸墙可节省投资 1553 万元。故最终采用土工布加筋土挡墙方案，取得了较好的工程经济效益。

7.3.2 作用机理

加筋土挡墙结构内部存在着墙面土压力、拉筋的拉力、填料与拉筋间的摩擦力，这些相互作用的内力使得结构的内部稳定，同时，加筋土挡墙结构还抵抗拉筋尾部后面填土所产生的侧压力，使结构外部稳定。在加筋土结构中，加筋的目的是提高填料的抗剪强度特性，且承担部分侧向土压力。土在自重或外力的使用下易产生变形或倒塌，容易将筋带从土中拔出，由于筋带材料被土压住，于是填土与筋带之间的摩阻力阻止了筋带被拔出，在此种情况下，只要筋带材料具有足够强度，而且与土产生摩擦力而不产生滑移，筋带就能改善和提高土的力学特性，成为能够支承外力和自重的结构体。

1. 加筋土的基本原理

20世纪60年代，法国学者Herri Vidal用三轴试验证明，在砂土中加入少量纤维后，土体的抗剪强度可提高4倍多，他认为，土样受到荷载时，会产生侧向膨胀，若土中埋有拉筋材料，则拉筋与土之间的摩擦会阻止土样产生侧向膨胀。

为便于说明加筋土的加筋机理，对加筋土和未加筋土的应力状态进行比较，见图7-19。

图7-19(a)为未加筋土单元在竖向荷载σ_v作用下的变形情况。在σ_v作用下，土单元产生竖向压缩和侧向变形，当σ_v增大时，压缩和侧向变形增大，直至土单元破坏，相应的莫尔应力圆为图7-19(c)中的A圆。

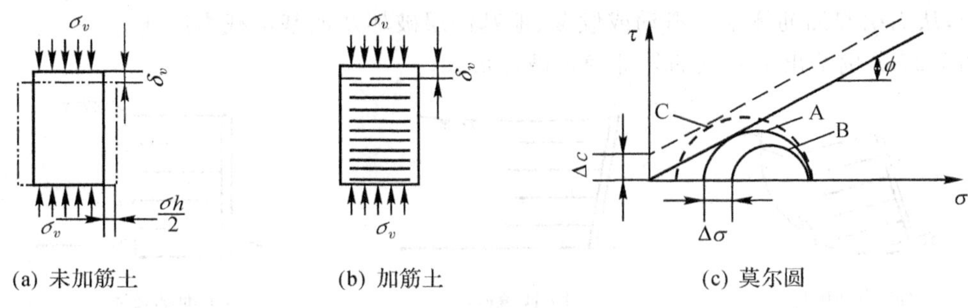

图7-19 加筋土单元体分析

图7-19(b)为加筋土单元在竖向荷载σ_v作用下的变形情况。在σ_v作用下，土与加筋材料之间产生相对位移，并在界面上产生剪应力，从而在加筋材料中产生拉应力，反过来，加筋材料对土体的侧向变形产生限制作用。这表明，加筋后的土体就好像在单元体的侧向加了一个约束力。相应的莫尔圆为图7-19(c)中的B圆。

若要是加筋土体在相同的σ_v作用下产生破坏，则需减少侧压力，图7-19(c)中的C圆为加筋土体单元减少侧压力所达到破坏的应力圆。试验证明，加筋土体的内摩擦角与未加筋土体相近，但黏聚力增加，亦即加筋的作用相当于土体黏聚力增加了Δc。

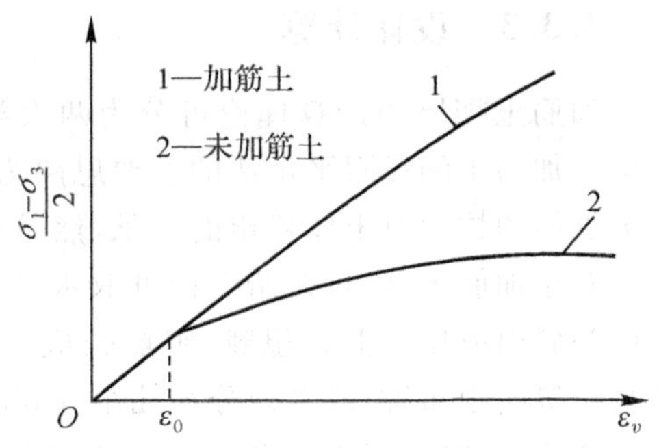

图7-20 加筋土与未加筋土应力应变关系

图7-20给出了三轴试验得出的加筋土和未加筋土的应力应变关系。从图可以看出，当应变达到某一界限($\varepsilon_v>10\%$)时，拉筋对土的应力应变关系影响逐渐显著，强度随土的应变增大而增大。这表明，土的加筋只有当应变达到某一程度时，加筋才会起作用，抗剪强度才得以发挥。

2. 加筋土挡墙的破坏机理

加筋土挡墙的稳定性取决于加筋土挡墙的内部和外部的稳定性，其破坏形式主要有内部稳定破坏和外部稳定破坏。

(1)内部稳定破坏

从加筋土挡墙内部结构稳定性分析可知,由于土压力作用,土体中产生一个破裂面和滑动棱体,在土中设置拉筋后,趋于滑动的棱体通过土与拉筋间的摩擦作用有将拉筋拔出的倾向。另外,滑动棱体后的土体则由于拉筋和土体的摩擦作用把拉筋锚固在土中,从而阻止拉筋被拔出。因而对于加筋土挡墙来说,易发生的内部破坏有加筋材料的拉断、拔出等形式。图 7-21 给出了加筋土挡墙内部破坏示意图。

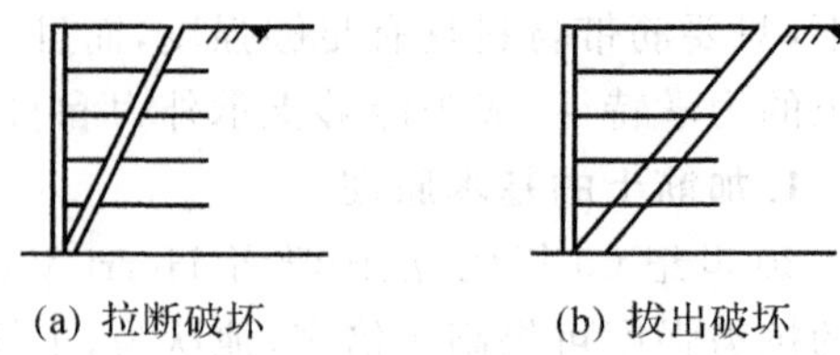

图 7-21 加筋土挡墙内部破坏形式

(2)外部稳定破坏

外部稳定破坏一般是因为由拉筋、填料所组成的复合结构不能抵抗尾部填料所产生的土压力,从而引起加筋体水平滑动或倾覆、地基深层破坏及地基承载力破坏。

图 7-22 分别给出了典型的外部稳定破坏形式。

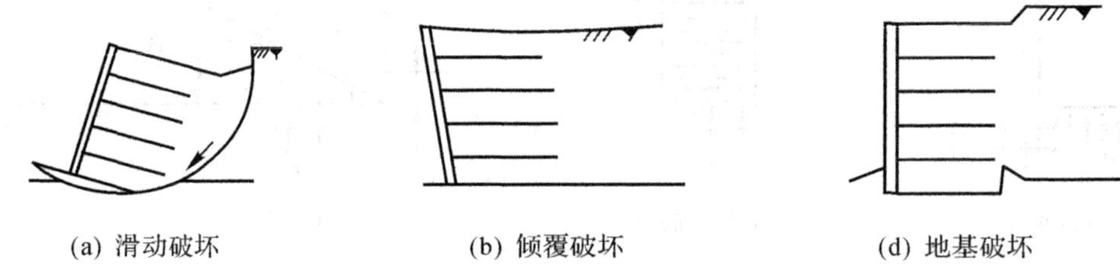

图 7-22 加筋土挡墙外部破坏形式

此外,也有学者提出加筋土挡墙的另一种破坏形式——面板破坏,面板破坏一般因为面板与土体、筋材的不均匀沉降等原因引起面板塌落、鼓起、错位及面板与筋材的联结破坏。但据研究,面板破坏一般并不会影响加筋土体的整体稳定性。

7.3.3 设计计算

加筋土挡墙的计算理论可分为两大类:极限平衡法和有限元法,而目前常采用极限平衡法。加筋土的极限平衡法的主要思路为:假定土为理想刚塑性体,沿假定的破坏面滑动,考虑加筋的拉力对土体稳定的贡献,然后用静力平衡的方法计算潜在滑楔体的稳定性。

对于加筋土挡墙,初始设计可取水平筋材长度不小于 $0.7H$(墙高)和 2.5m,若墙顶填土面为斜面或填土上有超载,则筋长应不短于 $0.8H$;筋材的垂直间距一般不超过 0.6m。筋材可等间距布置,或者划分为几个等间距区,且靠近墙底处间距要小些。

初步设计后,用极限平衡法设计主要进行内部稳定计算和外部(整体)稳定设计计算,除此之外,设计计算还包括排水设计、面板受力分析等。以下以图 7-23(墙背垂直光滑、墙后填土面倾斜)为例简要介绍内部稳定计算和外部(整体)稳定验算设计计算。

1. 内部稳定性计算

加筋土挡墙的内部稳定性是指阻止由于筋材被拉断或筋材与填土摩擦力不足,以致加筋土挡墙整体结构遭受破坏。因此,对筋材的强度和锚固长度(也称拉筋的有效长度)应进行验算。

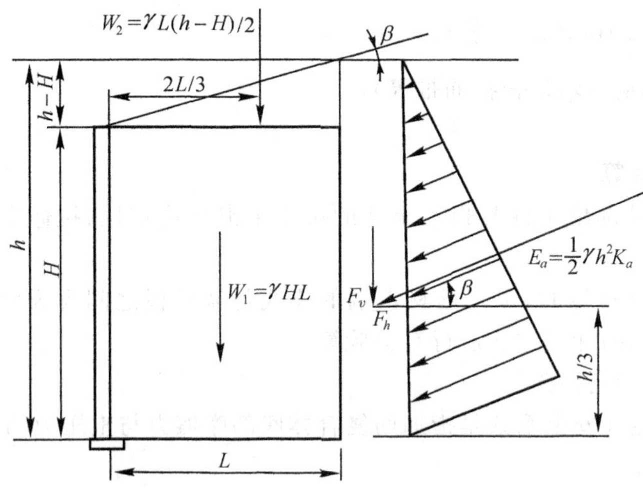

图 7-23 挡土墙设计计算

(1)筋材强度验算

筋材强度应符合

$$T_{i\max} \leqslant T_a$$

式中:T_a 为筋材的允许抗拉强度,kN/m;$T_{i\max}$为各层筋材的最大水平拉力,kN/m。

第 i 层筋材的水平拉力 T_i 等于该层的土压力(包括水平附加荷载)与筋材之间间距之积,计算公式为

$$T_i = \left[\gamma z_i + \frac{1}{2}\gamma(h-H) + \sum(\Delta\sigma_v)K_i + \Delta\sigma_h\right]s_v$$

式中:$\sum\Delta\sigma_v$ 为超载扩散至 z_i 深度处的垂直附加压力,荷载扩散线的斜率为 2∶1(垂直∶水平),扩散线与墙背交点以下部位需考虑土压力作用,kPa;$\Delta\sigma_h$ 为水平附加荷载,kPa;s_v 为筋材竖向间距,m。

(2) 筋材抗拔性验算

加筋土挡墙中,筋材受拉,因此应有足够的抗拉拔能力,需满足

$$T_i \leqslant \frac{2(\gamma z_p + \sum\Delta\sigma_v)L_e f}{F_s}$$

式中:z_p 为筋材锚固段中点上覆土层深度,m;L_e 为筋材有效长度,即超出填土破裂面的筋材锚固段长度,m;f 为筋材与周围土的摩擦系数,应由试验确定,无试验资料时可取经验值;F_s 为安全系数,要求 $F_s \geqslant 1.5$。

(3) 筋材长度计算

筋材总长度计算公式为

$$L = L_e + L_a + L_w$$

式中:L_a 为筋材在主动区的长度,m;L_w 为筋材端部包裹长度,应为包裹层厚度与不小于 1.2m 的转折长度之和,m;L_e 和 L_a 的计算公式分别如下:

$$L_e = \frac{1}{2}F_s\frac{T_i}{(\gamma z_p + \sum\Delta\sigma_v)f}$$

对柔性筋材(如土工织物、土工格栅等),当墙背垂直,填土面水平时:

$$L_a=(H-z_i)\tan(45^\circ-\frac{\varphi}{2})$$

对刚性筋材(如钢—塑复合拉筋带等):

$$L_a=0.3H$$

2. 外部稳定性计算

加筋土挡墙的外部稳定性是指挡土墙的抗水平滑动稳定性、抗倾覆稳定性、整体抗滑稳定性、地基稳定等。

加筋土挡墙设计计算时,可将筋材末端的连线与墙面板之间视为整体,然后采用与一般重力式土挡墙相同的计算方法进行有关验算。

(1)抗水平滑动稳定性验算

抗水平滑动稳定性安全系数是指加筋复合体底部摩擦力与土压力的水平分力之比,即

$$F_s=\frac{\sum p_r}{\sum p_d}$$

其中:

$$\sum p_r=(W_1+W_2+E_a\sin\beta)f$$

$$\sum p_d=E_a\cos\beta$$

式中:W_1 为加筋土体上部的楔形体重,kN/m;W_2 为加筋土体重,kN/m;β 为墙顶填土面坡角;E_a 为主动土压力,kN/m;f 为墙底面摩擦系数,$f=\min(\tan\varphi_b,\tan\varphi_f,\tan\varphi_{sg})$,其中 φ_b、φ_f 分别为地基土和填土的摩擦角;φ_{sg} 为筋材与地基土或筋材与填土间摩擦角的较小值,由试验测定。

上述计算结果应满足 $F_s\geqslant1.5$。若不满足,则加长筋材重新验算。

(2)整体抗滑稳定性验算

可将加筋复合体视为一刚体按传统圆弧滑动法计算,应满足 $F_s\geqslant1.3$。若不满足,则加长筋材或者进行地基处理。

(3)地基承载力验算

要使加筋土挡墙的地基承载力符合要求,需满足

$$\sigma_v=\frac{q_u}{F_s}$$

式中:q_u 为地基极限承载力,kPa,可按太沙基极限承载力公式计算。F_s 为安全系数,常取 $F_s\geqslant2$;σ_v 为等效基底压力,计算公式为(如图 7-26 所示)

$$\sigma_v=\frac{W_1+W_2+E_a\sin\beta}{L-2e}$$

式中:e 为墙底面偏心距,常要求 $e\leqslant\frac{L}{6}$(土质地基),或 $e\leqslant\frac{L}{4}$(岩质地基),计算公式为

$$e=\frac{E_a\cos\beta\times h/3-E_a\sin\beta\times L/2-W_2L/6}{W_1+W_2+E_a\sin\beta}$$

7.3.4 加筋土挡墙的施工

1. 施工材料准备

(1)填料

填料是拉筋体的主体材料,由它与拉筋产生摩擦力。对填料的一般要求是易压实,能与拉筋产生足够的摩擦力及水稳性好。

(2)拉筋

拉筋的作用是承受垂直荷载和水平拉力作用并与填料产生摩擦力。因此,加筋材料必须具有以下特点:抗拉性能强,变形小,不易脆断,蠕变量小,与填土间的摩擦力大,具有良好的柔性,施工简便并且经济。

拉筋应采用专业工厂生产的产品,拉筋应色泽均匀、无开裂损伤、厚度一致、网格均匀、断面一致。到场产品应有相应资质证书的质检单位的检测报告。在施工使用之前还要对筋带的断裂抗拉强度、断裂伸长率、宽度、厚度、单位长、质量进行检验,合格后方准使用。

(3)面板

面板的作用是防止填土侧向挤出及传递土压力,一般采用混凝土预制构件,可在预制厂或者工地附近预制后再运到施工场地安装。面板的强度等级应不低于C18,厚度不应小于80mm。面板的设计原则是满足坚固、美观以及运输与安装的方便,且要求耐腐蚀。面板四周应设楔口和相互联结装置,当采用插销联结装置时,插销直径应不小于10mm。面板上的拉筋结点,可采用预埋拉环、钢板锚头或预留穿筋孔等形式。

面板常可制成各种形状,常见的形状及尺寸大小见表7-2。

表7-2 面板类型及尺寸表(引自叶观宝,2002)

类型	简图	高度(cm)	宽度(cm)	厚度(cm)
十字形		50~150	50~150	8~25
槽形	A A A-A	30~75	100~200	14~20
六角形		60~120	70~180	8~25
L形		30~50	100~200	8~12
矩形		50~100	100~200	8~25
Z形		30~75	100~200	8~25

2. 施工工艺

加筋土挡墙的施工工艺流程主要包括基础施工、面板安装、铺设筋材、填料摊铺、压实四大步骤，详细的流程如图 7-24 所示。

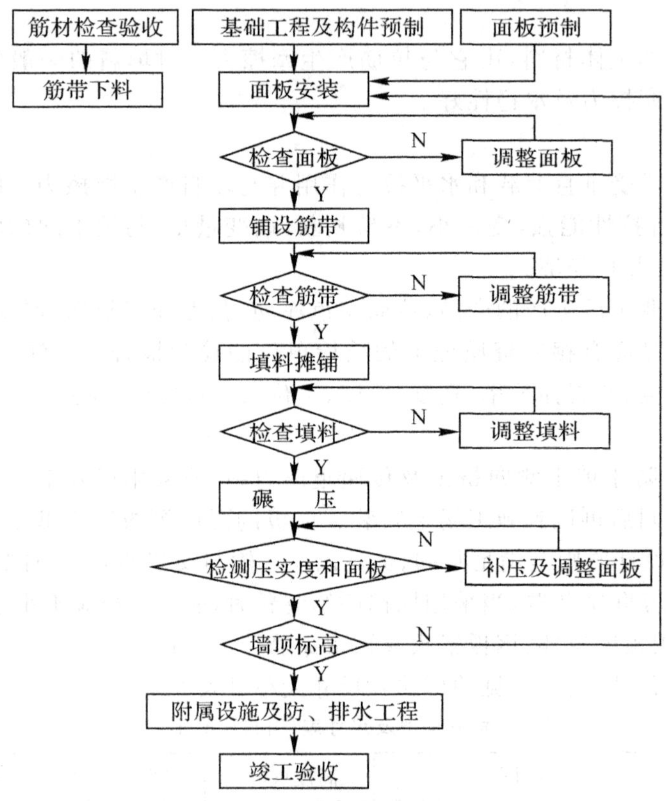

图 7-24 加筋土挡墙施工工艺流程图

(1)基础施工

①基槽开挖

基槽(坑)开挖前，应详细测量定位并标示开挖线。按设计要求开挖到设计标高，槽(坑)底面平面尺寸一般大于基础外缘 30cm 或按设计要求，并做好防、排水工作。

②地基处理

地基承载力应符合设计要求。若地基承载力较低，应采取相应的地基处理措施提高地基承载力，并满足设计要求。

④基础浇筑

基槽开挖完成并对基底处理后。应进行基础浇筑。浇筑前先安装模板，对模板顶面标高、断面尺寸及轴向偏位进行检查。安装模板时应按设计要求设置变形缝。浇筑完成后及时对基础轴向偏位、基顶标高、断面尺寸及基顶平整度进行检查。

(2)面板安装

①放线

放线第一层是控制全墙基线的关键，要用经纬仪或全站仪进行严格控制，在条形基础顶面上，准确划出面板的外缘线和墙面板长度分段线，曲线部分应加密控制点。

②安装

面板安装可用人工或机械吊装就位。安装时用低强砂浆砌筑调平，从墙端和沉降缝两侧开始，按设计要求的垂度、坡度挂线安装，安装缝宜小于10mm。相邻面板水平误差不大于10mm；轴线偏差不大于10mm/20m。

面板一般情况下应排列成错接式，如图7-25所示。各面板的孔隙可排水，但面板内侧需设置反滤材料。

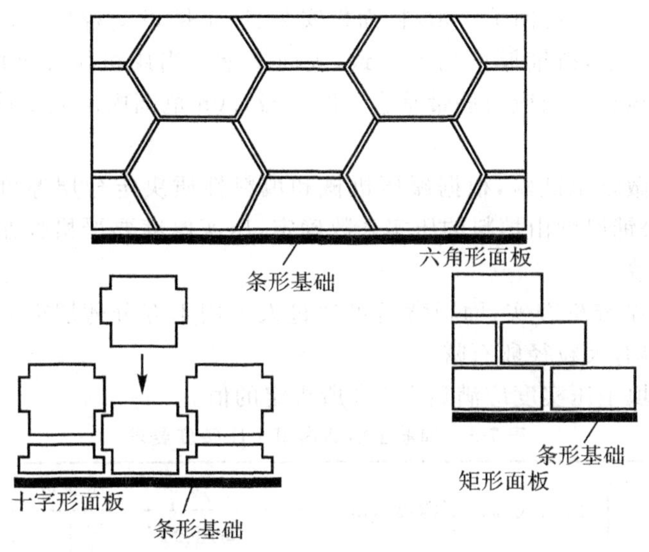

图7-25　面板安装示意图

面板间严禁采用坚硬石子或铁片支垫，以免造成应力集中，损坏面板。安装时单块面板斜度一般可内倾1/200～1/100，作为填料压实时面板在侧向压力作用下的变形值，任何情况下严禁面板外倾。

③检查验收

第一层面板砌筑完后要用经纬仪对面板外缘线进行检查，准确无误后才可以砌筑第二层。每三层面板安装完成后测量标高和轴线偏位超过标准时应及时纠正，不得在未完成填土作业的面板上安装上一层面板。

(3)铺设筋材

①拉筋下料

将拉筋按分层设计长度提前下料，下料长度为2倍设计长度，并有一定的富余量，严禁边铺边下料。

②铺设

铺设时，拉筋应尽量垂直于墙面，呈辐射状尽量散开铺设在压实平整的填料上，并分布均匀，并且至少应有2/3的长度不重叠。筋材应拉紧，不得弯曲、扭结，不得与硬质棱角填料直接接触。

筋带铺设时，边铺边用填料固定其铺设位置，先用填料在筋带的中后部形成若干列压住加筋材料，填料的多少和疏密以足以固定筋带的位置为宜。

钢带或钢筋混凝土带与面板拉环联结可采用焊接、扣环联结或螺栓联结；土工聚合物与面板的联结，一般可将聚合物的一端从面板拉环或预留孔中穿过、折回与另一端对齐。

③检查验收

每层拉筋铺设后都要进行检查验收，检查内容包括筋带铺设的长度、根数、均匀程度、平整度、拉筋的松紧程度。

(4)填料摊铺、压实

①摊铺

当拉筋铺设定位后方可回填。填料、面板安装、筋带铺设交替进行，可流水作业。可采用人工摊铺或机械摊铺，摊铺厚度均匀一致，表面平整。当用机械摊铺时摊铺机械距面板不小于 1.5m，机械运行方向应与筋带垂直。距面板1.0m范围内用人工摊铺。

②压实

在碾压开始前做碾压试验，根据碾压机械和填料性质决定分层厚度、碾压遍数。填料要分层回填碾压，松铺厚度由填料的压实系数确定，压实厚度要严格控制，保证两层填土的厚度与面板厚度一致。

反滤层采用小型夯机夯实，面板背后可通过人工用木夯分薄层夯实，填筑完毕后表面应用粗砂整平，不得有大粒径卵石露头。

加筋土挡墙内填土压实度应满足表 7-3 所规定的值。

表 7-3 加筋土挡墙内填土压实度要求

填土范围	路槽底面以下深度(cm)	压实度	
		高速公路	二、三、四级公路
距面板 1.0m 以外	0～80	≥95	≥93
	>80	>90	>90
距面板 1.0m 以内	全部墙高	≥90	≥90

③检查验收

填料压实完成后应检测压实度。压实度检测可采用灌砂法或核子密度仪法。距面板1.0m范围以外，每一压实层每 500m 或每 50 延米检测不少于 3 点；距面板 10m 范围以内，每一压实层每 50 延米检测不少于 3 点。

7.4 锚杆与土钉支护

7.4.1 概 述

锚杆支护是指在稳定土层内部的钻孔中，用水泥砂浆将钢筋(或钢绞线)与土体黏接一起的拉结挡土结构。它由锚头、自由段和锚固段组成。锚头是联结锚杆和主体结构的部件；锚固段位于锚杆的尾部，深埋于地层中，是由高压所注入的水泥浆或水泥砂浆凝固而成；自由段是联结主体结构和锚固端的桥梁，把主体结构的荷载传于锚固段，常由钢筋或钢绞线构成。锚杆构造示意图见图 7-26。

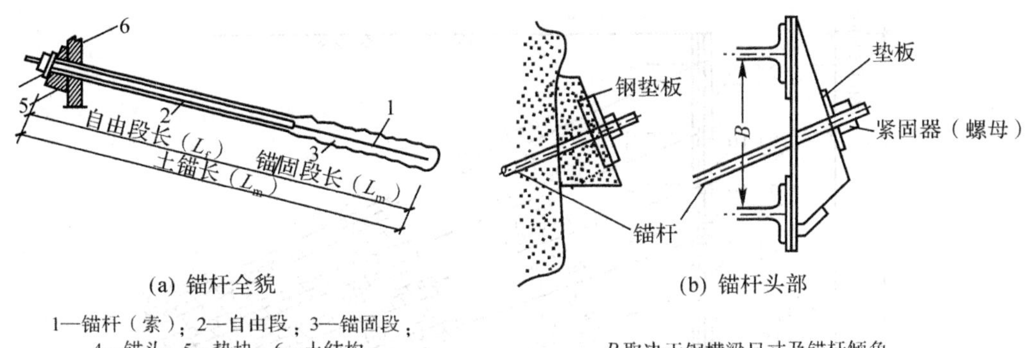

(a) 锚杆全貌

1—锚杆（索）；2—自由段；3—锚固段；4—锚头；5—垫块；6—土结构

(b) 锚杆头部

B 取决于钢横梁尺寸及锚杆倾角

图 7-26 锚杆构造示意图

自 1911 年美国首次采用岩石锚杆支护矿山巷道起，锚固技术便得到迅速发展，现已普及到世界各国的露天矿边坡加固、地下开采硐室支护、铁路边坡支护、水利水电工程的坝基加固、高边坡稳定加固及土木建筑工程中的深基坑加固等各个领域。

我国的锚杆支护技术从 20 世纪 50 年代后期开始在矿山巷道中使用，1964 年，安徽梅山水库开始采用预应力锚杆加固坝基；1972 年，在湘黔铁路凯里车站路堑边坡中采用锚杆挡墙与锚固桩综合治理边坡；1976 年北京修建地铁西直门车站时，首次采用了土层锚杆与钢板桩相结合的支护结构代替钢横撑的施工方法，取得了良好效果。自此，锚固技术已在我国的矿山、水电、冶金、交通、土木建筑等领域广泛采用，应用范围由坚硬稳定岩石发展到松散破碎岩石以及土层中。现在的土层锚杆技术已能施工长达 50m 的锚杆，在黏性土中的最大锚固力可达 1000kN，在非黏性土中可达 2500kN。1990 年，中国工程建设标准化协会颁布实施《土层锚杆设计与施工规范》(CECS22:90)。近年来，随着我国工程建设规模的增大，锚固工程量大大增加。例如三峡工程三峡双线连续五级船闸在长江左岸劈岭深切山体开挖修建，最大开挖深度达 175m，开挖形成的岩质高陡边坡将成为船闸结构的组成部分，对于这样世界罕见规模和高度的边坡，共采用 4000 根 25～61m 的 3000kN(部分为 1000kN)的预应力锚杆和近 10 万根 8～14m 的高强锚杆作为系统加固或局部加固，取得了良好的社会和经济效益。

同样在基坑工程中，也可采用土层锚杆。例如大连胜利广场深基坑支护工程，该基坑深达 22.2m，从上到下地层依次为：第四系覆盖层、强风化板岩。根据场区地质条件和周围管线情况，西侧和北侧采用灌注桩与预应力锚索结合的方式，东侧和南侧采用预应力锚杆柔性支护法，典型剖面见图 7-27。该基坑支护面积 1.4 万平方米，其中桩锚支护和预应力锚杆支护各一半，预应力锚杆支护造价 470 万元，仅为桩锚支护造价的 40%左右。采用预应力锚杆，取得了良好的经济效益。

土钉支护是一种用于土体开挖和边坡稳定的一种新型挡土结构，是由锚杆技术发展而来。它由密集的土钉群、被加固的原位土体、喷射混凝土面层和必要的防水系统组成，形成一个类似重力式的挡土墙，以此来抵抗墙后传来的压力和其他作用力，从而使开挖坡面稳定，如图 7-28 所示。土钉即为用来加固或同时锚固现场原位土体的细长杆件。土钉依靠与土体之间的界面黏结力或摩擦力，在土体发生变形的条件下被动受力，并主要承受拉力作用。除了常用的钢筋之外，土钉也可用钢管、角钢等作为钉体。由于土钉一般是通过钻孔、插筋、注浆来完成的，因此也被国内岩土工程界称为砂浆锚杆，土钉支护也被称为锚钉支护或喷锚网支护。

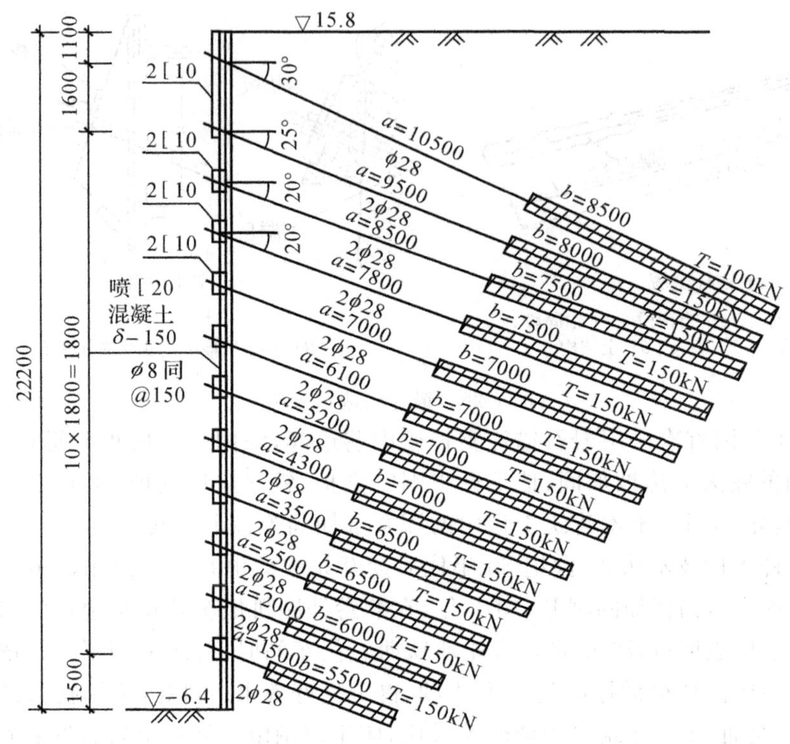

图 7-27　基坑围护剖面图

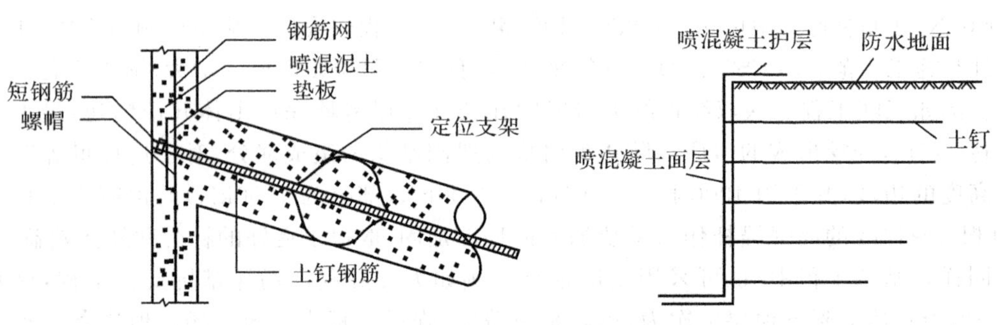

图 7-28　土钉支护

土钉支护技术的应用历史久远，例如古老的土钉技术在古代墓穴巷道中可见踪迹。现代土钉支护技术起源于岩土锚固技术和 20 世纪 60 年代初期出现奥地利隧道施工法——即新奥法，该法将喷射混凝土技术与全黏结注浆锚杆结合起来，为地下工程开挖提供柔性支护，全黏结注浆锚杆首先用于硬岩中的开挖支护，随后推广至软岩和土体。随着新奥法的广泛普及，法国、德国、美国等国家在土层锚杆的基础上开始研究土钉技术。

在我国，山西太原煤矿设计院较早对土钉支护边坡进行分析和试验，并于 1980 年用于山西柳湾煤矿的边坡支护工程，随后土钉支护也在公路和铁路边坡加固中采用。自 20 世纪 90 年代以后，国内高层建筑和基础设施建设大规模兴起，基坑开挖项目越来越多，土钉技术得到很快的发展。中国人民解放军某部在长期对土中隧道喷锚支护进行研究开发的基础上，于 1992 年首先将土钉支护技术用于深圳文锦广场的基坑边壁抢险加固中。尽管土钉的应用在我国起步稍晚，但由于国内的建设规模巨大，基坑土钉支护的应用数量估计现已超过其他国家。

土钉支护技术因具有施工方便、设备简单、开挖与支护作业可以同时进行、施工周期短、成本低、污染小、稳定可靠等许多技术和经济上的优点，而迅速得到应用。目前，已被广泛用于地下工程和边坡工程的永久性支护、放坡开挖的临时性支护；加固已开挖的路堑边坡或已失稳的边坡；也可作为辅助手段与抗滑桩、锚索、长锚杆、挡墙等联合使用，整治各类滑坡。除此之外，土钉支护也广泛应用于基坑工程。下面的工程就是一个实例。

该工程是一座 28 层办公写字楼。基坑北侧深 13.7m，南侧深 8.3m。基坑北侧原采用人工挖孔桩方案，由于未做好降水，出现桩孔倒塌，后改用土钉墙支护技术取得了成功。该地段覆盖层为洪积黏土、粉质黏土、粉土、粉细砂，下卧为红色砂砾岩。地下水位标高在地面下 6～7m。

北侧支护典型剖面见图 7-29，共采用 7 排土钉，土钉垂直间距 1.5m，水平间距 1.2m。基坑开挖后，因工期延长一年多，遇到台风和暴雨，基坑曾几次泡水，水深最高达 7.0m，但土钉墙未出现任何坍塌。

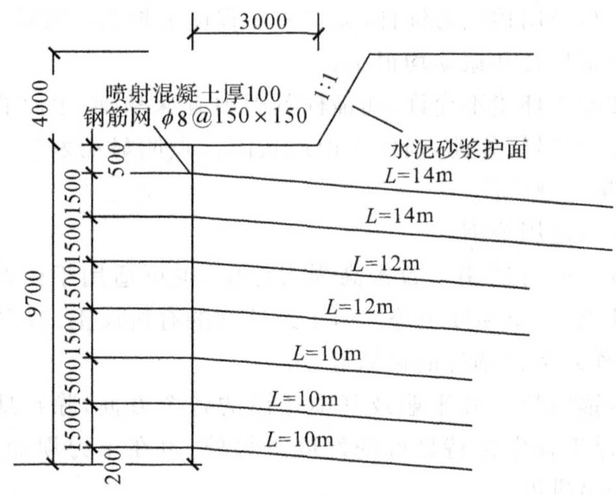

图 7-29　基坑围护剖面图

7.4.2　锚杆支护

根据锚固地层的不同，锚杆可分为岩层锚杆和土层锚杆，本节主要介绍土层锚杆支护的有关知识。

1. 土层锚杆的类型、特点和适用范围

(1)土层锚杆的类型

①按照工作机理分有主动锚杆和被动锚杆

主动锚杆是指荷载主动加到锚杆上，土体保持相对静止，锚杆和土体的相互作用由锚杆的拉伸和位移而引发。用于支撑上部结构的锚杆均属于此类。被动锚杆是指锚杆用于抵抗土体可能的位移，它们之间的相互作用主要由土体的位移而激发。用于隧道支撑、深基坑支护、挡土墙、边坡加固的锚杆均属于此类。

②按照传力方式分有摩擦型锚杆、承压型锚杆和摩擦组合型锚杆

摩擦型锚杆通常为灌浆锚杆，其支承机理为摩擦抵抗力大于支承抵抗力。承压型锚杆

是指锚固体有一个支承面,锚固的一部分或大部分是局部扩大的,其支承机理是支承抵抗力大于摩擦抵抗力。

摩擦组合型锚杆是指其支承机理为支承抵抗力约等于摩擦抵抗力。

③按照工作年限分有临时性锚杆和永久性锚杆

临时性锚杆是指工作年限小于 2 年的锚杆。永久性锚杆是指工作年限大于等于 2 年的锚杆。

(2)土层锚杆的优点

在一般地质条件下,与其他形式的支护结构相比,锚杆支护结构具有很大的优越性。其优点主要表现在以下几方面:

①锚杆施工简便,其施工机械和设备作业空间不大,可以适合各种地形和场地。

②锚杆的设计拉拔力可由现场抗拔试验获得,因此,只要施工质量较好,就可保证设计有足够的安全度。

③用锚杆代替钢支撑作侧壁支承,可以节省大量钢材,还可以改善施工条件。

④锚杆可预先张拉,采用预应力锚杆,能在一定程度上控制基坑或者边坡的变形。

⑤锚杆施工时,施工噪音和振动均很小。

当然,当地质条件差或环境不允许(如锚杆范围内有深基础、道路管线等障碍物时),锚杆支护也具有局限性。但尽管如此,锚杆支护形式因优点明显而发展迅速,可以说,锚杆支护结构的应用正变得越来越广泛。

(3)土层锚杆支护的适用范围

锚杆的应用十分广泛,可适用于致密高强岩体中,也可适用于松散岩体中。对于土层锚杆来说,适用于黏性土、粉土和砂土等。但未经处理的有机质土、液限 $w_L>50\%$ 和相对密度 $D_r<3$ 的土层不得作永久性锚杆的锚固地层。

就应用领域来说,锚固技术几乎遍及基本建设的各个方面,除在地下工程、边坡工程、深基坑工程及结构抗浮工程中保持良好的发展态势外,也在重力坝加固、桥梁工程及抗倾覆、抗震工程中也有长足进展。

2. 土层锚杆支护作用机理

从上述锚杆分类可以看出,锚杆的类型众多,不同的锚杆就有不同的锚固机理。大量的工程经验和试验表明,锚杆支护是一种有效的加固措施,但由于其加固机理及作用方式复杂,至今尚未有统一的理论。目前对土层锚杆的工作机理有以下几种观点。

(1)摩擦作用

锚杆在正常工作状态下,涉及拉杆、注浆体、土体的相互作用,故受力情况复杂。一般认为,锚杆主要靠锚固段的注浆体与被锚固土体之间的摩擦力来维持土体的平衡和稳定。

(2)土体稳定性增大

由于锚杆的预应力作用,可以有效限制被锚固土体的变形量,从而增加土体的稳定性,另外,灌浆可大大增加锚杆和土的界面强度,进而增加土体稳定性。

(3)土体等效变形模量增加

由于锚杆的弹性模量远高于土体的弹性模量,当锚杆随土体变形时,这种变形特性的差异造成了土体等效变形模量的增加。

(4)土体抗剪强度提高

早期的锚杆计算模型就是认为锚杆提高了土体的抗剪强度指标 c 和 φ，相应地土的抗剪强度性能提高，进而增加土体稳定性。

必须指出的是，以上这些锚杆支护的作用机理实际上并不是孤立的，不同的岩体或土体条件下，对于不同的锚杆类型，可能是一两个甚至多个方面共同起作用。

3. 土层锚杆支护设计计算

土层锚杆的承载力主要取决于锚固体的抗拔力，而锚固体的抗拔力可以从两方面考虑：一方面是锚固体抗拔力应具有一定的安全系数，另一方面是它在受力情况下发生的位移必须不超出一定的允许值。其设计计算主要包括土层锚杆的布置与结构参数设计、锚杆设计拉力的确定、锚杆截面设计、锚头联结设计、锚杆长度设计、锚杆和结构物的整体稳定性验算等。

4. 土层锚杆支护施工

(1)施工工艺

土层锚杆完整的施工工艺见图 7-30。其中，主要的步骤有钻孔、锚杆组装与安放、注浆、张拉与锁定环节。

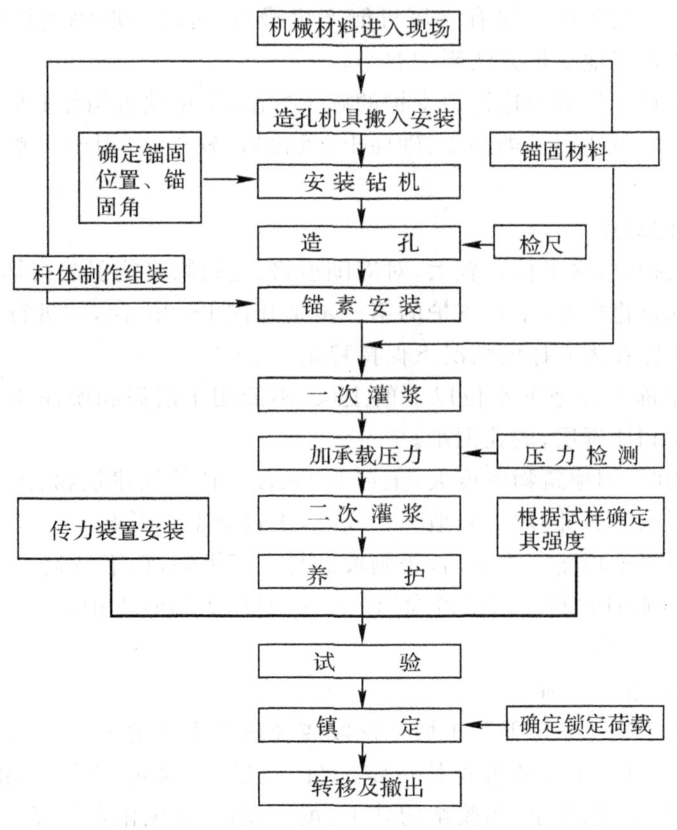

图 7-30 土层锚杆施工工艺图

(2)试验与监测

土层锚杆施工完成后，当锚固体强度大于 15.0MPa 时，方可进行锚杆试验。锚杆试验包括基本试验、验收试验、蠕变试验等。

7.4.3　土钉支护

1. 土钉支护的类型、特点和适用范围

(1)土钉的类型

①打入钉。指用钢筋或钢管作土钉,直接击入土中。

②注浆钉。指通过机械成孔,再置入钢筋或钢管,然后沿全长注浆填孔。

(2)土钉支护的优点

①施工简便,施工速度快。边坡支护施工不需要施工作业准备时间。土体分层开挖,随开挖随支护。

②工程造价低。土钉支护施工采用轻型机具,机动灵活,维护简易。土钉面层为轻型结构,用料节省,总工程造价一般比桩支护可节省10%～30%,部分达50%以上。

③节省占地。土钉支护因为不采用大型机械,工程用料少,因而不需要很大的作业场地。特别是在采用外模板墙土钉支护技术后,可以充分利用红线以内地皮,扩大建筑面积。

④结构轻巧,柔性大,有非常好的抗震性能和延性。土钉支护即使破坏,一般也不至于彻底倒塌,并且有一个变形发展过程,反映出良好的延性。

⑤作业噪音小。支护施工仅有空压机能产生噪音,可以采取隔离措施减低噪音影响。土钉施工扰民问题比其他支护方法影响要小。

⑥工期短。土钉支护采用边挖边支护的施工方法,不单独占用作业时间,缩短了工期。

⑦适用范围广。可适用各类黏土、砂性土、风化岩、软岩,可用于路堑、路基边坡、桥台、地下工程。

(3)土钉支护的缺点

①用于基坑支护时,水平位移较大,对周围道路、建筑物可能引起损坏。

②要求土体的自稳性好,土钉支护的第一步是开挖1～2m深,方进行第一道土钉施工,在完成之前要求土体在无支撑的情况下保持稳定。

③不能应用于冻土和地下水位以下的土层,不能用于淤泥和淤泥质土;也不宜用于含水丰富的粉细砂层和卵砾层,成孔困难。

④在市区使用时,因建筑物密度大,土钉要“入侵”到其他建筑物、道路下,可能对其他建筑物基础造成影响。另外,周围有地下管线时,土钉施工受影响。

⑤土钉施工时要求坡面无水渗出,否则坡面易局部坍塌,也不易施工面层。

⑥土钉一般不能回收利用,且“寿命”较短,一般用于临时支护,若用于永久性支护,需考虑抗锈蚀等耐久性问题。

(4)土钉支护的适用范围

土钉支护适用于地下水位低于土坡开挖段或经过降水使地下水位低于开挖层的情况。由于施工时要分层开挖,土层要能保持一定的自立稳定。因此,土钉适用于具有一定黏性的杂填土、一般黏性土、粉性土、弱胶结的砂土、黄土、填土及风化岩层等。

对于软土基坑支护,在我国广州、武汉、上海、杭州等地有过成功的例子,除了加固土体外,土钉支护也成功应用到了岩体边坡的加固改造中,广泛应用于建筑、水利水电、交通、矿山开采等领域。

图7-31给出了土钉支护的典型工程应用。

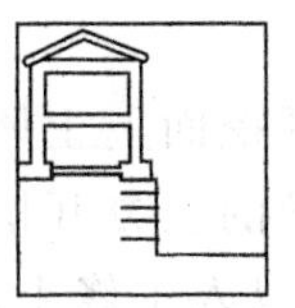
(a) 托换基础

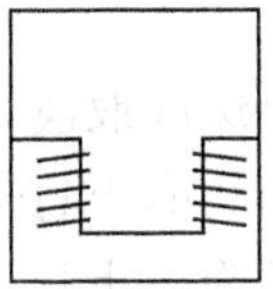
(b) 基坑支护

(c) 坡面挡墙

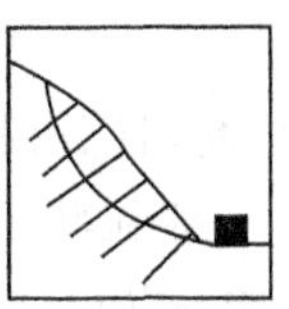
(d) 坡面防护

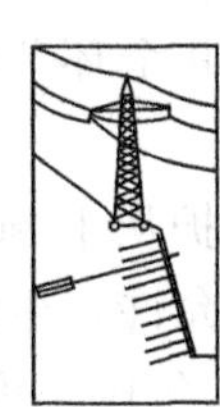
(e)与锚杆结合的边坡防护

图 7-31　土钉支护的工程应用

2. 土钉支护作用机理

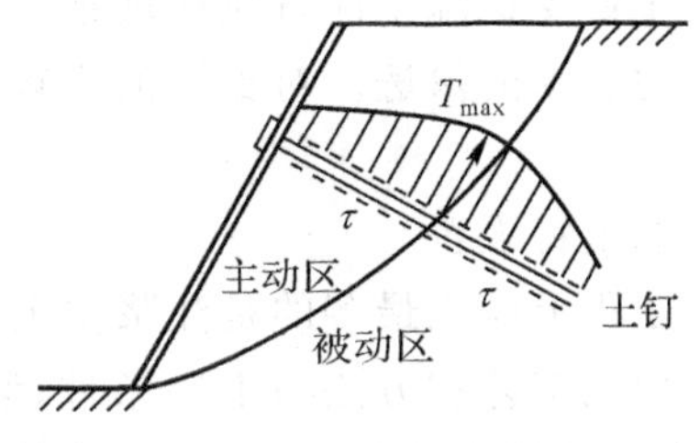

图 7-32　土与土钉间相互作用

一般认为，土钉支护机理是以新奥法理论为基础，在土钉作用下，把潜在滑动面之前主动区的复合体视为具有自撑能力的稳定土，以阻止土体侧向位移，支撑未加筋区域土体的侧压力，保证土坡的稳定性，即认为经过加筋的土体形成了类似重力式挡土墙，土钉的作用机理类似于挡土墙的机理。一系列的试验证明，土钉支护中的土钉在土体中起着箍束骨架作用，这种作用能够约束土体变形，使复合土体成为一个整体。土与土钉的相互作用如图 7-32 所示。

土钉支护中，土不仅分担了土中应力，还起着应力传递和扩散的作用。另外，土钉支护中的钢筋网喷射混凝土面层也是土钉发挥作用的重要组成部分，面层的设置限制了由于开挖或超载引起的土体坡面膨胀，进而能起到削弱土体内部塑性变形，加强边界约束的作用，这在开裂变形阶段尤为重要。

总体来看，传统的支挡结构均基于被动制约机制，即以自身的强度和刚度，承受其后的侧向土压力，防止土体整体稳定性破坏。而土钉支护则在土体内设置一定长度和密度的土钉，与土体协同工作，弥补土体自身抗拉、抗剪强度不足，土钉与土共同工作，能大大提高土的强度、刚度和整体稳定性。

3. 土钉支护设计计算

土钉支护设计的内容和步骤如下：

①根据边坡高度、土质、地下水条件及工程性质初定土钉的结构尺寸、布置方式、间距及分段开挖高度等。

②根据土压力分布、现场抗拔试验结果或土的抗剪强度，参考以往经验，确定土钉的类型、直径和长度。

③进行支护的内部稳定性分析与外部稳定性分析，其中，内部稳定性分析包括施工过程中不同开挖阶段的最危险滑动面验算、土钉本身强度验算、面板强度验算，外部稳定性分析包括土钉支护结构水平滑动稳定性验算、抗倾覆稳定性验算和地基承载力验算。

④根据分析结果，修改有关参数，重新验算直至满足要求。

⑤进行土钉支护施工图设计、构造设计和质量控制设计。

4. 土钉支护施工

(1)施工工艺

土钉支护主要包括开挖、排水系统设置、土钉设置、喷射混凝土面层等几个环节，以下简要介绍这几个环节的施工工艺和施工要求。

①开挖

土钉支护从上到下分布开挖，且分段开挖，每步开挖的深度取决于开挖面上土体的直立能力以及允许发生的位移。一般粒状土中通常为0.5～2.0m，土钉支护的土方开挖还必须分段开挖，每段长度一般取10～20m。使用的开挖设备常为挖土机，辅以人工修土，开挖过程中，对松动部分应在坡面支护前予以清除，对于松散的或强度差的土层可以在开挖前用水泥土桩或者注浆进行加固处理。

②排水系统设置

土钉支护施工前就应在坡顶设置排水沟引走地下水或设置不透水的混凝土地面防止附近地表水的渗透。对支护的土体主要采用浅部排水、深部排水、坡面排水及井点排水等方式。

③土钉设置

工程上应用最多的是注浆型土钉，包括成孔、置筋、注浆三个工序。

成孔工艺和方法与土层条件、装备和施工单位的手段、经验有关。国内大多采用螺旋钻、洛阳铲等成孔设备，也可以土锚专用钻机成孔，而目前应用最多的是洛阳铲成孔，该法施工简单、轻便、投入省、可多人同时作业等优点。成孔孔径一般为90～120mm。

土钉的筋材常采用钢筋，土钉钢筋置入孔中之前，应先在土钉钢筋上设置定位支架，一般沿土钉每隔2～3m用钢筋焊一三角支架，在支架下方设置一用铁皮等制成的船形滑动装置，以保证钢筋处于钻孔的中轴线上。

土钉置入孔中后应立即注浆，以防孔壁坍塌。土钉的注浆分为重力式注浆、低压(0.4～0.6MPa)和高压(1～2MPa)注浆。水平设置的土钉应采用低压或高压注浆。压力注浆时，应设置止浆塞。如果分段注浆，止浆塞应设置在钻孔内规定的位置；对于倾斜设置的土钉，可采用重力或低压注浆的方式。

④喷射混凝土面层

土钉设置完毕，即在坡面上设置钢筋网片，钢筋网片应牢固固定在边壁上，并符合规定的保护层厚度要求，钢筋网片可用插入土中的钢筋固定。

喷射混凝土的配比应通过试验确定，粗骨料最大直径不宜超过12mm，否则影响正常喷射，水灰比宜在0.45以下，可适当加入外加剂调节工作性能和凝结时间。

喷射混凝土的顺序应自下而上，喷头与受喷面的距离为0.8～1.5m范围为宜。射流方向垂直指向喷射面，但在钢筋部位，应先喷钢筋后方，然后再喷填钢筋前方。当面层厚度超过100mm时，应分两次喷射，每次喷射厚度宜为50～70mm。在混凝土终凝2h后，根据当地条件，采取连续喷水养护5～7d，或喷涂养护剂等养护方法。

土钉端部与面板的联结可采用螺帽和垫板的方法，如图7-33所示。当用井字型钢筋相互隔接到钢筋网上时，联结处的喷射混凝土层应加设局部钢筋网以增加局部承压强度。

(2) 施工监测

土钉支护施工需进行相应的现场监测措施。在每步开挖阶段，对每一典型地层至少应用3个专门用于测试的工作钉进行抗拔试验直至破坏，用于确定极限荷载，并用于估计土钉的界面极限黏结强度。

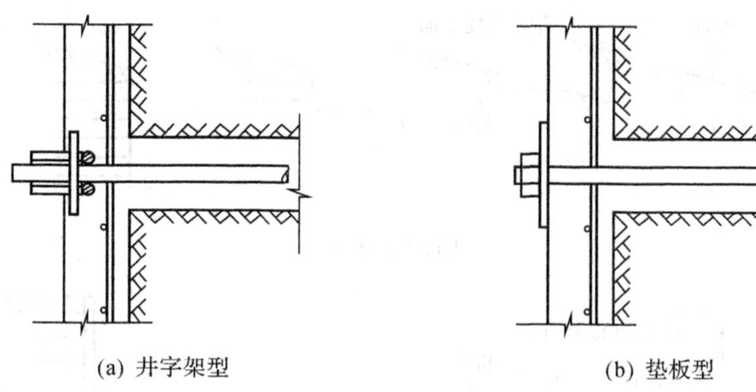

(a) 井字架型　　(b) 垫板型

图 7-33　土钉与面层的联结

另外,在土钉支护施工期间和竣工后,要加强对墙体或斜坡的变形观测,对土体内部变形观测,可在坡面后布置测斜管进行观测。

土钉支护的基坑监测应包括:

①支护位移的量测。

②地表开裂状态的观察。

③附近建筑物和地下管线的变性测量和裂缝观测。

④基坑渗漏水和基坑内外地下水位变化。

7.4.4　土钉、土层锚杆与加筋土挡墙的比较

1. 土钉与加筋土挡墙的比较

从工作机理上讲,锚杆主要为锚固机制,加筋土主要为加固机制,而土钉支护则为加固基础上的锚固机制。土钉支护属于土体加筋技术中的一种,其形式与通常的加筋土挡墙相似,相似之处在于:

①加筋体均处于无应力状态,只有在土体产生一定位移后,方能发挥作用。

②加筋土抗力均由加筋体与土之间产生的界面摩擦力提供。

③加筋土挡墙面层为预制构件,而土钉面层为现场喷射混凝土。两者的面层较薄,受到的荷载都相对较小,故均对稳定不起主要作用。

两者的不同之处在于:

①筋体所受的拉力分布不同,加筋土在坡底的筋体受到的拉力最大,筋体越靠近坡顶,受到的拉力越小;而土钉则是在中间深度的筋体受到的拉力较大,土钉两端的拉力较小。

②土钉是一种原位加筋技术,用以改良天然土层,而加筋土能够控制填土性质。

③加筋土挡墙中,摩擦力直接来源于筋材和土之间,而土钉支护中,通过灌浆技术使筋材和土黏结。

④施工工序截然不同,土钉施工是“自上而下”,加筋土挡墙是“自下而上”,如图 7-34。

2. 土钉与土层锚杆比较

由前可知,土钉是锚杆技术发展而来的一种新型支护技术,两者均常用于边坡加固和开挖支护,它们在概念的外延上有交叉,具有一定的相似之处,它们有不同的工作机理。两者的主要区别有以下几个方面:

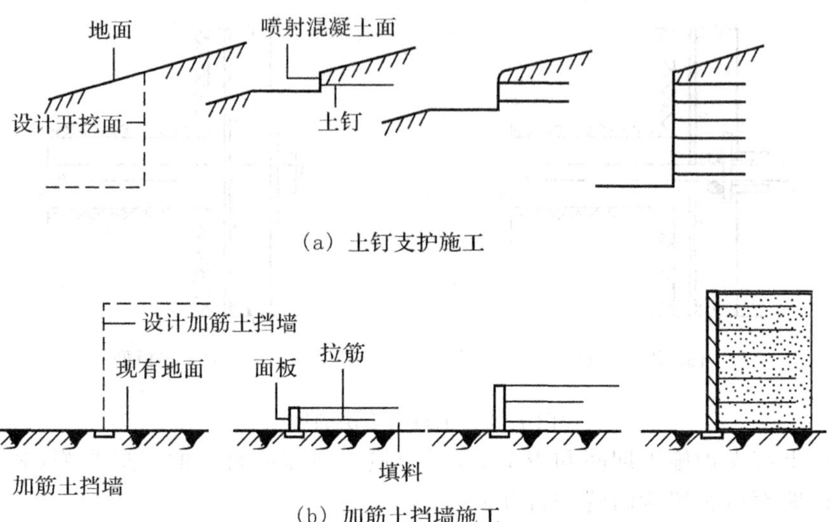

(a) 土钉支护施工

(b) 加筋土挡墙施工

图 7-34 土钉与加筋土挡墙施工顺序比较

①土钉是加固土体用的“加强筋”，没有自由段与锚固段之分，密集设置时形成强度较高的挡土墙，通常称“土钉墙”。锚杆是利用其锚固力“拉住”滑移体，分自由段与锚固段。

②锚杆只是在锚固段内受力，而自由端只是传力作用，土钉则是全长范围内受力。因此，两者的受力机理不同，在土体内产生的应力分布不同，如图 7-35 所示。

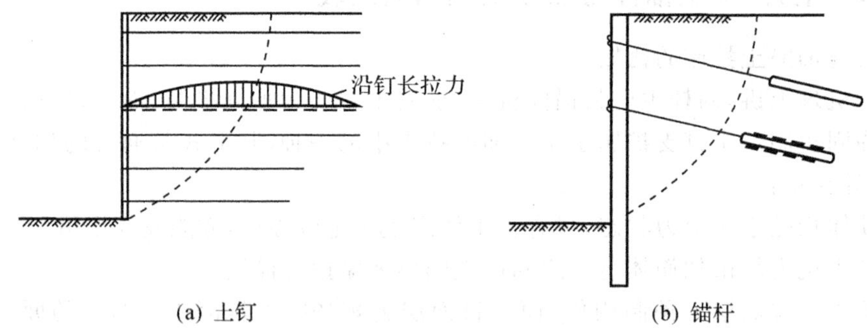

(a) 土钉 (b) 锚杆

图 7-35 土钉和锚杆受力比较

③锚杆挡土墙应该设法防止产生变位，可预先张拉；而土钉一般要求土体产生少量位移，从而使土钉与土体之间的摩阻力得以充分发展，一般不张拉。

④土钉提供的锚固力较小，锚杆提供的锚固力较大，所以土钉用于较浅的基坑或较矮的边坡支护，锚杆可用于较深的基坑或较高的边坡支护。另外，由于锚杆承受荷载大，在锚杆的顶部需安装适当的承载装置，以减小出现穿过挡墙结构面而发生刺入破坏。

⑤锚杆往往较长(一般为 15～45m)，因此需要大型设备来安装。锚杆体系常用于大型挡土结构。而土钉的施工设备较为简单，由于土钉安装密度高，单筋破坏后果未必严重，因而施工精度要求没有锚杆高。

7.5　其他加筋处理

7.5.1　加筋土垫层

1. 概述

当软弱地基承载力和沉降不能满足要求时，将基础下一定范围内的软弱土层挖去，然后逐层铺设土工合成材料与砂石填料等构成加筋土垫层。可用于加筋土垫层的土工合成材料有土工织物、土工条带、土工格栅、土工格室和一些土工复合材料。近年来，土工格栅的应用越来越多，因为土工格栅具有均布的大空格，和土嵌一起，能表现出筋土界面摩擦力，因而有时比土工织物的应用效果好。

室内试验以及工程实践表明，用于换填垫层的土工合成材料在地基中主要起加筋作用。加筋土垫层具有以下特点：

①扩散应力。由于加筋垫层的刚度较大，在承受较大的基础集中荷载后，土工合成材料中将产生较大的内应力，从而抵消部分建筑物附加荷载，同时又将荷载较均匀地传递、分布到地基土中，因而可以较好地提高地基承载力。

②调整地基不均匀沉降。在软土地基中，承受荷载后土体的剪切破坏、挤出和塑性流动会使地基产生很大的变形，当设置加筋垫层后，加大了压缩层范围内地基的整体刚度，有利于调整地基变形，尤其是不均匀沉降。

③增大地基稳定性。由于加筋垫层的约束，可大大地限制土体的侧向移动、挤出或隆起，以提高软土地基的强度，增大地基稳定性。

目前，国内外已将加筋土垫层用于一些轻型建筑或构筑物软弱地基的垫层加固工程。主要可概括为三个方面：

①土堤的地基加筋，例如堤防工程、公路或铁路路堤下的地基加筋，如图 7-36(a)所示。

②浅基础地基的加筋，如油罐或多层建筑物基础加筋，特别是条形基础下的加筋，如图 7-36(b)所示。

③公路面层下基层的加筋，用于提高承载力、减少车辙深度和延长使用寿命，如图 7-36(c)所示。

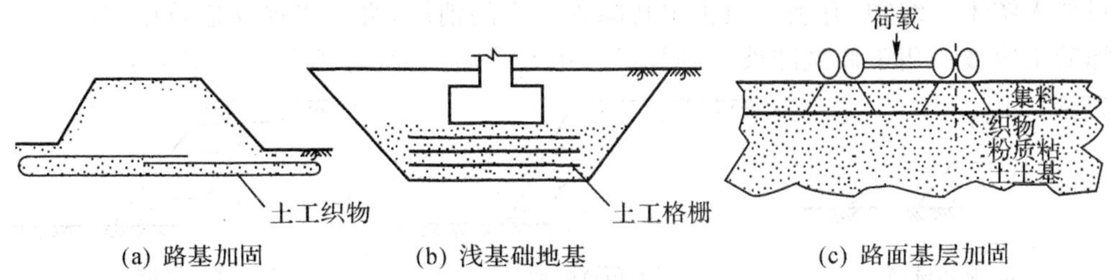

图 7-36　加筋土垫层的工程应用

2. 加筋土垫层设计

加筋土垫层设计的步骤如下：

①初步选定加筋材料，拟定其布置参数，包括每层到基底面的距离 z_i、筋材的竖向间距

s_v、垫层填土的内摩擦角 φ 和重度 γ。

②计算加筋土垫层地基需提高的地基承载力及要求筋材提供的承载力增量。

③验算加筋土垫层地基的承载力，必要时验算地基沉降。

④计算筋材的长度并布置筋材。

3. 加筋土垫层施工

加筋土垫层施工时应注意以下几点：

①铺设土工合成材料时，土层表面应均匀平整，防止土工合成材料被戳穿、顶破。

②铺设时应将土工合成材料张拉平直和绷紧，严禁有褶皱。

③土工合成材料需要接长时，联结强度不应低于原筋材强度。联结宜用搭接法、缝接法和胶结法。搭接法的搭接长度宜为 300～1000mm；当采用胶结法时，搭接长度不应小于 100mm。

④用于加筋垫层中的土工合成材料，因工作时需受到很大的拉应力，故其端头一定要埋设固定好，通常是在端部位置挖地沟，将合成材料的端头埋入沟内上覆土压死固定，以防止其受力后被拔出。

⑤筋材切忌暴晒或裸露而使材料劣化。

⑥第一层铺设时不要使用推土机的刮土板损坏所铺设的土工合成材料，当受损时应立即修补。

⑦应按先两侧后中央的顺序分层回填。

7.5.2 加筋土边坡

1. 概述

与加筋土挡墙不同，加筋土边坡也是常见的加筋土技术之一。加筋土边坡是由加筋材料、面层和回填材料组成。加筋材料多为连续的土工合成材料如土工织物、土工格室、土工格栅等。

加筋土边坡具有美观、占地少、经济效益明显等优点。在同样的填土条件下，可修筑被不加筋的边坡更陡的加筋土边坡，有时加筋土边坡的投资费用约为加筋土挡墙的一半。另外，加筋土边坡能增加边坡稳定性。加筋能阻止溜坡，减少边坡侵蚀。同时，边坡坡面加筋可在边坡边缘安全操作使用压实机具，当在黏性土边坡中，设置有平面排水能力的土工合成材料如无纺土工织物，有利于填土中孔隙水压力的消散，进一步提高边坡稳定性。

加筋土边坡可用于修筑陡坡、加固滑坡、拓宽路面等，其应用分别见图 7-37。

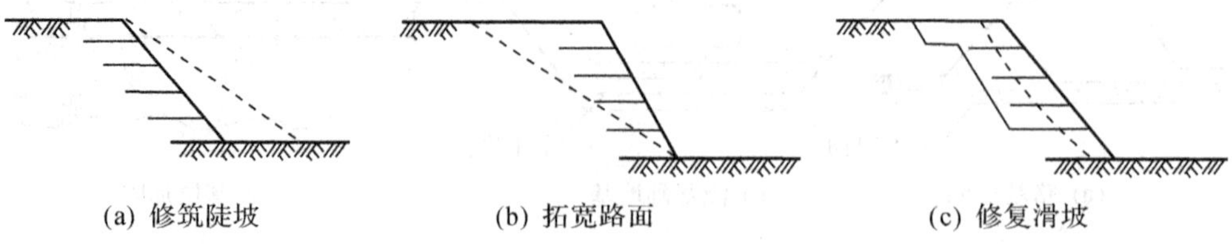

(a) 修筑陡坡　　(b) 拓宽路面　　(c) 修复滑坡

图 7-37　加筋土边坡的工程应用

2. 加筋土边坡设计

加筋土边坡的设计步骤为：

①首先按未加筋土边坡进行稳定分析。

按未加筋土边坡进行稳定分析，求得最小安全系数 F_{su}，并与设计要求的安全系数 F_{sr} 比较，若 $F_{su}<F_{sr}$ 时，则考虑采用加筋处理。

②将上述未加筋土边坡的稳定分析中所有 $F_{su}\approx F_{sr}$ 的滑弧绘在同一张图中，得到各滑弧的外包线，即为需要加筋的临界范围。

③计算每一滑弧所需的筋材单宽总拉力，计算简图见 7-38。

$$T_s=\frac{(T_{su}-T_{sr})M_0}{D}$$

式中：M_0 为未加筋土坡每一滑弧对应的滑动力矩，kN/m；D 为对应于每一滑弧的 T_s 相对于滑动圆心的力壁，m，T_s 的作用点可设定在坡高的 1/3 处。

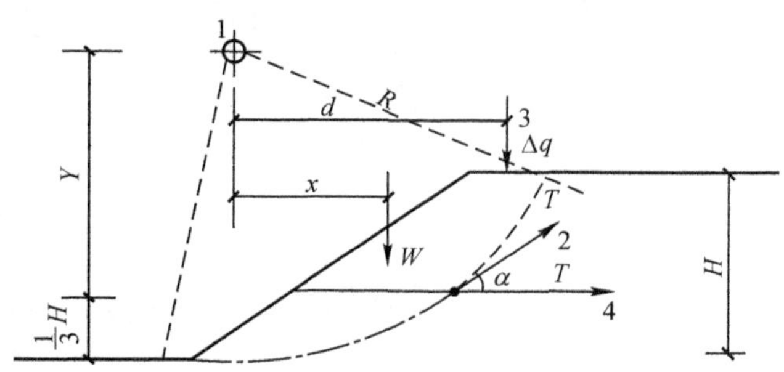

图 7-38　筋材总拉力计算简图

1—滑动圆心；2—延伸性筋材拉力；3—超载；4—非延伸性筋材拉力

④取 T_s 中的最大值 T_{smax} 为设计所需的筋材总加筋力，确定加筋层数。

⑤验算筋材强度和抗拔稳定性。

筋材强度验算和筋材抗拔稳定性验算方法可见 7.3 节中加筋土挡墙的验算。

⑥布置筋材。

筋材的长度可采用一种或多种长度。根据国外研究资料，若采用两区分配时，底区可分配$\frac{2}{3}T_{max}$，顶区分配$\frac{1}{3}T_{max}$；按三区分配时，底、中、顶分别配$\frac{1}{2}T_{max}$、$\frac{1}{3}T_{max}$和$\frac{1}{6}T_{max}$。

⑦设置防护及排水措施。

加筋土坡面应采取植草或其他防护措施，并设置排水措施，另坡内也应设置有效的截水措施。

3. 加筋土边坡施工

加筋土边坡施工时应保证填土的质量，压时机械与筋材间至少应用 300mm 的土料；当坡面缓于 1∶1 时，且筋材垂直间距不大于 400mm 时，坡面处筋材端部可不包裹，否则应包裹，折回段应压在上层土之下；当筋材为土工格栅时，坡面的包裹处应设细孔土工网或土工织物。

习　题

7-1　土工合成材料的主要功能体现在哪几个方面？分别举例说明。

7-2　简述加筋土的加筋机理。

7-3 试分别比较土钉与加筋土挡墙的区别与联系。

7-4 土层锚杆与土钉的区别主要有哪些?

7-5 比较土钉支护和土层锚杆支护的适用范围、作用机理及筋材受力特点。

7-5 何谓加筋土边坡?与加筋土挡墙有何区别?

7-6 举例说明加筋土垫层的工程应用。简述加筋土垫层提高地基承载力和减少地基沉降的机理。

第 8 章　托换与纠倾

【学习要点】

熟悉托换与纠倾的作用机理和适用范围，了解托换与纠倾的施工方法及质量检验。

8.1　概　述

8.1.1　托换与纠倾的概念

托换与纠倾是指既有建构筑物，因地基基础原因不能满足安全、稳定要求时进行的一种特殊的综合施工过程。这里之所以提出“过程”，是因为在施工进行中要不断地根据监测结果，修正初始施工方案、调整施工进程和步骤，直至施工方案的科学性、适用性与既有建构筑物的具体特点相适应，它是一个动态的过程，是信息化施工。这里的“综合”范围也很大，要想科学合理地完成建构筑物的托换与纠倾工作，实施者应具备宽广的土木工程专业相关知识，包括“土力学”、“基础工程”、“地基处理”、“砌体及混凝土结构学”、“建筑材料”、“建筑施工”等内容，不仅要在理论上找到计算设计依据，还要对现有的特种施工工艺和方法有所把握，并有现场应付和解决突发事件的能力。所以说，一个施工工程师在托换工程中占有十分重要的地位，多数情况下他也是一个设计者。

托换就是解决既有建构筑物地基基础承载力不足、变形等不满足正常使用要求等问题，使之能达到正常使用状态。包括两部分内容，一是对既有建构筑物基础的加固，二是对既有建构筑物地基的加固。

纠倾是指将倾斜超过规范容许值的建构筑物扶正的过程。

在实施加固、纠倾之前，先了解一下建构筑物危险状态的评定标准。

8.1.2　建构筑物危险性评定标准

1. 危险状态(地基变形问题)

按照《危险房屋鉴定标准》(JGJ 125—99)，当地基部分有下列现象之一者，应评定为危险状态：

①地基沉降速度连续两个月大于 2mm/月，并且短期内无终止趋向。

②地基不稳定产生滑移，水平位移量大于 10mm，并对上部结构有显著影响，且仍有继续滑动迹象。

状态是指建筑结构整个体系所处的工作情况，这个体系包括建筑结构的上下部分，如果地基不稳定，则整个体系就处于危险状态。

2. 危险点(基础问题)

当房屋基础有下列现象之一者，应评定为危险点：

①基础承载能力小于基础作用效应的85%。

②基础老化、腐蚀、酥碎、折断，导致结构明显倾斜、位移、裂缝、扭曲等。

③基础已有滑动，水平位移速度连续两个月大于2mm/月，并在短期内无终止趋向。

如果上述现象是孤立的、无关联的，则只能属于点的问题，对整个建筑结构系统来说，不能构成危险状态。由此看来，地基承载力不足或变形稳定不满足要求时，对整个系统的正常使用影响最大，直至出现危房。

由于地基出现上述特征就构成危险状态了，因此结构物使用时的地基变形要比上述指标严格很多。据《建筑变形测量规程》(JGJ/T 8—97)，当沉降速率小于0.01mm/d，地基变形才趋于稳定。

3. 建构筑物倾斜标准

《建筑地基基础设计规范》(GB 50007—2002)给出了建构筑物的容许倾斜值，对多层和高层建筑的整体倾斜($H_g \leqslant 24$)要小于0.004。《危险房屋鉴定标准》(JGJ 125—99)同时规定，当房屋局部倾斜大于0.010时，构成危险状态。

计算表明，当建筑物倾斜0.003时，由倾斜引起的附加弯矩占总弯矩的4.6%，当建筑物倾斜0.006时，由倾斜引起的附加弯矩占总弯矩的10.0%，此时的附加弯矩已经不能忽视了。因此当建筑物的整体倾斜大于0.006时，应对建构筑物实施纠倾，解除过大倾斜引起的附加弯矩，恢复建构筑物初始受力状态，以保证建构筑物的正常使用。

8.2 托换加固技术

8.2.1 托换功能分类

从既有建构筑物工程对托换的要求不同，托换技术可分为三种不同类型，补救性托换、预防性托换和维持性托换。

1. 补救性托换

既有建构筑物的基础自身不满足强度、变形要求，或既有建构筑物的地基土不满足地基承载力或变形要求，而需要将既有建构筑物的基础或地基加固。补救性托换占地基基础加固托换绝大部分比例。

2. 预防性托换

既有建构筑物在不受外界影响时，其地基基础能满足承载力和变形要求。由于建设需要，要在既有建构筑物旁边修建的新的建构筑物，比如开挖深基坑会对基坑附近的既有建构筑物产生影响，此时采取的加固既有建构筑物地基基础的措施，称为预防性托换。

3. 维持性托换

在新建的建构筑物基础上预先布置好可顶升的孔位，建成后建构筑物如出现过大的差异沉降时，采用千斤顶将沉降大处顶升，以调整差异沉降。这种方法称为维持性托换。

对地基基础的托换包含两方面的内容，一是基础托换（加固），二是地基加固，两者联系紧密。对既有建筑结构而言，当地基土的强度不满足要求时，可以把既有基础底面积扩大，也可以通过加固地基土来实现，除非既有基础强度存在问题。

8.2.2 基础托换主要方法

1. 基础加大底面积托换法

在许多既有建筑物中，基础可能因机械损伤、冻涨，或地基不均匀沉降带来的次应力而出现裂缝等，可以通过加大基底面积使地基承载力和变形满足使用要求，必要时可对基础裂缝先行采用灌浆封闭。通常采用在既有基础外侧加混凝土或钢筋混凝土的做法加大基础底面积，形成一个套。前者用于扩大宽度小于或等于 300mm 的基础，后者用于扩大宽度大于 300mm 的基础。为使基础下扩大部分的地基土能很好参加工作，应在扩大部分的地基土上铺上 100mm C10 混凝土垫层。

当采用刚性基础方案加大基础底面积时，要满足所采用材料的刚性角要求。采用钢筋混凝土材料加大基础底面积时，要满足基础受弯、受剪、冲切等要求。这些计算均与天然地基浅基础的计算方法相同。

在这里特别要注意的是，后加部分的材料与既有基础的有效联结问题，应确保扩大后的基础作为一个整体基础共同工作。图 8-1 分别给出了刚性基础和钢筋混凝土基础情况，扩大部分与既有基础的联结处理方法。

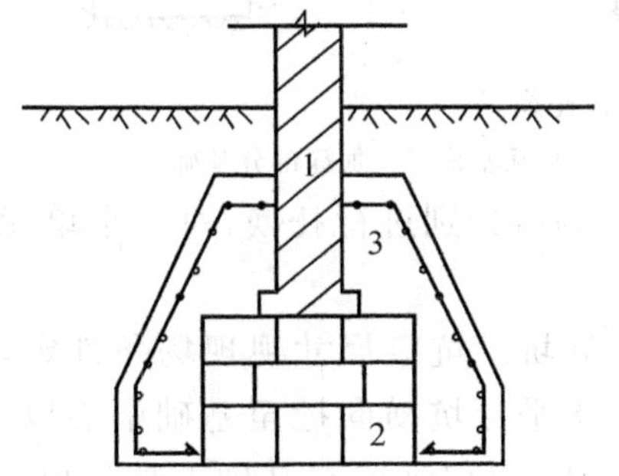

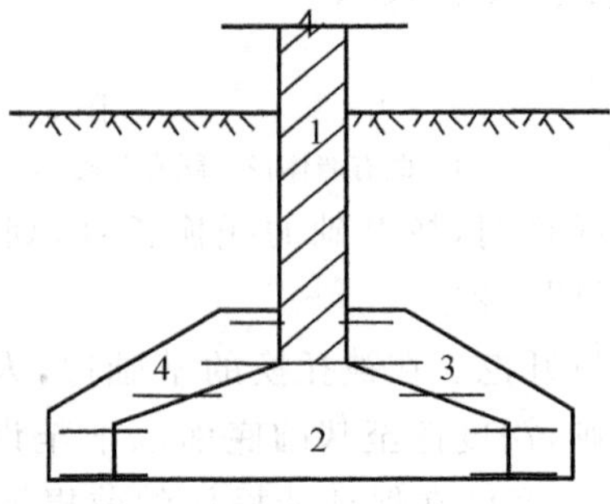

图 8-1 基础加大法托换

1—既有墙体；2—既有基础；3—基础加宽部分；4—种植钢筋

制定基础托换或地基加固的施工方法要考虑房屋和建筑物的结构方案特点，不容许大量暂时地降低地基强度或减小基础支承面积。当采用混凝土或钢筋混凝土加宽基础时，应注意以下问题：

①将既有基础表面洗净打毛。对混凝土基础应凿除表面炭化层，见新鲜混凝土面，对砌体基础，应凿除表面损毁部位，清除泥浆，并涂一层高标号水泥砂浆。沿基础高度每隔 200mm 设置锚固钢筋，钢筋直径不宜小于 12mm，钢筋进入既有基础不少于 150mm，可采用植筋法施工。植筋时，植筋孔用压缩空气清洗干净，黏结胶可采用环氧树脂或其他结构胶。

②为减少施工作业面长度，降低基槽暴露时间，对条形基础应按长度 2.0m 左右，划分成多个作业面，分批、分段、间隔施工，以免地基土遇水浸泡软化，使基础有可能产生新的不均匀沉降。

2. 基础加深托换法

基础托换优先采用与原有基础相同的埋深，即前述的扩大底面积法。对存在软弱下卧层的情况，经过计算，如果扩大基础底面尺寸后，地基的变形深度有所增加，变形或下卧层强度验算不满足要求时，可采用基础加深法。考虑施工空间的限制，以及地下水的影响和基坑稳定问题等，基础加深法一般不超过既有基础基底下 2.0m，否则，施工费用和难度明显加大。

按照设计要求，在被托换建筑物的基础下，挖深到设计的标高(新持力层)，然后从坑底浇筑混凝土到既有基础底，应将托换基础底面沿长度划分成若干单元，每个单元开挖单坑，进行逐坑托换。单坑尺寸一次托换不宜超过基础支承面积的 20%。这是由于在托换过程中，基础底面下的地基土局部被挖空，在没有对基础设临时加强或支撑的情况下，单坑尺寸过大，会对上部结构产生一定的影响。

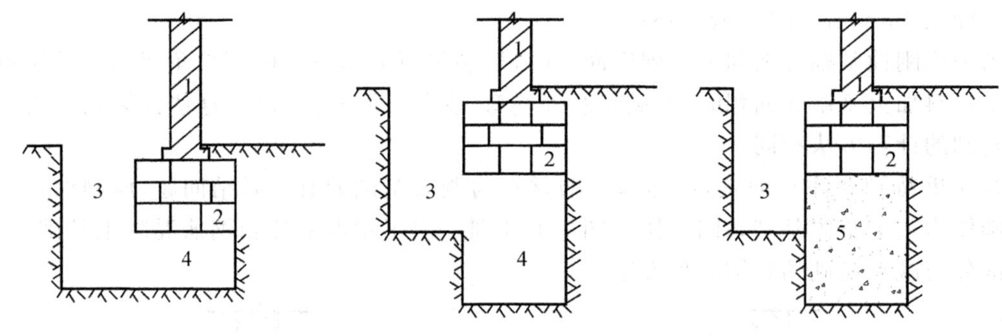

图 8-2 基础加深法托换

1—既有墙体；2—既有基础；3—导坑；4—基底下托换基槽；5—加深部分基础

进行托换时，按基础的托换长度，划分若干单元后，分别进行托换，每一个单元操作步骤如下(见图 8-2)：

①导坑开挖。在被托换的基础边，人工挖一个导坑。坑口尺寸视现场条件定，以便于操作为原则，深度挖至基础底面以下至设计深度。水平导坑横向挖至基础中心以下，坑高 1.5～2.0m，宽度在保证能操作的前提下，尽量小一点，以保证原有基础不受影响。水平导坑可以设置支撑，土质好时，也可以不设，视具体情况定。

②浇筑混凝土。在基坑尺寸符合设计要求后，开始浇筑混凝土，托换结构混凝土的强度等级不小于 C20，沿深度一次连续浇筑至离基础底 10cm。

③空隙填充。坑式托换技术的关键是托换混凝土与顶部既有基础联结的密实性。采用免振混凝土和后压浆技术来解决这一问题，在免振混凝土初凝时，利用高压注浆技术填充托换混凝土与既有基础之间的空隙，以保证彼此密切结合。

④在托换混凝土强度达到设计强度的 80%以上后，进行下一单元的托换，方法同上。

⑤导坑回填。导坑回填十分重要，为了保证回填的质量，必须严格控制回填土的含水率。用打夯机分层夯实，每层回填土的松厚控制在 30cm 以内，对于局部难以用打夯机打夯的部位，可以用碎石回填。

3. 锚杆静压桩托换法

锚杆静压桩托换采用静压方式沉桩，以建筑物自重做反力，用千斤顶将桩压入土中，桩土共同作用来分担原有建筑物的荷载，从而对既有建筑物地基进行加固处理。由于锚杆静压桩的托换原理，是按照复合地基模式计算的，有时也将锚杆静压桩托换视为锚杆静压桩加固，这里的加固是指对地基加固。近年来，锚杆静压桩托换技术在危房加固、房屋增层改造等方面获得广泛应用。

(1)锚杆静压桩托换技术的优点

①施工无噪声无污染、清洁文明，安全可靠。

②设备简单，操作简便灵活，施工成本较低，施工速度较快。

③桩型轻巧，配筋量小，入桩的损耗报废率较低。

(2)锚杆静压桩托换技术的缺点

①用于既有基础托换时需在既有基础上开孔和种植锚杆。

②利用建筑物的自重作为反力，这时要验算最大压桩力不能超过影响范围内建筑物的自重，否则会抬升建筑物。

③压桩过程中，因桩下沉的拖带作用，对既有建筑物会产生一定的附加沉降。

(3)静压桩的可靠性

托换桩的可靠性，可以从压桩阻力特性来分析。在压桩过程中，由于桩挤压土的作用，在桩周一定范围内出现重塑区，土的抗剪强度大大降低，因而桩侧摩阻力明显减小，动阻力明显小于静阻力。但是，当压桩停止后，随着时间的推移，超孔隙水压会逐渐消散，土的结构强度得到恢复，土的抗剪强度也会随之提高，从而桩侧摩阻力也将明显增大。根据实际工程资料表明，截面边长 200mm 的方桩，沉到设计标高，间歇 10d 后的压力全部可达原压力的 150%以上(试验桩数 20 根，桩长 16m)。

(4)锚杆静压桩托换技术的适用条件

锚杆静压桩实质上是静压桩的一种形式，沉桩难易性要充分考虑。一般情况下，锚杆静压桩可穿过杂填土、较薄的粉砂土，难以穿透较厚的粉砂层和既有基础下存在的较厚道渣垫层。托换桩的持力层，应具有土质均匀、压缩性较低、承载力较高等特点，且在其下无软弱下卧层存在。

(5)锚杆静压桩设计施工要求

①锚杆静压桩的单桩竖向承载力可通过单桩载荷试验确定；当无试验资料时，也可按国家现行标准《建筑地基基础设计规范》(GB 50007—2002)有关规定估算。

②桩位布置应靠近墙体或柱子。设计桩数应由上部结构荷载及单桩竖向承载力计算确定。

③当既有建筑基础承载力不满足压桩要求时，应对基础进行加固补强；也可采用新浇筑钢筋混凝土挑梁或抬梁作为压桩的承台。

④桩身制作应符合下列要求：

(a)桩身材料可采用钢筋混凝土或钢材。

(b)对钢筋混凝土桩宜采用方形，其边长为 200～300mm。

(c)每段桩节长度应根据施工净空高度及机具条件确定，宜为 1.0～2.5mm。

(d)当桩身承受拉应力时，应采用焊接接头。其他情况可采用硫磺胶泥接头联结。

⑤原基础承台除应满足有关承载力要求外，尚应符合下列规定：

(a)承台周边至边桩的净距不宜小于 200mm。

(b)承台厚度不宜小于 350mm。

(c)桩顶嵌入承台内长度应为 50～100mm;当桩承受拉力或有特殊要求时,应在桩顶四角增设锚固筋,伸入承台内的锚固长度应满足钢筋锚固要求。

(d)压桩孔内应采用 C30 微膨胀早强混凝土浇筑密实。

(e)当原基础厚度小于 350mm 时,封桩孔应用 $2\varphi16$ 钢筋交叉焊接于锚杆上,并应在浇注压桩孔混凝土的同时,在桩孔顶面以上浇注桩帽,厚度不得小于 150mm。

⑥锚杆静压桩施工:

(a)开挖清理压桩孔坑槽和锚杆孔施工工作面,必要时需降水。

(b)开凿压桩孔,并应将孔壁凿毛,清理干净压桩孔。

(c)开凿锚杆孔,应确保锚杆孔内清洁干燥后再埋设锚杆,并以黏结剂加以封固。

(d)压桩架应保持竖直,锚固螺栓的螺帽或锚具应均衡紧固,压桩过程中应随时拧紧松动的螺帽。

(e)压桩施工应对称进行,不应数台压桩机在一个独立基础上同时加压。

(f)焊接接桩前应对准上、下节桩的垂直轴线,清除焊面铁锈后进行满焊。

(g)采用硫磺胶泥接桩时,其操作施工应按国家现行标准《地基与基础工程施工及验收规范》(GBJ 202)的有关规定执行。

(h)封桩前应凿毛和刷洗干净桩顶侧表面后,C30 微膨胀早强混凝土封桩。

4. 某镇人民政府宿舍楼基础托换加固

(1)工程概况

托换对象系五层混合结构宿舍楼,建于 1995 年,片筏基础,筏板厚 400mm,建筑面积约 $5500m^2$。

托换前建筑物墙体多处开裂,最大处缝宽 5mm 以上。沉降观测表明建筑物出现了不均匀沉降。为了制止建筑物的继续沉降,遂进行锚杆静压桩托换。

根据岩土工程补充勘察报告可知:

第 1 层,素填土:褐黄色,疏松,厚约 0.5～1.0m。

第 2 层,粉质黏土:灰黄色,灰色,往下为黑灰色,含有机质,可塑至软塑,厚度变化大,厚约 2.0m。$f_a=90$kPa。

第 3 层,淤泥质亚黏土:深灰色,灰色,软塑至流塑,最厚处约 2.0m。$f_a=60$kPa。

第 4 层,粉质黏土:灰绿色,可塑,平均厚度 2.2m。$f_a=140$kPa。

第 5 层,淤泥质亚黏土:深灰色,灰色,软塑至流塑,最厚处约 7.0m。$f_a=60$kPa。

第 6 层,粉质黏土:灰黄、褐黄色,可塑至硬塑,层厚 4.5m。$f_a=150$kPa。

(2)沉降原因分析

筏板埋置在第 2 层粉质黏土上,承载力特征值 90kPa 满足结构荷载要求。由于这层土的厚度(持力层)仅有 2.0m,下面有第 3 层、第 5 层共两层软弱下卧层,层厚达 9.0m,软弱下卧层会发生较大的沉降。另外,宿舍楼长约 100.0m,中间未设变形缝,在外墙面上沿长度方向,明显可见正八字型裂缝。

(3)锚杆静压桩托换设计

托换计算采用减沉桩理论,采用了长短组合桩型方案,并利用锚杆静压桩实施。为充分利用第一硬层,设计短桩长度 3.0m。为控制沉降,利用第二硬层,设计长桩长度 17.5m,桩截面 200mm×200mm,桩间距 2.5m。计算单桩承载力特征值约为 160kN,预估实际单桩承载力特征值约为240kN，即压桩力不小于240kN。因采用建筑物自重提供反力，经计算压桩力也不得大于500kN。按压桩力控制施工桩长。

单桩承载力特征值为160kN，桩数计190根，桩基承担荷载约为30400kN。建筑物荷载约82500kN，桩基将承担建筑物的荷载约37%。

(4)施工时特殊情况处理

在开凿基础混凝土过程中，出现基础厚度不满足设计要求、基础混凝土强度低（混凝土疏松）的现象，不能种植锚杆。对这些部位均采取了基础加宽、加厚的做法，预留静压桩孔位等方法，进行了基础加固。

另外，开挖发现基础板多处断裂，裂缝在5mm左右，经开凿到基础地面，发现裂缝贯穿到基础底面，但钢筋并未断裂。为确保基础板的整体性，对此采用了开凿裂缝、修补裂缝的方法。裂缝修补时，使用C30早强微膨胀混凝土浇注。

图8-3 布置在室外的锚杆静压桩

锚杆静压桩实物图见图8-3。开凿桩孔、种植锚杆、封桩等详细做法见图8-4。

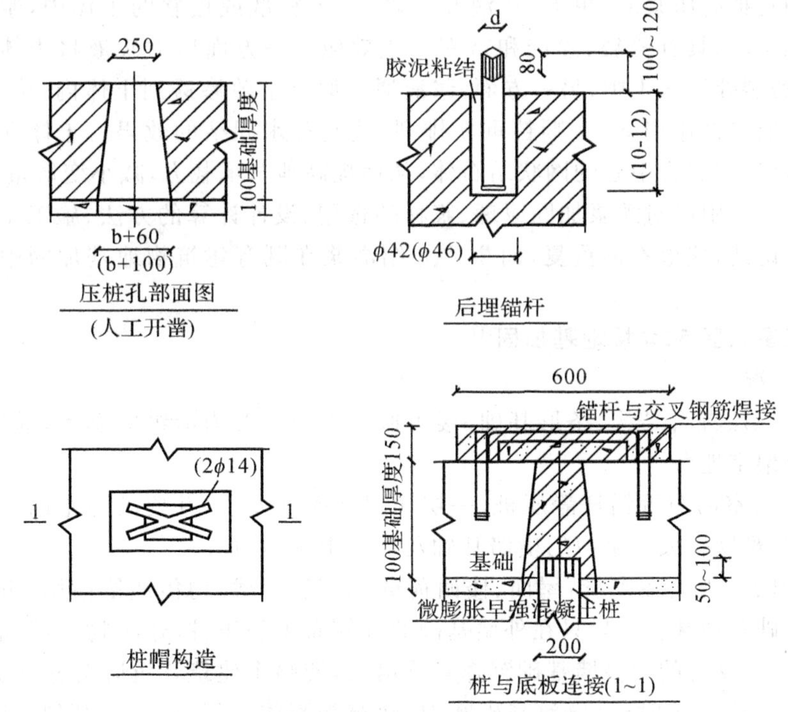

图8-4 开凿桩孔、种植锚杆、封桩示意

(5)承载力时效问题研究

190根桩的实际压桩力均大于240kN。选择20根桩进行了桩的承载力增长与时间关系的研究，称为桩的承载力时效问题。试验揭示，间歇10天后，桩的承载力普遍增长到

150%以上,即 10 天后的压桩力均在 360kN 以上。

该工程于 2004 年 10 月 27 日结束,后进行了长达一年的沉降观测,沉降已稳定。

8.2.3 地基加固

1. 考虑因素

当既有建筑物地基承载力或变形不满足使用要求时,也可采用地基加固方法。既有建筑物地基加固的要求和施工难度均与一般意义上的地基加固不同。通常说的地基加固是指建筑物在建造前,对地基实施的加固。既有建筑物的地基加固,要考虑的因素很多,对于车间而言,加固期间不能停产;对住宅而言,加固期间人不需搬离,并要求施工影响降低到最小,不干扰居民的正常生活,还要考虑加固方法的安全性和适用性。

对既有建筑物地基加固,通常要做好几种加固方案的优化对比,主要考虑以下几点:

①要考虑狭小施工场地的适应性和施工可能性。

②要考虑方案的技术合理性和可靠性。

③要考虑加固成本经济节约性。

④要考虑施工对生产或居民的影响性。

考虑到通用性,这里举例说明灌浆加固法在既有建筑物地基加固中的应用。

2. 高压灌浆加固地基

灌浆加固是把高压浆液(单液、双液和三液)注入松散或松软的土体内,浆液在压力的作用下注入土中后,具有劈裂、渗透和挤密三重效应。一方面压力浆液将土体内的薄弱处劈裂,浆液沿劈裂处进入土中;另一方面,浆液通过原有空隙渗透到土体内;第三方面,土颗粒在压力浆液的挤密作用下,土颗粒重新排列,达到排水固结的效果。土体在这三重效应作用下,形成以注浆点为中心的网状结石体,从而提高地基承载力,减小变形量。

由于在 6.3 节中已对灌浆加固原理、浆材的选用、设计计算的方法、施工工艺和质量检验等做了详尽论述,这里不再重复,而主要介绍灌浆在既有建筑物地基加固中的具体应用和施工流程。

3. 某市五星六区 52#楼地基加固①

(1)工程概况

52#楼为三层混合结构,条形基础,楼板搁置方向主要为沿纵向搁置,横墙承重,底层室内为预制板架空地坪。

如果在一层室内布置锚杆静压桩,一层居民要搬迁安置,并要破坏室内装修及预应力空心板,费用和难度较大。室内的横墙基础及地基未做加固。

从建筑物的传力途径来看,屋面、楼面荷载(静载、活载)均传递给横墙,再由横墙传递给横墙下的基础和地基。如果只在外墙基础的外侧布置静压桩,建筑物外墙加固处沉降将得到控制,而主要受力的内横墙基础沉降必然增大,使整个建筑物沉降分布成为凹槽形,建筑物横墙基础刚度不足时,会导致基础断裂、建筑物墙体开裂,并产生倾斜。因此,应对建筑物下的软弱地基土进行加固。

采用水平顶管高压灌浆加固法,依据球状扩散原理,将室内的地基土获得均匀加固和

① 马海龙,某市五星六区 52#楼纠倾与地基加固,四川省优秀勘察设计二等奖,2005 年。

改良，以便与室外锚杆静压桩共同作用，获得整体加固效果。

52＃楼地基土变化大，属复杂场地。表层为耕植土，第二层粉质黏土，仅局部分布，强度较高，大部分地段缺失，第三层即为淤泥质土，为本场地主要压缩层，且厚度不均，极易产生不均匀沉降。

从开挖出的基础看，在部分位置的基础，基础混凝土板厚度严重小于设计厚度（根部厚度设计为 300mm，开挖出的厚度只有 150mm 左右），基础板断裂两处。这只是开挖部分暴露出来的，室内未开挖部分的基础施工厚度与裂缝情况不得而知。

（2）加固方法

为解决建筑物整体凹槽形沉降问题，对第三层淤泥质土采用灌浆法进行补救性加固。步骤如下：

①在工作井内，将直径 50mm 左右的管材，用顶管法呈放射状水平顶入第三层土中，形成复合加筋土，增加第三层土的整体性。

②在顶入的镀锌管壁上，每隔 500mm 设灌浆孔，呈螺旋状，在管内进行高压灌浆（图 8-5），在第三层土中形成网状结实体，以形成盘根错节的复合地基。

图 8-5　灌浆加固

8.3　纠倾技术

8.3.1　倾斜原因分析

建筑物倾斜原因较多，有时是多种原因作用的结果，实质上都能归结到强度和变形上来。如果地基土强度低、压缩性大，很容易在外部使用条件改变时出现不均匀沉降，进而发生倾斜。大致有以下原因：

①高压缩性地基土厚薄不均，建筑物向高压缩土层分布厚的方向倾斜。

②软土上相邻建筑物净距太小，地基中附加应力扩散叠加，出现相向倾斜。

③在既有建筑物附近开挖基坑，缺乏有效支撑，或降低地下水后，形成排水固结，引起倾斜。

④由于勘察原因，未能查明饱和软黏土的分布。

⑤由于设计原因，未能采取合理的地基加固方案。

⑥改变建构筑物的使用功能，如对地基未加处理，就进行增层、增加荷载等活动。

8.3.2 纠倾实施原则

倾斜建筑物的纠倾过程是一个系统工程，涉及岩土工程、结构工程方面的知识。纠倾方案主持人还应具备建筑施工等方面的相关经验。尽管纠倾对象是建构筑物，但具体施工主要针对地基基础展开，而地基基础具有很多的不确定性，施工过程中应及时调整纠倾方案，实施信息化施工。以下是纠倾时应考虑的几个问题：

①确定倾斜率及倾斜方向，判断在该倾斜率的作用下，对建构筑物可能产生的影响。

②分析倾斜产生的原因，必要时对地基土进行补充勘察，并分析建构筑物的偏心情况和倾斜方向的相关性。

③对建构筑物的结构形式进行全面分析，包括使用荷载、基础刚度、结构刚度。

④要考虑纠倾实施过程中，对周围环境的影响。

⑤考虑纠倾后，对既有建构筑物标高的影响。

⑥综合考虑以上因素后，优化纠倾方案，确定采用迫降纠倾还是顶升纠倾的方法。

⑦实行信息化施工，纠倾中要每天对建构筑物实施二等水准变形测量。当采用迫降纠倾法时，每天的沉降量一般应不大于 3mm。根据测量结果，调整纠倾速率。

8.3.3 迫降纠倾

迫降纠倾是指在反向倾斜一侧（沉降小的一侧）的地基土内，采用钻孔取土、深层冲水排土等手段，人为促使该侧建构筑物在较短时间内下沉到设计标准。其原理是，在沉降量较小的基础下排除部分土后，集中在空穴周围的应力促使土体向空穴内压缩转移。另外，饱和软黏土产生塑性流动，使地基土向临空面移动，从而加速建构筑物的下沉，达到纠倾目的。

1. 钻孔取土纠倾实例——某市农副职中职工住宅楼纠倾①

江苏省某市教育局农副职中职工宿舍楼建于 1993 年，为两幢 5 层混合结构的多层住宅，筏板基础，基础板厚 350mm。图 8-6 是纠倾后的职工宿舍实物图。

据土建施工资料反映，结构封顶时，沉降已经发生约 300mm。室内设计标高低于室外地坪，只好将室外地面挖除，以满足排水等使用功能（室外地面标高降低 0.30m）。1993 年年底竣工入住后，沉降继续发展，测量结果反映已出现了严重的差异沉降。1997 年曾对这两幢住宅楼进行地基土的锚杆静压桩托换，但控制沉降的作用不明显。至 2001 年 7 月，绝对沉降已超过 800mm，最大倾斜已接近 10‰，为建筑地基规范允许值的 2.5 倍。楼内居民因门窗开启困难、排水方向改变等，已数次调整门窗大小及室内排水方向，已经严重影响该建筑物的正常使用。

另外，由于室外地面比周围地势低，引起两个严重问题：一是室外经常大面积积水，以致不少居民家中都备有简易橡皮筏，才能进出楼内外。二是一层居民室内经常进水，给居

① 马海龙，某市农副职中教师宿舍楼（A、B）纠倾与加固，中国建筑工程总公司优秀岩土工程二等奖，2004 年。

图 8-6 纠倾后的职工宿舍楼

民人身安全造成影响，给财产带来损失。建设单位要求，纠倾后室外大面积填高 800mm(高出周围路面约 100mm)，室内填高 500mm，原一层做车库使用。

经岩土工程勘察揭示，场地主要为饱和软黏土分布区，软黏土层底标高变化大，纠倾主要在软黏土中进行。2001 年 10 月实施纠倾工作。

提出浅层纠倾的指导思想。重视理论指导，克服蛮干。通过计算，基础下地基土的侧向变形主要发生于浅层，位于基础边缘下的土容易发生剪切滑动而出现塑性变形。因此纠倾主要在浅层进行，改变了掏深不掏浅的传统经验。既保证了深层土不被扰动，又使纠倾效果显著。从理论和实践两方面证明了该方法的适用性。

在沉降较小的建筑物南侧设置应力释放孔，通过钻孔取土，迫使其在规定的时间里完成沉降。为了探索和获得取土孔间距对纠倾效果的影响，分两期对 A 楼进行了纠倾效果研究。第一期约 18d，取土孔间距为 2m，钻孔直径为 300mm，钻孔深度 8m。发现取土 2 天内，沉降较为明显，以后沉降速率减小。经反复洗孔，沉降速率基本相同，无增加趋势。见图 8-7 的 0～18 天，沉降速率约为 0.7mm/d。

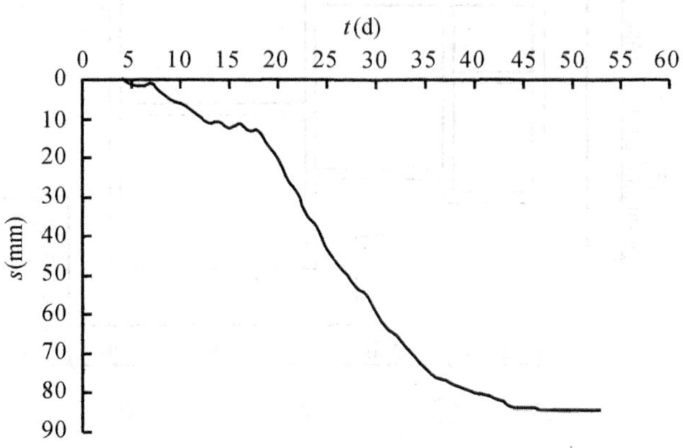

图 8-7 实际工程中的孔距与沉降关系

第二期为 18d 以后，加密取土孔，孔间距约为 0.7m，但钻孔直径相应减小为 150mm。由图 8-7 看出，沉降明显加快，此时沉降速率约为 2mm/d。比较两种取土孔的孔间距情况知，尽管大直径孔的总取土体积比小直径的多约 33%，但其纠倾效率远低于小直径的，加密后的小直径沉降速率约为大直径的 3 倍左右。这验证了理论计算的正确性。实际的钻孔取土孔平面布置见图 8-8。

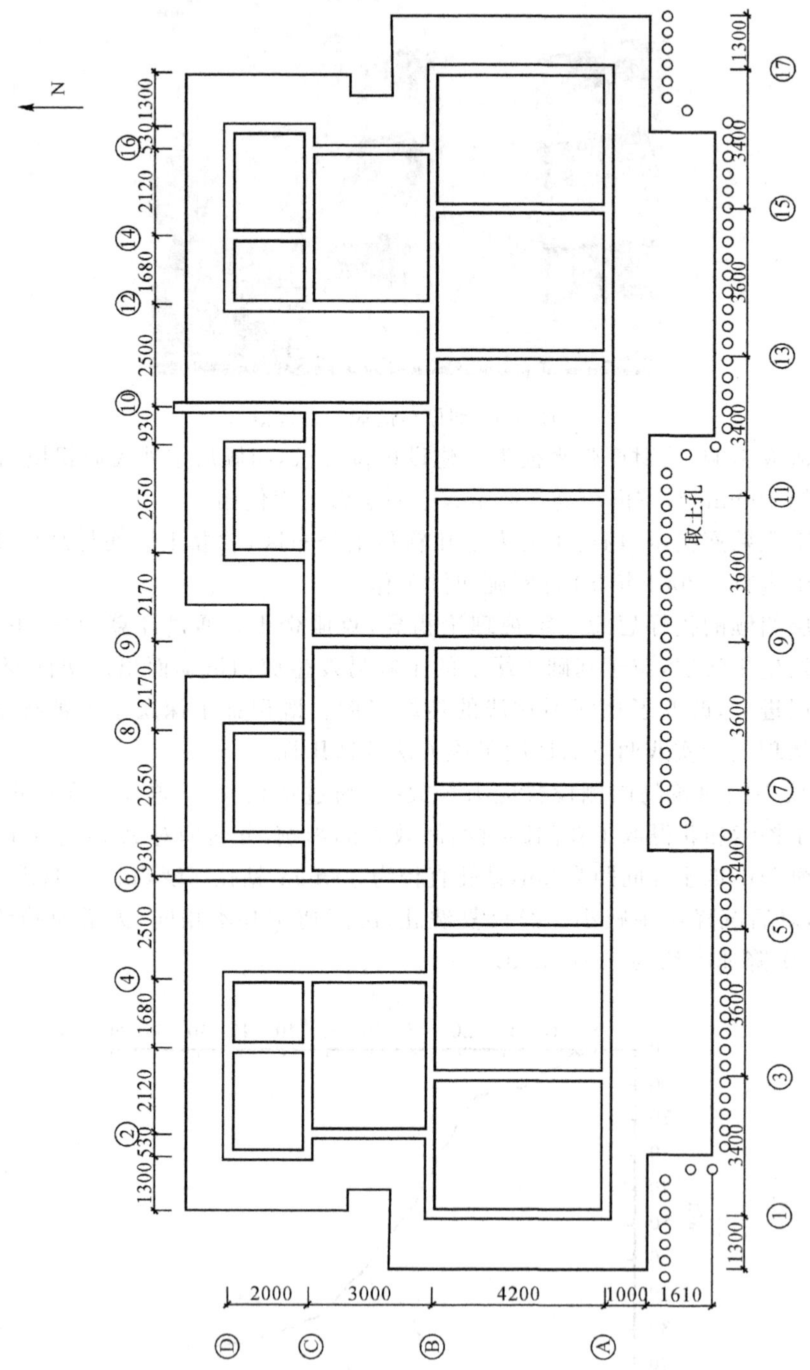

图 8-8 职工宿舍纠倾钻孔实际布置图

钻孔取土纠倾存在明显的效应滞后现象。一般情况下,取土后 48h 内沉降比较显著,取土一周后,仍有明显的沉降出现,图 8-7 中第 35d 停止取土,到了 45d 沉降才渐趋休止。规划纠倾方案时,要充分考虑沉降滞后效应引起的后期沉降。表 8-1 是纠倾前后指标对比。

表 8-1　纠倾前后指标对比

		东北角		西北角	
		向北	向东	向北	向东
A楼	纠倾前	6.4‰	−1.5‰	8.4‰	−0.2‰
	纠倾后	0.7‰	−1.8‰	1.8‰	−0.7‰
B楼	纠倾前	8.4‰	−0.8‰	9.9‰	1.8‰
	纠倾后	−0.5‰	−0.5‰	0.4‰	1.0‰

工程经验及理论计算揭示了以下要点：

①理论计算表明，变形沿深度分布是非线性的，在基础板宽 1/2 左右深度处，变形已占总变形(板面变形)的 80%左右。

②由剪应力引起的剪切变形主要发生在基础板宽 1/2 深度内，超过此深度，剪应力引起的变形不再明显。

③当在地基土中设置应力解除孔时，由水平向应力引起的土体水平向压缩，主要发生在 1/3 基础板宽度范围内，应力解除孔深度超过此范围后，侧向压缩不再明显。

④应力解除孔深度不宜超过基础板宽的 3/5，超过此深度，纠倾效果不再明显，并容易扰动深层饱和软黏土，引起结构性强度的降低。

⑤孔间距小于 2m 时，纠倾效果明显，并随着孔间距进一步减小，纠倾量急剧加大，能获得理想的纠倾效果。

2. 沉井冲水排土纠倾实例——某市雪韵飘专家研发楼纠倾

雪韵飘专家研发楼系框架结构，4 层，局部 4 层，筏板基础，基础厚 400mm。建筑物于 2002 年 8 月结构封顶后，即出现严重的不均匀沉降，沉降速率也很大。筏板下约 2.0m 厚的粉质黏土，强度尚可，下卧层为厚约 10.0m 左右的饱和软黏土，强度低，压缩性大。由于研发楼南北进深较大，采用钻孔取土法纠倾只能在外面进行，难以触及建筑物下的地基土，采用了沉井深层冲水排土法纠倾。

建筑物整体向东倾斜，东北角沉降最大。为此，沉井平面布置见图 8-9。沉井深约 4.5m，在筏板下 3.5m 处深度设置冲水孔，呈放射状。冲水前，在地面调节好冲水压力，事先设定土体的扰动半径。扰动半径太小，纠倾不明显，扰动半径太大，破坏地基土，造成地基土突沉。表 8-2 是纠倾前后指标对比。

表 8-2　纠倾前后指标对比

	东北角		西北角	
	向北	向东	向北	向东
纠倾前	3.6‰	9.0‰	3.3‰	9.2‰
纠倾后	2.3‰	3.0‰	2.9‰	2.8‰

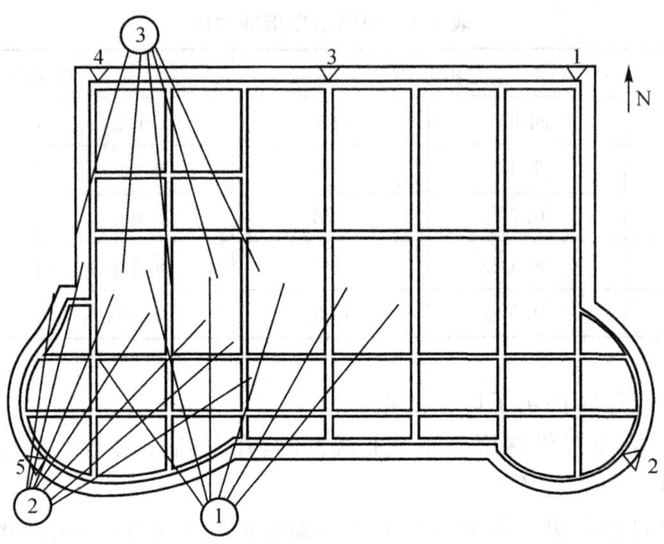

图 8-9 专家研发楼纠倾沉井布置

8.3.4 顶升纠倾

1. 一般原理

顶升纠倾适用于建筑物的整体沉降及不均匀沉降较大，造成标高过低；倾斜建筑物基础为桩基；不适用采用迫降纠倾的倾斜建筑以及新建工程设计时有预先设置可调措施的建筑。顶升纠倾的最大顶升高度不宜超过 80cm。

顶升纠倾前要全面考虑地基基础及上部结构、荷载的特点，并通过钢筋混凝土或砌体结构托换加固技术，将建筑物的基础和上部结构沿某一特定的位置进行分离，采用钢筋混凝土进行加固、托换。

纠倾前需设置能支承整个建筑物的若干个支承点，通过支承点的顶升设备的启动，使建筑物沿某一直线或点作平面转动，即可使建筑物得到纠正。

根据千斤顶设置的位置，可分为基础底部顶升法、地圈梁顶升法、上部结构托梁顶升法等。具体视被顶升的单体结构形式、基础形式及施工作业环境等确定。无论采用何种顶升法，千斤顶必须有可靠的反力支撑点。当采用在基础底部顶升时，可在既有基础下设置桩体，提供有效反力。当采用其他顶升法时，要将设置千斤顶处的上下结构断开，并计算千斤顶作用处的局部抗压承载力是否满足要求，必要时要对建筑物的结构部分进行加固。

砌体结构及框架结构顶升常见千斤顶平面位置见图 8-10。

通常情况下，千斤顶上部设置钢筋混凝土顶升梁，下部设置钢筋混凝土反力梁，上下钢筋混凝土梁平面上应封闭，且必须通过承载能力及结构变形等验算，满足顶升施工的强度和变形要求。上部钢筋混凝土顶升梁可通过托换形成，也可托换成钢筋混凝土—砌体组合梁。为了顶升施工方便和安装，顶升托换梁应设置在地面以上约 500mm 的位置，当基础梁埋深较大时，可在基础梁上增设钢筋混凝土千斤顶底座，并与基础连成整体。

顶升梁、千斤顶、底座应形成稳固的整体，其位置见图 8-11。

对砌体结构建筑可根据线荷载分布特点来布置顶升点，顶升点间距不宜大于 1.5m。顶升点必须避开门窗洞以及薄弱承重构件等位置；对框架结构建筑应该根据柱荷载大小布

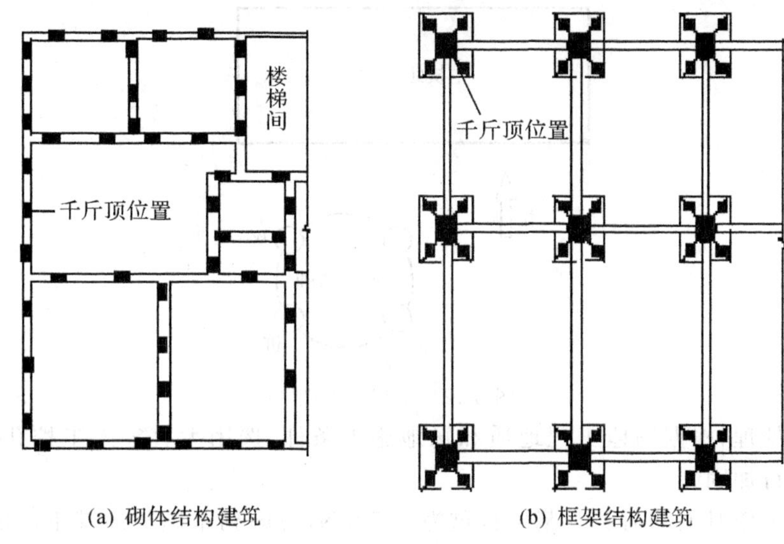

(a) 砌体结构建筑　(b) 框架结构建筑

图 8-10　千斤顶平面布置

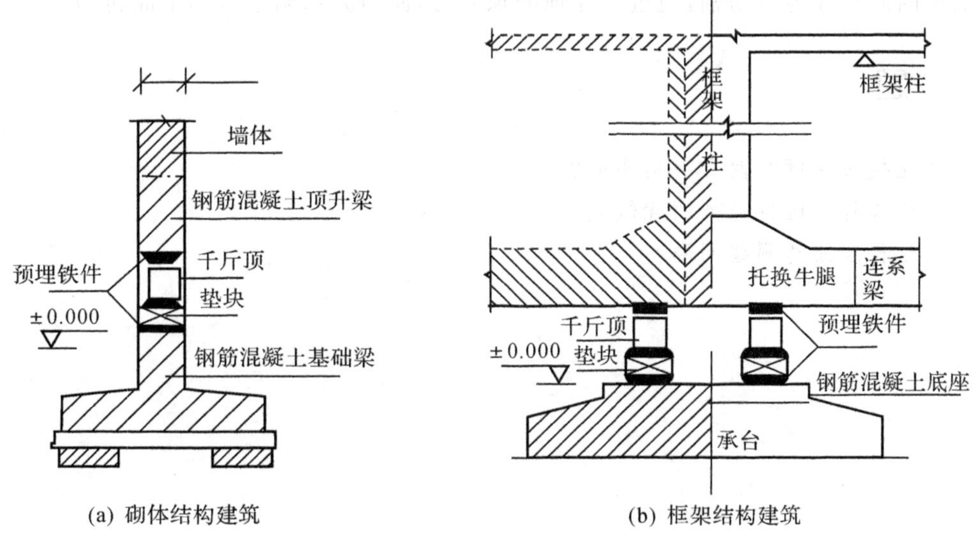

(a) 砌体结构建筑　(b) 框架结构建筑

图 8-11　顶升梁、千斤顶、反力底座相对位置图

置顶升点。顶升施工时必须密切注意建筑物因应力瞬时改变而引起过大变形，及时控制建筑物的回倾速率。顶升量可根据建筑物的倾斜率、使用要求以及必要的过纠量来确定。

2. 顶升纠倾实例——淮南市某发电厂净凝水箱顶升纠倾处理

该电厂净凝水箱建于 1989 年，水箱高 10m，为直径 5.5m 的正圆柱体密闭钢罐，钢罐体壁厚 5mm，外部有 20cm 厚的保温层。净凝水箱的基础埋深 2m。基础直径 6m，为钢筋混凝土独立基础。净凝水箱在使用 10 年后，发现向北侧主机组厂房方向严重倾斜，倾斜率 24.0‰。工程平面图见图 8-12。

由于净凝水箱为钢罐，基础的强度和刚度大，可以用其作为良好的顶升支座，地基加固采用人工挖孔桩不仅施工方便，而且能够阻止地基变形和不均匀沉降。同时，只需要对基桩稍微加以处理，在顶升施工中还可以用作顶升反力支座。净凝水箱纠倾工程适宜选择采

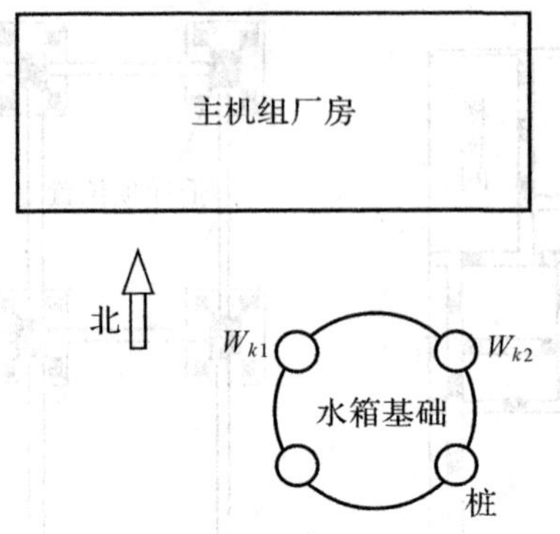

图 8-12　工程平面图

用顶升法纠倾处理，根据场地工程地质和场地施工条件，选用大直径人工挖孔桩对倾斜建筑地基基础进行加固。

净凝水箱工作时上部荷载及基础自重为 3350kN，考虑到基础与地基土层的附着力，因此以 W_{K1} 和 W_{K2} 为支座反力点。各设置一个 3000kN 的千斤顶，以距离机组主厂房南侧约 8.8m的东西向直线为转动轴，通过千斤顶的顶升力，使净凝水箱整体作平面转动。

习　题

8-1　何谓托换与纠倾？两者有何不同？

8-2　试分析锚杆静压桩托换的优缺点。

8-3　纠倾过程应注意哪些问题？

参考文献

[1] 中国建筑科学研究院.建筑地基处理技术规范(JGJ 79—2002).北京:中国建筑工业出版社,2002

[2] 叶书麟,叶观宝.地基处理(第二版).北京:中国建筑工业出版社,2004

[3] 刘永红,姚爱军,周龙翔.地基处理.北京:科学出版社,2005

[4] 吴世明.大型地基基础工程技术.杭州:浙江大学出版社,1997

[5] 地基处理手册编写委员会.地基处理手册.北京:中国建筑工业出版社,2001

[6] 华南理工大学,浙江大学,湖南大学合编.基础工程.北京:中国建筑工业出版社,2003

[7] 龚晓南.地基处理新技术.西安:陕西科学技术出版社,1997

[8] 钱玉林,洪家宝,杨鼎久等.土力学与基础工程.北京:中国水利水电出版社,2002

[9] 周汉荣,赵明华.土力学地基与基础.北京:中国建筑工业出版社,1997

[10] 牛志荣,李宏,穆建春等.复合地基处理及其工程实例.北京:中国建材工业出版社,2000

[11] 龚晓南.复合地基理论及工程应用.杭州:浙江大学出版社,2002

[12] 张爱军,谢定义.复合地基三维数值分析.北京:科学出版社,2004

[13] 张忠苗,杨什生,唐朝文.不同垫层材料对刚—柔复合桩基受力变形性状的影响.工业建筑,2003(12):54—59

[14] 赵明华,徐学燕.基础工程.北京:高等教育出版社,2003

[15] 丁继辉,王维玉,李军.基础工程及实用程序设计.北京:中国水利水电出版社,知识产权出版社,2005

[16] 陈希哲.土力学地基基础.北京:清华大学出版社,2004

[17] 陈跃进.地基基础工程施工技术.北京:中国机械工业出版,2003

[18] 莫海鸿,杨小平.基础工程.北京:中国建筑工业出版社,2003

[19] 刘大鹏,尤晓鑰.基础工程.北京:清华大学出版社,2005

[20] 袁聚方,汤永净.基础工程.上海:同济大学出版社,2005

[21] 王秀丽,白良.基础工程.重庆:重庆大学出版社,2001

[22] 沈克仁.地基与基础.北京:中国建筑工业出版,1995

[23] 杨晓明.砂垫层处理暗塘地基.浙江建筑,1996(4):21—22

[24] 左名麒,刘永超,孟庆文等.地基处理实用技术.北京:中国铁道出版社,2005

[25] 徐至钧,张亦农.强夯和强夯置换法加固地基.北京:机械工业出版社,2004

[26] 汤定一.强夯技术加固机理与质量检测研究:[硕士学位论文].长沙:湖南大学,2002
[27] 叶兴永.强夯法处理软弱粉土地基试验研究:[硕士学位论文].杭州:浙江大学,2001
[28] 中华人民共和国行业标准.公路土工合成材料应用技术规范(JTJ/T019—98).北京:人民交通出版社,1999
[29] 中华人民共和国行业标准.土工合成材料应用技术规范(GB 50290—98).北京:中国计划出版社,1998
[30] 中华人民共和国交通行业标准.公路加筋土工程设计规范(JTJ 015—91).北京:人民交通出版社,1991
[31] 中国工程建设标准化协会.土层锚杆设计与施工规范(CECS 22:90)
[32] 王钊,王正宏.土工合成材料.北京:机械工业出版社,2005
[33] 龚晓南.地基处理技术发展与展望.北京:中国水利水电出版社,知识产权出版社,2004
[34] 叶观宝.地基加固新技术(第二版).北京:机械工业出版社,2002
[35] 殷宗泽,龚晓南.地基处理工程实例.北京:中国水利水电出版社,2004
[36] 土工合成材料工程应用手册编写委员会.土工合成材料工程应用手册.北京:中国建筑工业出版社,1994
[37] 庄旭升.土钉支护设计和施工:[硕士学位论文].上海:同济大学,2002
[38] 钟泳.土钉支护结构的设计与施工:[硕士学位论文].广州:华南理工大学,2002
[39] 陈波.考虑施工过程的基坑锚杆支护模拟试验研究:[硕士学位论文].南宁:广西大学,2004
[40] 中华人民共和国行业标准编写组.危险房屋鉴定标准(JGJ 125—99).北京:中国建筑工业出版社,2000
[41] 中华人民共和国行业标准编写组.建筑变形测量规程(JGJ/T 8—97).北京:中国建筑工业出版社,1998
[42] 中华人民共和国国家标准编写组.建筑地基基础设计规范(GB 50007—2002).北京:中国建筑工业出版社,2002
[43] 中华人民共和国行业标准编写组.既有建筑地基基础加固技术规范(JGJ 123—2000).北京:中国建筑工业出版社,2000
[44] 李旭照,郑俊杰.大面积堆载导致厂房倾斜的基础加固:龚晓南,俞建霖编.第7届全国地基处理学术讨论会论文集.北京:中国水利水电出版社,2002,320-324
[45] 马海龙,杨敏.对基于渗透注浆理论公式的探讨.工业建筑,2000,30(2):47-50
[46] 马海龙,姚文宏,吴剑国.基于应力解除法纠倾的数值仿真计算研究.建构筑物地基基础特殊技术.北京:人民交通出版社,2004
[47] 周盛全,王国强,王小闯.淮南市某发电厂净凝水箱顶升纠倾处理.合肥工业大学学报(自然科学版),2006,29(3):338-341
[48] 唐业清.倾斜建筑的扶正与加固.施工技术,1999(2):1-3
[49] 林桂武.某车间柱下独立基础的坑式托换处理,广西电业,2002(30):81-82
[50] 岑胜.砖混结构改造为大空间的基础加固工程技术措施.施工技术,2003(5):5-6